地铁盾构施工抗灾韧性提升关键技术与工程应用

汪德才　吴靖江　付金伟　王平让　著

中国建筑工业出版社

图书在版编目（CIP）数据

地铁盾构施工抗灾韧性提升关键技术与工程应用 / 汪德才等著. -- 北京：中国建筑工业出版社，2025. 2.
ISBN 978-7-112-30835-4

Ⅰ. U231.3

中国国家版本馆CIP数据核字第20252J2T54号

本书共 13 章，分上下两篇。上篇地铁盾构施工微扰动掘进关键技术及应用包括：绪论、郑州地铁 12 号线施工技术背景、盾构施工对地层及构筑物的扰动理论研究、下穿既有郑州地铁 5 号线隧道扰动及掌子面涌水分析、近距离下穿既有郑州地铁 1 号线车站扰动及控制分析、侧穿具有高精密仪器的颐和医院门诊楼扰动分析。下篇盾构隧道衬砌背后空洞智能识别关键技术与工程应用包括：概述、盾构隧道衬砌背后空洞 GPR 探测模型试验、盾构隧道衬砌背后空洞 GPR 深度学习识别、盾构隧道衬砌背后空洞数值模拟分析、盾构隧道衬砌背后空洞多尺度演化预测、研究成果的现场检验及工程应用。最后还有结论与展望。本书集成了地铁盾构施工领域的最新科研成果和工程实践经验，力求为同行提供有价值的理论指导和技术支持。

本书可供隧道工程及相关专业工程技术人员、管理人员使用。也可供高等院校土木与交通类相关专业师生使用。

责任编辑：胡明安
责任校对：赵　力

地铁盾构施工抗灾韧性提升关键技术与工程应用
汪德才　吴靖江　付金伟　王平让　著

*

中国建筑工业出版社出版、发行（北京海淀三里河路 9 号）
各地新华书店、建筑书店经销
北京点击世代文化传媒有限公司制版
建工社（河北）印刷有限公司印刷

*

开本：787 毫米 × 1092 毫米　1/16　印张：15¾　字数：312 千字
2025 年 1 月第一版　2025 年 1 月第一次印刷
定价：**58.00** 元
ISBN 978-7-112-30835-4
（43953）

前言

在全球化和城市化进程持续加速的今天，地铁已经成为现代化城市交通体系的重要组成部分。随着地下空间开发的不断深入，地铁盾构施工面临的地质环境越来越复杂，施工风险和难度随之增加。如何有效提升地铁盾构施工的抗灾韧性，确保工程安全和质量，成为目前迫切需要解决的关键问题。本书集成了地铁盾构施工领域的最新科研成果和工程实践经验，力求为同行提供有价值的理论指导和技术支持。

上篇是地铁盾构施工微扰动掘进关键技术及应用，第 1 章是绪论，引入地铁盾构施工面临的主要挑战和研究背景；第 2 章依托于郑州地铁 12 号线分析了盾构隧道穿越既有构筑物的加固技术，探讨了地层加固法、托换法、隔断法的作用机理及适用情况；第 3 章是关于对盾构隧道施工过程中对地层以及既有构筑物的扰动的理论研究与分析；第 4 章主要以瞬态渗流仿真计算分析了横、纵断面孔隙水压力分布；第 5 章以近距离下穿既有郑州地铁 1 号线车站为依托工程，建立了地层主体结构三维模型，得到了不同阶段地层、车站主体结构的变形云图，分析了不同加固措施的作用；第 6 章是关于侧穿具有高精密仪器的颐和医院门诊楼扰动的分析研究。这些内容均结合实际工程案例，有力展示了微扰动掘进技术在不同复杂环境下的应用效果和技术要点。

下篇是盾构隧道衬砌背后空洞智能识别关键技术与工程应用，第 7 章是概述，主要介绍了盾构隧道衬砌背后空洞引起的危害以及快速精准识别诊断的必要性与意义；第 8 章是针对复杂地铁盾构隧道环境、衬砌管片拼装方式、水文地质条件及各种复杂介质，开展空洞的空间分布规律及其 GPR 波形图像特征研究；第 9 章是基于 GPR 获取的空洞波形图像，采用深度学习方法，研究基于全卷积网络和条件随机场相结合的空洞精准、快速识别；第 10 章是通过盾构隧道衬砌结构有限元数值模拟分析，开展空洞缺陷对盾构隧道衬砌结构安全的影响研究；第 11 章主要通过数值模拟分析，开展盾构隧道衬砌背后空洞缺陷的多尺度演化预测模型研究；第 12 章是基于本研究提出的地铁盾构隧道衬砌背后空洞识别与演化预测模型，研发相应的软件系统，开展工程检验及应用研究；第 13 章对未来研究方向进行了展望。

全书内容来自项目团队近几年的研究成果，由汪德才负责统稿，在撰写过程中华北水利水电大学张群磊、郑州大学董新平参与相关试验研究和数据分析，中国建筑第七工程局有限公司陈浩参与部分技术应用案例组织实施和技术总结，同时得到了郑州地铁集团有限公司何况、任磊、周熠，中铁十四局集团有限公司孙立军、郭长龙等专家学者和业界同仁的大力支持和帮助，成凯、韩栋发等研究生协助进行了资料收集、整理和校对工作。在此，谨向所有给予我们关心、指导和帮助的个人及单位表示由衷的感谢。

提升城市地铁盾构施工的抗灾韧性是一项长期而复杂的任务，需学术界、工程界和管理部门的共同努力。随着科技的发展和工程实践的不断深入，相信在这一领域将涌现出更多创新成果和成功经验，为城市地铁建设提供更加坚实的技术保障。

限于编者水平有限，难免有不妥之处，恳请读者批评指正。

著作者

2024 年 10 月 18 日于华北水利水电大学（花园校区）

目录

上篇　地铁盾构施工微扰动掘进关键技术及应用

下篇 盾构隧道衬砌背后空洞智能识别关键技术与工程应用

上篇

地铁盾构施工微扰动掘进关键技术及应用

第 1 章

绪论

1.1 研究背景及意义

1.1.1 研究背景

随着我国经济不断发展，城市化进程不断加速，越来越多的人群涌入城市，地面交通拥堵问题已经成为亟须解决的问题之一。因此，地下空间的开发进程不断加快，城市轨道交通建设正处于高速发展的时期。据相关数据统计，截至 2023 年 8 月底，我国 31 个省（自治区、直辖市）与新疆生产建设兵团共 54 个城市开通运营地铁线路 296 条，里程 9758.7km，较上年底增长 174km。伴随郑州市城市轨道交通第三期建设规划（图 1-1）的逐步实施，郑州市城市轨道交通将建设 21 条线路，总长 970.9km，其中 13 条地铁线路共 505km。地铁具有很多优点，例如：占地面积小、运行噪声小、土地资源得到节约和再利用、提升城市基础设施水平、提高城市紧急疏散能力等。

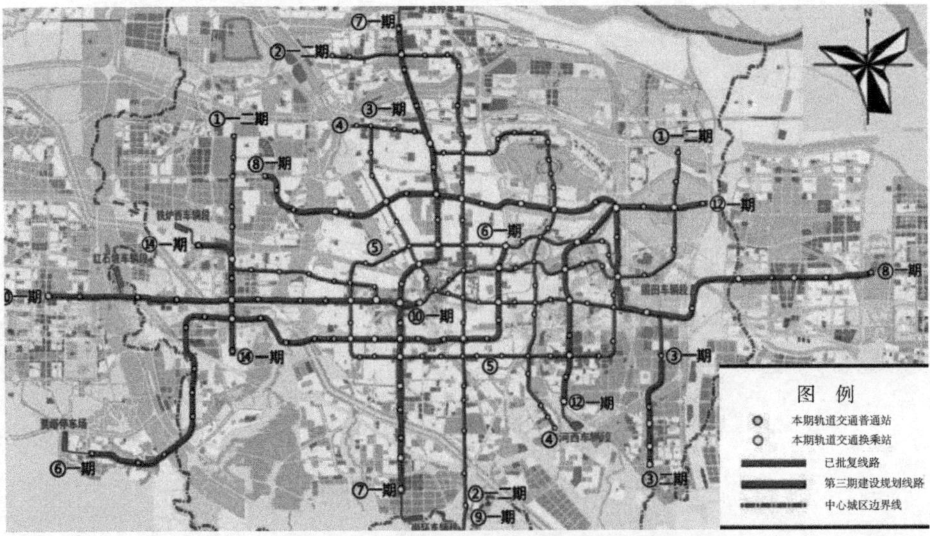

图 1-1 郑州市城市轨道交通第三期建设规划示意图

对于城市轨道交通建设而言，采用明挖法施工常会造成环境的破坏，需要围挡施工区，影响城市交通；相比之下，采用盾构法施工能够有效减少地面扰动，降低施工对城市交通的影响。盾构法是一种先进的施工技术，它利用机械切削的方法开挖隧道，并及时施作管片衬砌等支护结构，使隧道形成一个环形封闭空间，保证开挖区域洞周土体的稳定性。与传统施工方法相比，盾构法具有施工速度快、地面沉降（隆起）小等优点，尤其适合用于地质条件复杂及地下潜水位较高的城市地区。

总而言之，城市轨道交通建设正处于高速发展时期，其中采用盾构法修建地铁隧道占比最大，随着地铁交通线网规模不断壮大，盾构隧道修建时下穿城市繁华区域的建（构）筑物情况较为普遍。因此，及时总结并研究控制相关施工安全风险，可以为当下和未来的工程建设提供有益的参考，确保隧道施工过程的顺利进行，同时可以为后续工程的安全性和可行性提供可借鉴的经验。

1.1.2 研究意义

盾构施工过程中下穿建（构）筑物的施工过程中土体会受到扰动，在人口密集、高楼林立的城市中心区域，地层位移对周围建筑物稳定性的影响显著。诸多问题亟待解决，如掘进过程中的地层沉降、穿越敏感区域的加固措施、土体的水平位移控制、建筑物基础不均匀沉降、上部结构的破坏等。为更好地应用盾构施工技术，如何提高施工安全性，精准有效地预测隧道穿越区域的地层变形成为学术界和工程界历来研究和关注的重点。图 1-2 为地表及建筑物沉降。

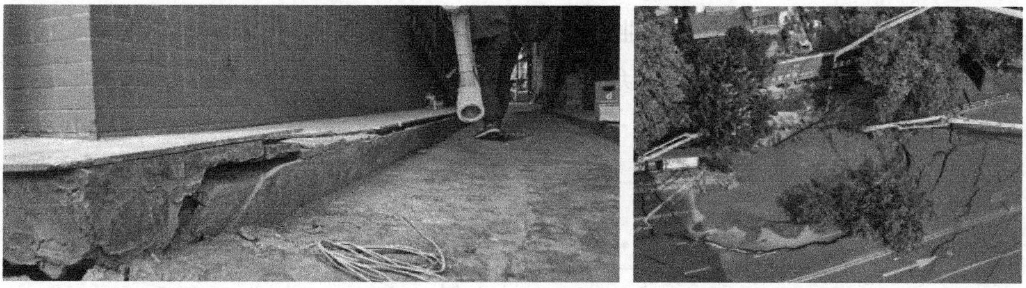

（a） （b）

图 1-2 地表及建筑物沉降

（a）地表沉降；（b）建筑物沉降

郑州市区地质主要为黄淮冲积平原及风积砂丘地貌类型，郑州地铁 12 号线下穿郑东新区繁华地段，在掘进过程中，会对既有结构造成一定扰动，导致其产生不均匀沉降，进而引起建筑物倾斜甚至倒塌等破坏，对周边居民及过路行人的生命财产安全造成影响。为确保施工安全，选择最佳的施工方式以最大限度地减少对地表和邻近建筑的影响，保证施工顺利、有序、安全尤为重要。目前，国内城市地铁隧道多采用盾构法施工，实际操作过程中仍存在对周边环境影响控制、监测准确性、加固方式有效性等问题。为此，针对上述问题开展研究具有重要意义。综合分析郑州地铁盾构施工情况和工程特点，能够总结经验教训，为郑州未来地铁建设提供参考指导，也可为地层分布情况类似的其他城市地铁建设提供借鉴，对于提高我国地下轨道交通的总体施工技术水平也有十分重要的意义。

1.2 国内外研究现状

1.2.1 盾构施工对地层变形影响机理的研究现状

盾构隧道开挖断面大，挖土量多，在不同土舱压力下，刀盘处易产生背土或挤土现象，从而导致开挖过程的地表隆起及沉降。目前，相关学者对盾构隧道开挖对土体的扰动进行分析研究的主要方法有:经验公式法、数值分析法、理论分析法及模型试验法。

1. 经验公式法

经验公式法是一种简化方法，基于先前的经验和试验观察得出，用于估算或计算特定参数的数值。这种方法通常依赖于专家经验和已有数据，而不是通过复杂的理论推导，适用于初步设计和快速估算。

Peck 公式于 1969 年在第七届土力学与基础工程国际会议上提出，借助诸多地表沉降观测数据，以地层损失概念为基础，假定土体在地表沉降过程中不发生排水固结、体积不发生变化的前提下,运用实测回归法、概率数理统计确定地表沉降的预测表达式，并提出了地表沉降沿横向分布的曲线，Peck 沉降曲线如图 1-3 所示。Peck 公式是关于描述盾构掘进地层损失经验公式法的代表，时至今日仍是工程实际应用和研究的必要参考。

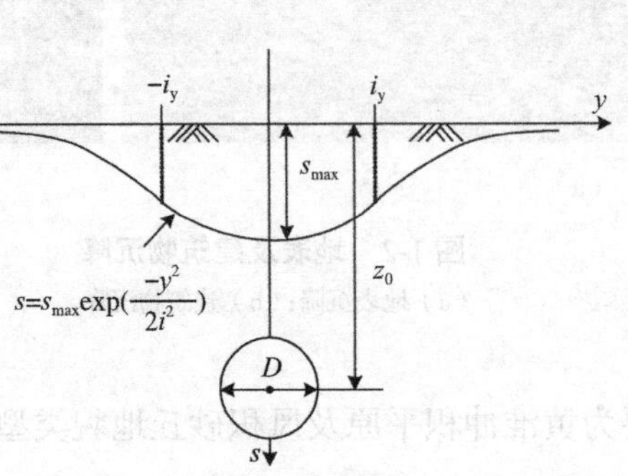

图 1-3 Peck 沉降曲线

对于天然地面的地表沉降由土体损失引起，且沉降槽的体积与土体损失体积相等，地表的沉降槽走向符合正态分布。地层断面表达式为：

$$S(x)=S_{max}e^{\left(-\frac{x^2}{2i^2}\right)} \tag{1-1}$$

$$S_{max}=\frac{V_i}{\sqrt{2\pi}i}\approx\frac{V_i}{2.5i} \tag{1-2}$$

式中　$S(x)$——距隧道中轴线距离为 x 处的地表沉降，mm；

S_{max}——最大沉降，mm；

V_i——单位长度地层损失，m^3；

i——沉降槽宽度系数。

Attewell P B 等研究的假定土体在开挖过程中体积不随土体的形变而发生改变的结论，地层纵向变形差值增量能够累计成任何一个位移源点的竖向位移，则隧道开挖区正上方的纵向地表沉降为：

$$S(y)=S_{max}\left[\phi\left(\frac{y-y_i}{i}\right)-\phi\left(\frac{y-y_f}{i}\right)\right] \tag{1-3}$$

式中　$S(y)$——地表纵向沉降量（隧道中轴线上方），mm；

y——沉降点与坐标原点之间的距离，mm；

y_i——盾构初始开挖面与相对坐标原点之间的距离，mm；

y_f——盾构当前开挖面与相对坐标原点之间的距离，mm；

ϕ——此函数可由标准正态分布函数表得到（表 1-1）。

标准正态分布函数表　　表 1-1

X	0	0.01	0.02	0.03	0.04	0.05	0.06	0.07	0.08	0.09
0	0.5000	0.5040	0.5080	0.5120	0.5160	0.5199	0.5239	0.5279	0.5319	0.5359
0.1	0.5398	0.5438	0.5478	0.5517	0.5557	0.5596	0.5636	0.5675	0.5714	0.5753
0.2	0.5793	0.5832	0.5871	0.5910	0.5948	0.5987	0.6026	0.6064	0.6103	0.6141
0.3	0.6179	0.6217	0.6255	0.6293	0.6331	0.6368	0.6406	0.6443	0.6480	0.6517
0.4	0.6554	0.6591	0.6628	0.6664	0.6700	0.6736	0.6772	0.6808	0.6844	0.6879
0.5	0.6915	0.6950	0.6985	0.7019	0.7054	0.7088	0.7123	0.7157	0.7190	0.7224
0.6	0.7257	0.7291	0.7324	0.7357	0.7389	0.7422	0.7454	0.7486	0.7517	0.7549
0.7	0.7580	0.7611	0.7642	0.7673	0.7704	0.7734	0.7764	0.7794	0.7823	0.7852
0.8	0.7881	0.7910	0.7939	0.7967	0.7995	0.8023	0.8051	0.8078	0.8106	0.8133
0.9	0.8159	0.8186	0.8212	0.8238	0.8264	0.8289	0.8315	0.8340	0.8365	0.8389
1.0	0.8413	0.8438	0.8461	0.8485	0.8508	0.8531	0.8554	0.8577	0.8599	0.8621
1.1	0.8643	0.8665	0.8686	0.8708	0.8729	0.8749	0.8770	0.8790	0.8810	0.8830
1.2	0.8849	0.8869	0.8888	0.8907	0.8925	0.8944	0.8962	0.8980	0.8997	0.9015

续表

X	0	0.01	0.02	0.03	0.04	0.05	0.06	0.07	0.08	0.09
1.3	0.9032	0.9049	0.9066	0.9082	0.9099	0.9115	0.9131	0.9147	0.9162	0.9177
1.4	0.9192	0.9207	0.9222	0.9236	0.9251	0.9265	0.9279	0.9292	0.9306	0.9319
1.5	0.9332	0.9345	0.9357	0.9370	0.9382	0.9394	0.9406	0.9418	0.9429	0.9441
1.6	0.9452	0.9463	0.9474	0.9484	0.9495	0.9505	0.9515	0.9525	0.9535	0.9545
1.7	0.9554	0.9564	0.9573	0.9582	0.9591	0.9599	0.9608	0.9616	0.9625	0.9633
1.8	0.9641	0.9649	0.9656	0.9664	0.9671	0.9678	0.9686	0.9693	0.9699	0.9706
1.9	0.9713	0.9719	0.9726	0.9732	0.9738	0.9744	0.9750	0.9756	0.9761	0.9767
2.0	0.9772	0.9778	0.9783	0.9788	0.9793	0.9798	0.9803	0.9808	0.9812	0.9817
2.1	0.9821	0.9826	0.9830	0.9834	0.9838	0.9842	0.9846	0.9850	0.9854	0.9857
2.2	0.9861	0.9864	0.9868	0.9871	0.9875	0.9878	0.9881	0.9884	0.9887	0.9890
2.3	0.9893	0.9896	0.9898	0.9901	0.9904	0.9906	0.9909	0.9911	0.9913	0.9916
2.4	0.9918	0.9920	0.9922	0.9925	0.9927	0.9929	0.9931	0.9932	0.9934	0.9936
2.5	0.9938	0.9940	0.9941	0.9943	0.9945	0.9946	0.9948	0.9949	0.9951	0.9952
2.6	0.9953	0.9955	0.9956	0.9957	0.9959	0.9960	0.9961	0.9962	0.9963	0.9964
2.7	0.9965	0.9966	0.9967	0.9968	0.9969	0.9970	0.9971	0.9972	0.9973	0.9974
2.8	0.9974	0.9975	0.9976	0.9977	0.9977	0.9978	0.9979	0.9979	0.9980	0.9981
2.9	0.9981	0.9982	0.9982	0.9983	0.9984	0.9984	0.9985	0.9985	0.9986	0.9986
3.0	0.9987	0.9987	0.9987	0.9988	0.9988	0.9989	0.9989	0.9989	0.9990	0.9990

刘建航等总结了上海某地区地铁盾构隧道施工过程引起的地表沉降规律，首次提出欠地层损失的概念，并分析介绍了盾构隧道施工造成的地层损失与纵向地表沉降之间的联系：

$$S=\frac{V_{11}}{\sqrt{2\pi}i}\left[\phi\left(\frac{y-y_i}{i}\right)-\phi\left(\frac{y-y_f}{i}\right)\right]+\frac{V_{12}}{\sqrt{2\pi}i}\left[\phi\left(\frac{y-y_i'}{i}\right)-\phi\left(\frac{y-y_f'}{i}\right)\right] \tag{1-4}$$

式中 V_{11}——盾构施工引起的地层损失；

V_{12}——盾尾间隙注浆欠缺及盾构隧道方向改变引起的地层损失；

y_i'——盾构初始开挖面与相对坐标原点之间距离的一阶导数；

y_f'——盾构当前开挖面与相对坐标原点之间距离的一阶导数。

$$y_f'=y_f-L \tag{1-5}$$

$$y_i'=y_i-L \tag{1-6}$$

式中 L——盾构机盾体长度，m。

2. 数值分析法

Hu X 等使用 PFC 3D 软件建立出了精细化的 EPB 模型，研究了不同隧道埋深和不同螺旋输送机转速（进尺恒定）下砂土层变形情况，此外，还分析了盾构参数对地层沉降的影响，如刀盘扭矩、法向压力、螺旋输送机扭矩和土舱压力。

赵翌川等使用 Abaqus 软件建立了不同曲率半径下隧道施工的有限元模型，探究了小半径曲线盾构隧道施工条件下周围土体的变形扰动规律和管片结构的应力分布规律。

Wang J 等使用三维离散元软件 PFC 3D 建立了模拟模型试验的数值模型，揭示了地表变形的微观机制，得出了上覆砂土的扰动区呈楔形，从隧道顶部和地面相交线开始发展，其超挖随地层损失的增大而减小，随刀盘转速的增大而增大。

Mohammadi 等以伊朗德黑兰地铁 6 号线和地铁 7 号线之间的联络通道施工对既有换乘地铁站的影响，使用 Plaxis3D 建立多种三维模型工况，对比了对地表沉降、车站变形和结构应力的影响，并使用了半解析方法和现场监测数据来验证数值模型的有效性。

3. 理论分析法

Dalong J 等分别讨论了地层损失、土舱压力、盾壳摩擦和刀盘转速等因素对地表位移的影响，提出了一种预测盾构隧道施工引起的三维地表位移的方法，利用虚拟镜像法和叠加法，推导了半空间中球形空洞膨胀和集中荷载作用下的应力和位移场的解析解。

Hu 等研究了考虑隧道衬砌结构支护效应且基于 Maxwell-Betti 幂互换定理的盾构隧道地表沉降预测，通过构建两组不同应力状态下的弹性力学计算模型，推导优化改进了受衬砌支护影响的地表损失计算方法。综合考虑隧道施工方法和衬砌支护效果，对 Loganathan 公式进行改进，建立了圆形盾构隧道施工地表沉降预测模型。

4. 模型试验法

Sun 等采用由熔融石英和具有匹配折射率的溴化钙溶液制成可视化透明砂和数字图像相关（DIC）技术对隧道掘进机前方的内部土体变形进行了实验研究，开发了一种由激光器、相机和计算机组成的光学装置，研究了隧道埋深与土体变形之间的关系。

Moussaei 等建立了一个用于模拟全断面圆形隧道的开挖过程的物理模型，通过改变隧道开挖引起的体积损失来模拟全断面开挖，并采用粒子图像测速（PIV）技术监测了开挖过程中的地层变形。

Hu 等使用实验室规模的相似模型进行了实验，研究了混合地层条件下 EPB 盾构隧道施工中土壤的力学行为，得出混合地层与均质地面的相应显著差异，在很大程度上取决于岩 / 砂的比例，特别是对于埋深较浅的隧道。

Wang J 等制作了一个可精细化相似模拟隧道施工过程的微型 EPB 盾构机，进行了大尺度模型试验，观测地表及地下沉降，得出在多层地层中，地表和地下沉降槽都比均质地面的窄，而多层地层的地下沉降比均质地面的大的结论。

1.2.2 盾构施工对既有构筑物影响机理及加固措施研究现状

盾构隧道施工掘进过程中，由于土体的变形应力传递，会对开挖区影响范围内建筑物产生一定扰动。目前相关学者的研究方法主要包括：数值分析法、理论分析法和模型试验法。

1. 数值分析法

Mroueh 等使用有限元分析了地铁隧道施工对相邻桩基的影响。涉及有无轴向荷载以及单桩、群桩等多种工况，得出了隧道开挖会使相邻桩基中产生巨大的内力，桩群具有正向效应，后方桩基的内力会大大减小的结论。

王长虹等使用 ANSYS 有限元以某商业广场为例，建立了三维非线性有限元模型，模拟了盾构隧道施工的不同工况，得出了地面沉降槽的形状和大小，多功能厅的沉降规律和倾斜度，以及建筑物结构的内力变化。

Goh K H 等使用 Abaqus 研究了框架作用对软黏土盾构开挖引起的建筑物变形响应，得出了表示框架降低偏转比的刚度和水平应变的参数，量化框架作用对建筑刚度的影响，对建筑物由开挖造成的潜在破坏的评估给出了更真实的拉伸应变估算。

姚晓明等通过有限元分析和现场监测，验证了下穿既有线的设计方案满足既有线运营安全的要求，提出了针对不同风险源的防控措施和建议，为今后类似工程提供了相应借鉴。

Huang Z 等以合肥市为例，使用 FLAC 3D 模拟了新建双线盾构隧道近距离平行穿越既有地铁隧道的施工过程，分析了盾构隧道施工对地表沉降、既有隧道沉降的影响。

何永洪使用有限元分析了盾构施工下穿高铁隧道的响应，提出了以“应力补偿、主动托换地层”为核心的变形控制理念，强调了在施工过程中维持位移变形系统平衡的重要性。

2. 理论分析法

Skempton A W 等讨论了建筑物的允许沉降和角变形的限值，并根据 98 个实例进行了统计分析，得出建筑物的沉降影响取决于结构的刚度，基础土的类型，沉降的大小和分布，以及沉降的速率等因素的结论，并根据这些实例提出了沉降及角变形限值。

Mair R J 等总结了英国三个主要城市隧道工程的地表沉降预测和建筑物三阶段破坏风险评估方法，将砌体结构损伤分类研究与地面运动预测和建筑物拉应变计算方法相结合。

Vorster 等使用数学解析法研究了隧道引起的地层位移对管道弯矩的影响，归纳出了可以根据土壤相对密度来预测最大地表沉降的一个归一化的解，可根据相对刚度因子来计算最大弯矩和管道变形。

Sirivachiraporn A 等分析了由 8 台 EPB 盾构施工的泰国曼谷地铁项目监测数据，评估了施工引起的地表位移特征和邻近建筑物的响应。得出了以下结论：桩基础和其他已知或未知的地下构筑物的阻碍，导致地表沉降槽偏离高斯函数，深桩基础的建筑物表现出的诱发沉降最小，但对于短桩基础的建筑物，沉降可能大于或小于地表沉降，这取决于距离隧道中心线的距离和桩端深度。

3. 模型试验法

汪洋等采用相似模型试验和有限元相结合的方法，研究了新建盾构隧道正交下穿施工对既有隧道的变形和附加内力的影响，并引入了横向和纵向等效刚度折减系数。

Shahin H M 等制作出新型模型试验装置，使用铝棒、聚氨酯板模拟桩基，模拟隧道开挖过程中的地表变形，并考虑了隧道和既有建筑物的相互作用，探究了隧道开挖过程二者相对位置、距离、荷载等因素对既有建筑物的影响。

刘勇等以石家庄地铁 4 号线下穿京石高速铁路路基为背景，进行了相似模型试验研究，探究了盾构下穿施工对高铁路基 U 形槽结构和地层的变形影响规律，并提出了工程建议。

刘勇等以石家庄地铁 5 号线下穿地铁 6 号线隧道为工程背景，根据相似理论设计了模型试验，分析了不同工况下既有隧道和地层的沉降变形规律。

1.3　主要研究内容

1.3.1　郑州地铁 12 号线施工技术研究

（1）本书详细阐述了郑州地铁 12 号线儿童医院至黄河南路区间的工程概况。首先概述了工程的地理位置，并重点指出了两个关键的下穿工程节点。接着，对工程所在区域的水文地质条件进行了深入剖析，包括静水位的具体情况、区间内主要地层的岩性特征，以及盾构隧道在施工中需要穿越的主要地层等，为后续施工提供了重要的地质背景信息。

（2）系统地介绍了盾构法的基本原理及土压平衡盾构机的工作流程，同时详细阐述了儿童医院至黄河南路区间盾构掘进的具体步骤。此外，还结合实际工程案例，列举了盾构机的主要性能参数，这些参数为后续有限元模型的建立提供可靠的依据。针对区间内盾构机刀盘在不同地质条件下的适应性，本书也进行了深入分析，特别是在黏土及砂土层中的表现。研究结果表明，通过注入泡沫及膨润土，可以有效地减少盾构机在砂土层中刀盘的磨损，同时在黏土层掘进时也能有效避免泥饼的形成。

（3）着重探讨了盾构隧道在穿越既有构筑物时所采用的加固技术。书中详细分析了地层加固法、托换法、隔断法三种主要加固方法的作用机理，并结合实际工程情况讨论了它们的适用场景。这些分析不仅为盾构隧道的安全施工提供了有力保障，也为类似工程提供了宝贵的经验借鉴。

1.3.2 盾构施工对地层及构筑物的扰动理论研究

（1）深入研究了盾构施工对地层及邻近构筑物的扰动理论，详细地分析了地层沉降的产生阶段，阐明了在盾构施工过程中地层沉降的形成机制，具体包括地层损失和固结沉降对沉降过程的影响。

（2）重点探讨了盾构施工对邻近构筑物的扰动，分别从建筑物主体的受力变化和桩基础的变形两方面进行了系统分析，指出了不同类型构筑物在施工过程中的风险与应对措施。

（3）介绍了隧道开挖的有限元理论，涵盖了有限元基本理论和三维渗流场的基本原理，并详细介绍了 GTS NX 软件的功能及其在土体模型建立中的应用，包括如何考虑地层损失对施工效果的影响。

（4）通过对各部分内容的总结，明确了盾构施工对地层和构筑物的扰动机制及其在工程实践中的重要性，为后续研究和工程实施提供了理论依据与技术支持。

（5）对比了 GTS NX 有限元软件中两种用于模拟开挖卸载的高级本构模型：HSS 模型和 MMC 模型，并分析了模拟地层损失的三种方式的特点与不足。在此基础上，提出了模拟非均匀等效层的创新方法。

1.3.3 下穿既有郑州地铁 5 号线地铁隧道扰动及掌子面涌水分析

（1）本章深入探讨了下穿既有郑州地铁 5 号线地铁隧道过程中可能引发的地层扰动及掌子面涌水现象。建立了详细的下穿模型，明确了模型的尺寸、基本假设及边界条件，同时结合地层的力学性质参数和具体施工参数，对开挖过程进行了模拟分析。针对富水砂层区间的渗流场进行了系统性的研究，具体包括初始计算模型的求解、盾构施工对隧道渗流场的扰动分析，以及富水砂土层掌子面渗流破坏的原因剖析。

（2）重点分析了富水砂土层在盾构施工期对地表及既有隧道的影响，涵盖了施工期内区间隧道土体应力变形场的分布规律、隧道管片的受力特性，以及盾构施工导致的地表和既有隧道变形的详细扰动分析。这一部分的研究揭示了施工过程中可能存在的风险和应对方法，为实际工程提供了关键数据和理论依据。

（3）基于前述分析结果，针对盾构下穿既有隧道的施工提出了优化措施，包括掌子面渗透破坏的优化控制策略，及地表与既有隧道沉降变形的控制措施。这些措施旨在提高施工过程的安全性与稳定性，减少对周边环境的负面影响。本章的研究成果不仅丰富了相关理论知识，也为实际工程的安全管理与技术优化提供了重要的指导和参考价值。

1.3.4 近距离下穿既有郑州地铁 1 号线地铁车站扰动及控制分析

（1）以区间下穿既有郑州地铁 1 号线黄河南路站为实际依托工程，根据工程概况，建立了地层 - 结构法三维模型，详细介绍了具体的开挖流程，采用注浆等代层法模拟地层损失，得到不同阶段地层、车站主体结构的变形云图，分析了不同加固措施的作用

（2）深入分析了近距离下穿既有郑州地铁 1 号线地铁车站过程中的扰动现象及其控制方法，旨在为相关工程提供理论指导和实践参考。建立了下穿模型，明确了数值计算的基本假定，包括考虑土层性质、应力状态和施工条件等，为后续计算奠定了基础。

（3）详细描述了模型的关键结构参数和合理的网格划分，以确保数值模拟的准确性。在位移反分析方面，应用了相关技术进行代层标定，从而确保计算结果与实际情况相符，并为模型的可靠性提供了保障。此外，分析了施工过程中可能施加的荷载，涵盖了设备重量、施工人员和材料的影响，以全面理解荷载对地层和结构的作用。

（4）对数值计算结果进行了全面分析，探讨了地层变形引起的应力变化如何影响既有车站的安全性，并分析了车站底板及纵梁在下穿过程中出现的受力和变形特征，指出了潜在的结构风险。为了应对下穿施工引发的土体沉降，还进行了加固仿真计算，主要包括洞内补偿注浆和超前导管注浆技术的应用，探讨了这些加固措施对地层的改善效果。

（5）通过对比分析不同加固方案下的底板累计沉降和监测点累计位移，评估了各措施的有效性及其对结构安全的影响。通过这些研究，为后续类似工程的风险控制和施工优化提供了重要依据。

1.3.5 侧穿具有高精密仪器的颐和医院门诊楼扰动分析

（1）对侧穿具有高精密仪器的颐和医院门诊楼扰动分析研究，旨在为类似工程提供理论支持与实用参考。建立了详细的侧穿模型，明确了数值计算的基本假定，包括地层性质、施工方式和环境条件等，确保模型的准确性。同时，深入探讨了结构参数的选定与网格划分，合理设计边界条件和施工参数，流程涵盖了从模型建立到数值计算的每一个环节，以实现精确的数值模拟。

（2）在随后进行的地表及门诊楼扰动分析中，通过初始计算模型的求解，获取了

土体应力与变形场的演化规律，揭示了施工过程中土体应力的分布与变化特征。针对管片的受力与变形特征进行了深入分析，重点评估了管片在施工过程中的变形情况和受力情况，帮助理解施工工艺对管片稳定性的具体影响。

（3）对地表沉降和建筑物的位移及不均匀沉降进行了全面分析，详细探讨了侧穿施工对周围环境所造成的扰动，并利用数据图示和案例，直观展示了由施工引起的地表与建筑物变形特征。

第2章

郑州地铁12号线施工技术背景

2.1 工程概况

为研究盾构施工过程对于既有隧道的影响，以郑州地铁12号线一期工程标段为例，其中包含两站三区间，总长4.57km，地理位置及线路走向总平面示意图如图2-1所示。整体区间段下穿、侧穿大量地上及地下建（构）筑物，本项目针对黄河南路站—儿童医院站区间（具有精密仪器）、下穿郑州地铁1号线既有黄河南路站车站以及儿童医院站—祭城东桥站下穿既有郑州地铁5号线区间既有结构物的安全性开展研究。

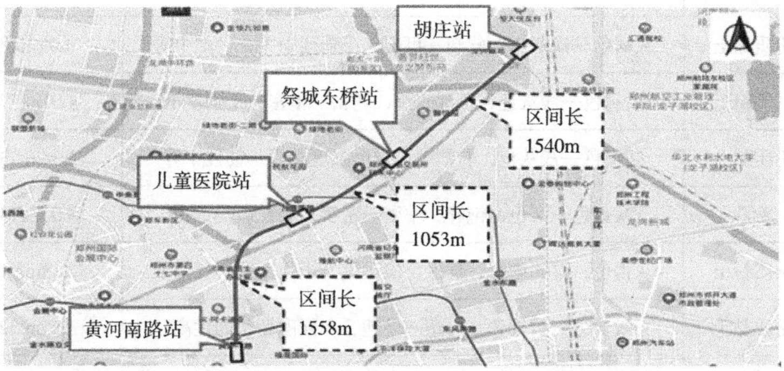

图2-1 地理位置及线路走向总平面示意图

2.1.1 工程水文地质条件

黄河南路站—儿童医院站区间场地位于黄河冲积泛滥平原，根据本次勘察所揭示的地层情况，勘探深度内所揭露地层自上而下依次由人工填土层、第四系全新统冲积层、第四系上更新统冲积层构成，黄河南路站—儿童医院站区间地质总况纵剖图如图2-2所示，黄河南路站—儿童医院站区间地面标高为87.90～91.00m，区间隧道拱顶覆土厚度约16.94～27.78m。隧道拱顶主要位于细砂层，拱底落于细砂层和粉质黏土层。地下水主要为潜水及微承压水，现状水位于结构拱顶以上，稳定静水埋深为11.6～13.6m。

地层岩性分布表如表 2-1 所示。

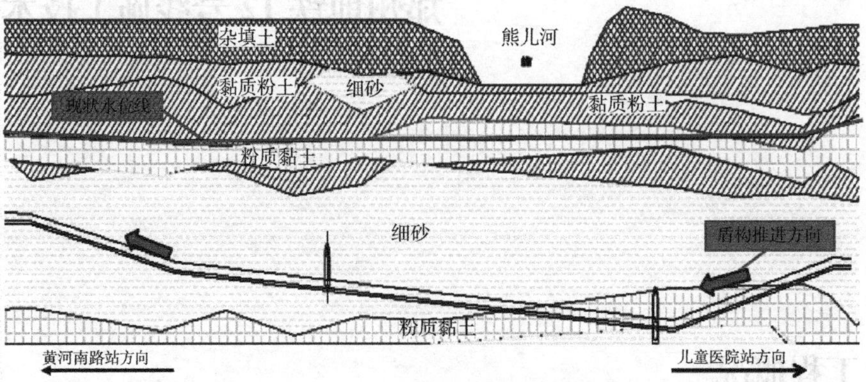

图 2-2　黄河南路站—儿童医院站区间地质总况纵剖图

地层岩性分布表　　**表 2-1**

大类	小类	特性	平均厚度 / 标高 / 埋深
人工填土	素填土	杂色，松散，成分杂乱，为新近堆积，均匀性差	4.57m/84.83m/4.57m
全新统积洪积层	黏质粉土	褐黄色，稍湿，稍密—中密，摇振反应迅速，干强度低，韧性低，局部有砂感	3.71m/89.77m/8.57m
全新统积洪积层	粉砂	灰黄色—灰色，稍湿，中密—密实	2.50m/81.20m/8.14m
	粉质黏土	灰褐色—浅灰色，软塑—可塑，干强度中等，韧性中等	1.77m/79.53m/9.22m
	黏质粉土	黄褐色—浅灰色，稍湿—湿，稍密—中密，干强度低	4.01m/77.14m/12.90m
	粉质黏土	灰褐色—浅灰色，软塑—可塑干强度中等，韧性中等	3.36m/73.14m/16.57m
	粉砂	灰黄色—灰色，饱和，中密—密实，颗粒级配不良	4.02m/74.49m/14.92m
	黏质粉土	灰褐色，湿，中密，摇振反应迅速，干强度低，韧性低	2.18m/71.20m/18.37m
上更新统冲洪积层	粉质黏土	浅灰色—黄褐色，可塑—硬塑，干强度高，韧性高	3.85m/52.00m/37.33m
	细砂	黄褐色，饱和，密实，颗粒级配不良	6.05m/45.03m/44.14m
	粉质黏土	黄褐色，硬塑，干强度高，韧性高	7.84m/39.47m/50.75m

儿童医院站—祭城东桥站区间地面标高为 87.7 ~ 89.8m，拱顶覆土厚度为 15.12 ~ 21.57m。儿童医院站—祭城东桥站区间地质总况纵剖图如图 2-3 所示，新建盾构隧道的拱顶主要位于② 21 粉质黏土、② 33 粉质黏土和② 51 细砂，拱底落于② 51 细砂、③ 21 粉质黏土、③ 31 细砂和② 22 粉质黏土，盾构穿越的地层主要为② 51 细砂、② 33 黏质粉土，由于本项目主要研究地表既有隧道的沉降变形影响因素，故只考虑盾构隧道主要穿越的砂层至地表范围内的土层。

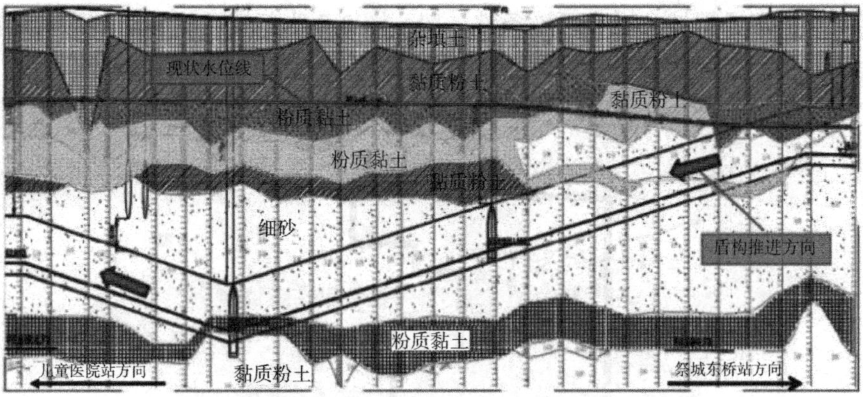

图 2-3　儿童医院站—祭城东桥站区间地质总况纵剖图

2.1.2　下穿既有郑州地铁 5 号线隧道

所选区间段采用土压平衡盾构法开挖，盾构隧道的衬砌管片采用强度等级为 C50、抗渗等级为 P12 钢筋混凝土管片，衬砌管片幅宽 1500mm，厚度为 350mm，外径 6.2m，内径 5.5m。线间距约 3 ~ 19m。线路纵断面为 V 字形坡，线路最大纵坡 24‰。起点位于农业南路和平安大道交叉口以西，向东北方向下穿既有郑州地铁 5 号线农业东路站—心怡路站区间隧道，沿平安大道敷设接入祭城东桥站。两区间竖向净距离约 2.07m，距离较近，水平投影交叉角度约为 50°，新建郑州地铁 12 号线隧道下穿既有郑州地铁 5 号线隧道结构位置关系如图 2-4 所示。

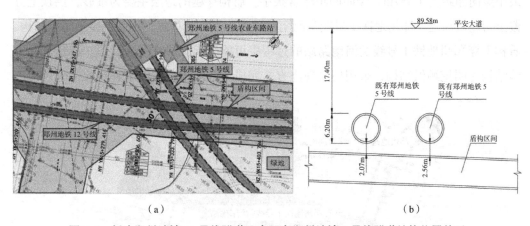

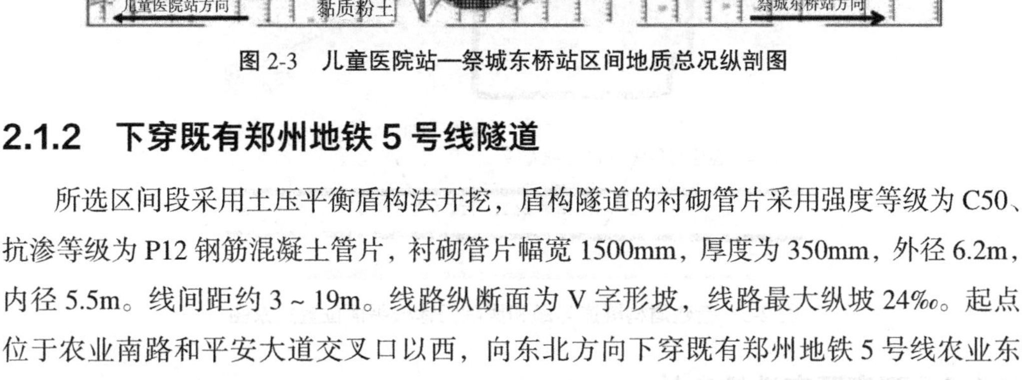

（a）　　（b）

图 2-4　新建郑州地铁 12 号线隧道下穿既有郑州地铁 5 号线隧道结构位置关系

（a）平面图；（b）立面图

2.1.3　侧穿颐和医院门诊楼

拟建黄河南路站—儿童医院站区间沿黄河南路走向，下穿熊耳河后沿平安大道走向。黄河南路、平安大道均为城市主干道路，地下管线分布密集，各种住宅楼、写字楼密集分布，交通繁忙，周边环境条件一般，图 2-5 为新建盾构隧道与颐和医院门诊楼平面位置关系图。

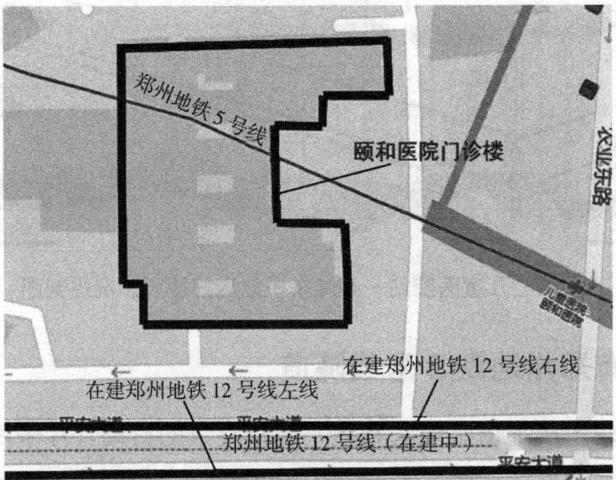

图 2-5　新建盾构隧道与颐和医院门诊楼平面位置关系图

2.1.4 下穿既有地铁车站

儿童医院站—黄河南路站区间隧道在 YK13+475.036 ~ YK13+497.354（长 22.318m）处斜交下穿郑州地铁 1 号线黄河南路站。盾构开挖范围距离既有车站底板最小竖向净距为 1.457m，竖向间距非常狭小。盾构穿越的地层主要为细砂，拱顶上方覆土为黏质粉土。郑州地铁 1 号线黄河南路站为双层三跨岛式，钢筋混凝土箱型结构，盾构下穿郑州地铁 1 号线黄河南路站的过程中可能引起沉降或隆起变形。新建车站主体结构为明挖顺做结构，采用模筑现浇方式完成。黄河南路站大里程接收端采用冷冻

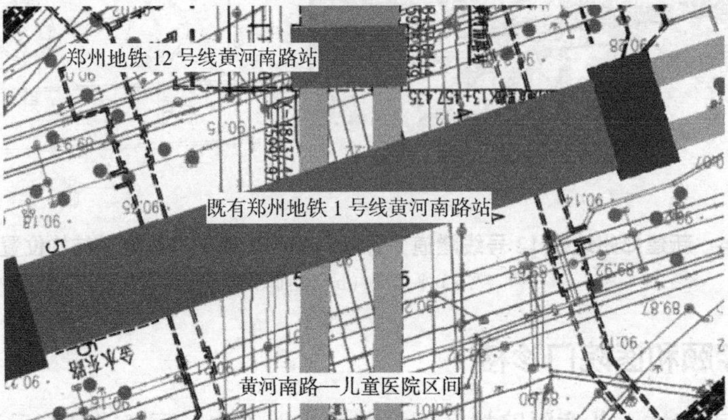

图 2-6　下穿既有郑州地铁 1 号线黄河南路站与新建隧道水平关系

法加固。加固范围为 13m × 10.2m，冻结区为杯形，杯体的杯底厚度为 3.5m，杯壁厚度为 2m，杯体长度为 13m，下穿既有郑州地铁 1 号线黄河南路站与新建隧道水平、竖向关系如图 2-6、图 2-7 所示。

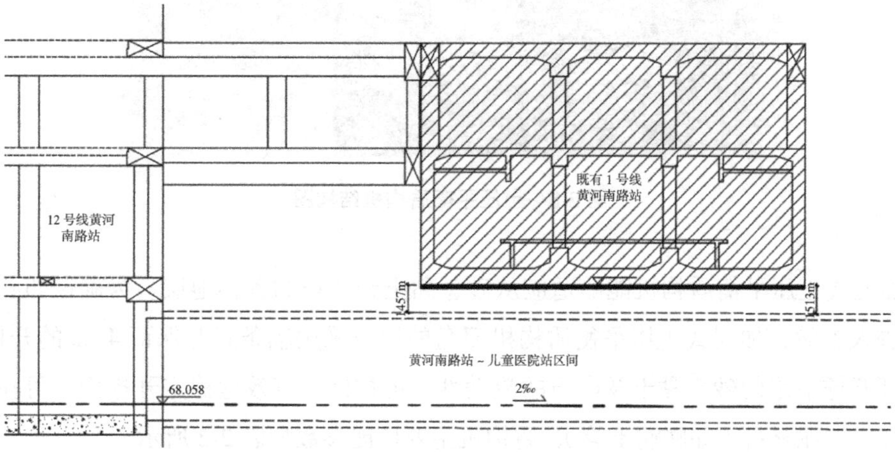

图 2-7　下穿既有郑州地铁 1 号线黄河南路站与新建隧道竖向关系

2.2　盾构机选型及适应性分析

2.2.1　盾构法简介

1823 年，布鲁诺尔（Brunel）拟定了英国伦敦泰晤士河两岸某隧道的开挖方案，并制成了世界上第一台盾构机。经过长时间的应用与研究，截至目前，盾构法已经创新出气压盾构法、泥水加压盾构法以及更先进的土压平衡盾构法。

土压平衡盾构（EPB）机主体由刀盘、盾壳、管片拼装机、千斤顶、隔板、土舱、螺旋搅拌机及渣土运输机等组成，在掘进过程中，盾壳作为其临时支撑结构，以防止周围土层由于应力忽然释放而变得不稳定，盾构开始掘进时，借助千斤顶撑靴作用于拼装完成的管片上，通过油缸和液压主轴承提供支反力，将刀盘贯入至掌子面一定深度，随着扭矩施加带动刀盘的扭转，将掌子面前方的岩土体进行切割研磨，后通过运载器械清理并输送至地表。管片对后盾进行拼装并使用螺栓固定，达到相应掘进进尺后，随着盾尾脱出，然后对围岩及管片之间的空隙进行注浆，如此往复循环，直至开挖至到达井。

2.2.2　盾构机选型

根据郑州地区近年来的盾构施工实践，加泥式土压平衡盾构机能满足对地表沉降控制、隧道结构质量、结构防水等方面的要求，土压平衡盾构机结构图如图 2-8 所示。

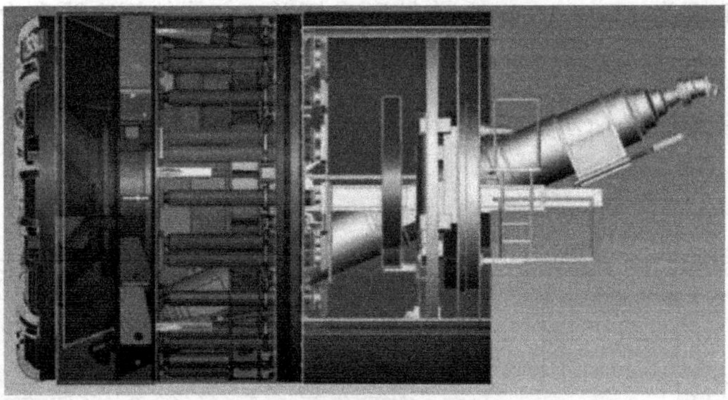

图 2-8 土压平衡盾构机结构图

加泥式土压平衡盾构机能够适应从砂、黏土到卵石的各种地层。为确保卵石可以顺利进入土舱，加泥式土压平衡盾构机刀盘的设计采用辐条式并保证 45% 的开口率；为保证开挖下来的砂、黏土及卵石的流动性、可排性，有效地稳定开挖面，可在密封舱内加入制泥材料（如膨润土等），盾构机主要性能参数如表 2-2 所示。

盾构机主要性能参数 表 2-2

主部件名称	细目部件名称	参数
盾构整体综述	总重（主机及后配套）	485t
	开挖直径	6260mm
	前盾外径	6250mm
	中盾外径	6240mm
	最大掘进速度	80mm/min
	最大推力	35100kN
	土舱压力	0.1 ~ 0.15MPa
刀盘	开挖直径	6260mm
	开口率	45%
	转速	0 ~ 1.5rpm（双向旋转）
	最大总推力	35100kN
	工作压力	35MPa
推进系统	膨润土罐容积	$6m^3$
	泥浆泵安装功率	30kW
	超前钻机是否安装基座	是
	预留超前注浆孔数量	12 个（沿盾壳一圈布置）

2.2.3 工程地质适应性分析

1. 刀盘、刀具形式及布置

（1）刀盘结构设计

刀盘结构设计采用辐条式结构，以适应本工程段特定的地质条件，优化了软土—中硬度地层的施工适用性。整个刀盘采用焊接工艺，设有专门的刀座，用于安装多种刀具，应对不同的掘进需求。刀盘与主驱动装置之间，通过法兰盘紧密连接，确保刀盘在工作时能够实现双向旋转，提高了施工的灵活性和效率。

根据该标段的地质情况，刀具采用软岩刀具结构（图 2-9）。中心区布置中心鱼尾刀 1 把、先行刀 86 把、刮刀 56 把、铲刀 16 把、超挖刀 1 把，刀盘上安装了 4 个喷嘴用以进行土体改良，可最大限度地发挥喷入的泡沫 / 膨润土 / 聚合物的作用，防止泥饼产生以及石块堵塞刀盘。

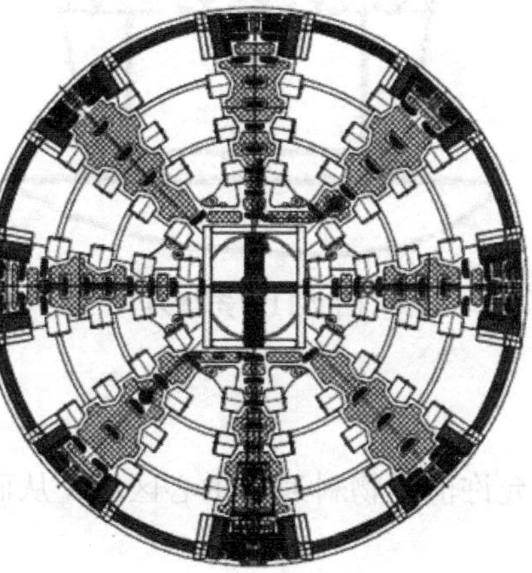

图 2-9　刀盘结构

（2）刀盘开口率

刀盘开口率设计为 45%，并且设计成中心开口形式，可有效预防刀盘中心可能发生的堵塞现象。

（3）硬质合金刮刀

硬质合金刮刀示意图如图 2-10 所示，硬质合金刮刀设计采用宽度为 250mm 的耐磨保护并且成型高质量的硬质合金刀刃，确保耐用性及切削效率。

（4）先行刀

先行刀（图 2-11）是一种高度耐用的刀具，可以疏松地层，方便出渣。先行刀上有多个合金耐磨保护和硬质堆焊层保护，以减少刀具磨损。

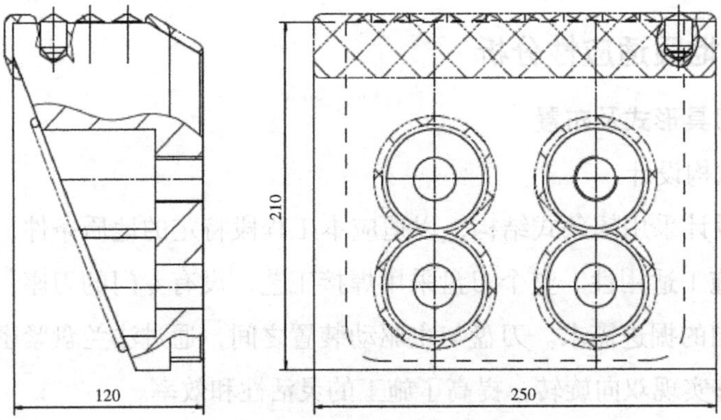

图 2-10　硬质合金刮刀示意图

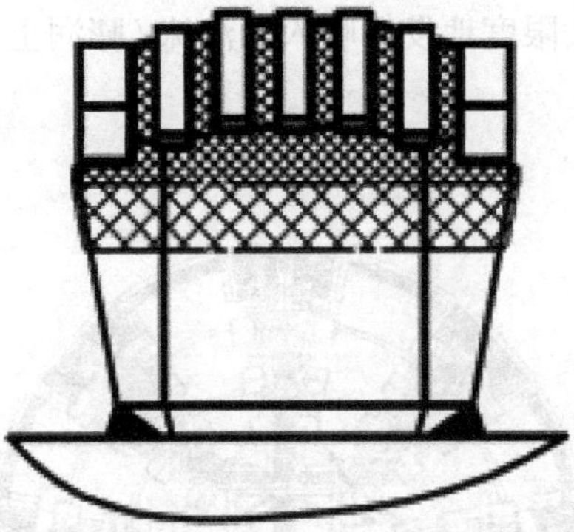

图 2-11　先行刀

（5）中心鱼尾刀

中心鱼尾刀的作用是允许渣屑物料通过中心区域，从而减少在中心区域形成泥饼的可能性。

2. 适应性分析

（1）对砂卵石地层的适应性

刀盘开口率设计为 45%，以确保渣土能够高效地被切削输送至土舱。刀具由耐磨合金制成，增强了耐用性和切削能力。为进一步提升渣土的改良效果，刀盘上配置了两个泡沫注入口和两个膨润土注入口，有助于最大化改良剂的作用，有效预防刀具的过度磨损，保障设备的长期稳定运行。

（2）对黏土地层的适用性

刀盘的设计考虑了施工过程中的高效性和可靠性。配备的两个泡沫注入口能够向土舱内注入泡沫，通过搅拌作用显著改善黏土的流动性，使其更容易被排出。此外，刀盘中心的中心鱼尾刀设计使得渣屑料顺利通过中心区域，有效防止泥饼的形成，确保渣土能够顺利地从土舱中排出。

2.3 盾构穿越既有构筑物的加固技术

当盾构穿越既有构筑物时，采取相应加固技术可有效约束因施工造成的扰动影响，常见的加固方法可分为地层加固法、托换法、隔断法。

2.3.1 地层加固法

应用于隧道开挖的地层加固，主要通过注浆实现，按机理可分为渗透注浆法、劈裂注浆法、挤密注浆法。

1. 渗透注浆法

通常，渗透注浆法采用颗粒状混合材料，如水泥浆或水泥黏土浆。其主要目的在于填充地层中的空洞和裂隙，以提升地层的整体稳定性和承载能力。在注浆过程中，使用较低的压力，以确保浆液充分渗透和填充裂隙，同时不会明显改变土体体积，适用于砂层、碎石土、卵石层等第四系地层。

2. 劈裂注浆法

劈裂注浆法利用单向阀管高压注浆技术将水泥、化学浆液注入地层。在注浆过程中，浆液在注浆管出口处对周围土层施加额外压力，从而导致土体产生剪切裂缝;随后，浆液沿着裂缝劈开，形成加固骨架，加强土体结构。

3. 挤密注浆法

挤密注浆法的核心原理是通过高压将非流动性的注浆材料注入地层钻孔中，以挤密加固松散土体。这种方法不仅可以填充块石间的空隙，而且在凝结后形成均匀的固结体，从而改善地基并确保其承载力。

2.3.2 托换法

依据荷载转移方式不同，将托换法分为主动托换法和被动托换法。

1. 主动托换法

通过在新基础（通常指新建桩基）与托换结构（如门式结构中的托换横梁）之间安装机械设备（如千斤顶），主动将建筑物的荷载从旧基础转移至新基础。这种主动顶升方式不仅能控制托换期间上部结构的变形，还能在新基础与托换结构固结前，利用上部结构的重力对新基础施加预压力，有效减少沉降。托换后上部结构的沉降量极小，适用于对沉降要求严格的情况。

2. 被动托换法

当完成托换结构的施工步骤后，被托换基础与结构的分离直接实现了荷载从原基础向新基础的转移。通常，截桩作业应该逐步进行。被动托换法的主要优势在于其操作简单、工期较短及造价较低。然而，由于托换过程中上部结构的变形无法通过人为手段进行控制，因此适用于荷载较小且对上部结构变形要求不严的情况。

2.3.3 隔断法

隔断法的本质在于，在进行盾构施工时，在建筑物与盾构隧道之间设置隔离措施，以降低施工对建筑物的影响。在实施隔断法时，需要准确控制建筑物与盾构隧道之间的距离，并可采用深层搅拌桩、挖孔桩、地下连续墙、钢板桩等隔断结构。这些结构可以承担地基不均匀沉降、施工产生的负摩阻力、侧向土压力等，从而最大限度地减少盾构施工对土体造成的变形。

2.4 本章小结

（1）介绍了工程背景，郑州地铁 12 号线儿童医院站—黄河南路站区间地理位置和两个主要的下穿工程节点，详细说明了工程水文地质条件，包括静水位和区间主要地层岩性，以及盾构隧道主要穿越的地层等。

（2）对盾构法、土压平衡盾构机工作流程与区间盾构掘进流程进行了介绍。列举了实际工程中盾构机的主要性能参数，为后续的有限元模型建立提供与实际施工情况相符的参数；对区间盾构机刀盘对黏土及砂土层地质条件进行了适应性分析，泡沫及膨润土的注入能够避免盾构在砂土层中刀盘遭受严重的磨损，同时在黏土层中掘进时也能够避免泥饼的出现。

（3）分析了盾构隧道穿越既有构筑物的加固技术，探讨了地层加固法、托换法、隔断法的作用机理及适用情况。

第3章

盾构施工对地层及构筑物的扰动理论研究

3.1 地层沉降产生阶段

盾构隧道掘进常会产生类似于沉降槽凹陷形状的地表竖向位移曲线，如图 3-1 所示为盾构掘进引发的地表沉降。在掘进过程中，洞周土体的沉降动态变化以隧道中轴线呈三维发散状分布。

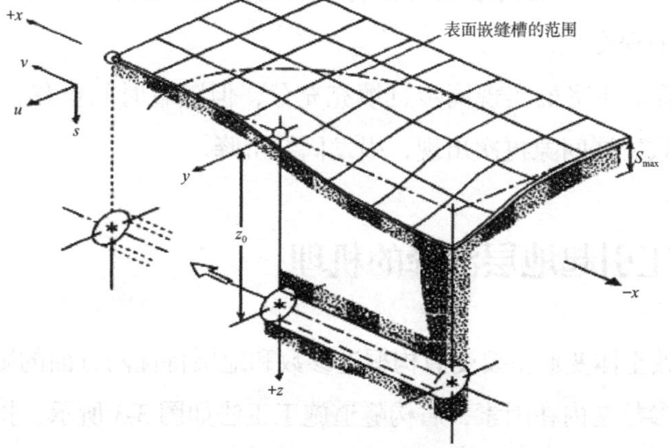

图 3-1 盾构掘进引发的地表沉降

根据以往土压平衡式盾构机掘进过程和其引起地层变形的特征，掘进过程中引起的地层扰动可细分为五个阶段，如图 3-2 所示。

第一阶段：在穿越复杂的水文地质环境或需要特殊处理的区域时，盾构机通常会采取超前处理措施，例如排水和加固，这些措施旨在确保顺利穿越。值得注意的是，虽然降水等预处理措施可能诱发地表沉降，但这些现象并不直接源于盾构施工过程。

第二阶段：在盾构机掘进施工过程中，由于土舱压力设定难以与掘进面所需的支护力达到理想的平衡，往往会导致欠压或过压的掘进情况。该情况下，刀盘前上方一

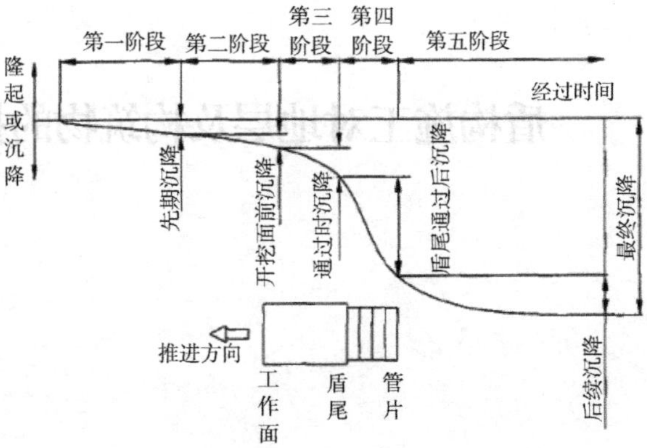

图 3-2　盾构掘进对地层的五个扰动阶段

定范围内的土体可能会发生变形，表现为地表沉降或隆起。

第三阶段：在盾构机掘进施工过程中，刀盘直径大于后方盾体直径，加上盾壳与土体间的摩擦粘结作用，均有可能诱发土体的变形。

第四阶段：盾尾管片脱出时，由于盾壳具有一定坡度，在盾构施工过程中，洞周土体与管片之间的间隙若未及时通过浆液注入填充，可能导致土体向管片方向位移。此外，变形的程度主要受盾构形式的影响；特别是当盾壳坡度较大时，间隙的增加会进一步加剧变形的程度。

第五阶段：盾尾注浆虽实现同步且填充充分，但随着时间推移，浆液会向土体四周扩散，从而导致盾尾间隙再次出现，引发固结沉降。

3.2　盾构施工引起地层沉降的机理

盾构施工导致土体变形主要受盾构掘进参数和地层特性两方面的影响。地层特性不可控，盾构掘进参数是内在因素，盾构隧道施工工法如图 3-3 所示，掘进参数可细分为盾构机推力、盾壳摩擦力、盾尾间隙、注浆压力以及管片在拼装过程中的强度折减等。

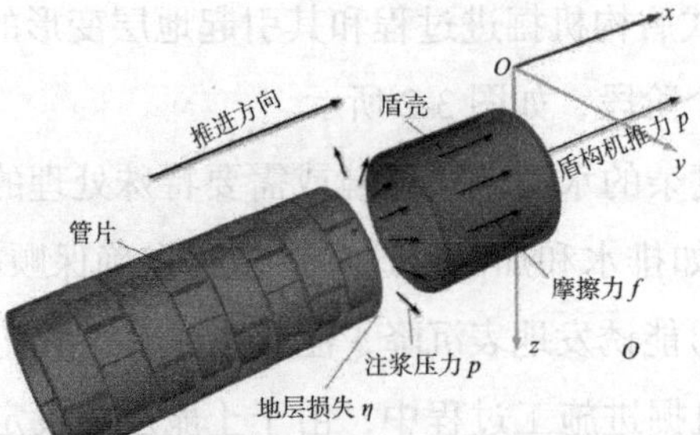

图 3-3　盾构隧道施工工法

3.2.1 地层损失

沉降变形根本原因是土体发生地层损失（体积损失），该损失扩散至地表形成沉降，欠压掘进、注浆量不足等情况导致的沉降变形伴随土体的压缩，如何在有限元法中有效考虑地层损失是保证数值计算有效性的重要因素。

地层损失率通常用百分比 V_s 表示，圆形断面盾构理论开挖体积为：

单位距离的地层损失 V_0 计算公式为：

$$V_0=\pi\cdot r_0^2\cdot L \tag{3-1}$$

单位距离的地层损失 V 计算公式为：

$$V=V_s\cdot\pi\cdot r_0^2 \tag{3-2}$$

式中　r_0——刀盘直径，m；

　　L——掘进距离，m。

3.2.2 固结沉降

在盾构法施工中，地表沉降主要由主固结沉降、次固结沉降和瞬时沉降三部分组成。若不考虑次固结沉降，总沉降可视为地层损失和主固结沉降两者之和。

主固结沉降主要由超孔隙水压力的耗散引起，进而导致土体的压缩。这种类型的沉降与土层的厚度有直接的关联：土层的厚度与主固结沉降在总沉降中的比例成正比。因此，在盾构隧道施工过程中，特别是在土层较厚的区域，主固结沉降的影响不容忽视。

次固结沉降主要由土层在骨架蠕变过程中引起的剪切变形沉降所致，尤其在孔隙比或灵敏度相对较高的土层中更加显著。此类固结沉降通常需要数月才表现出明显趋势，占总沉降的 35% 以上。

3.3 盾构施工对邻近构筑物的扰动分析

3.3.1 对建筑物主体的影响

盾构隧道施工会在一定程度上对周围土体产生扰动，其引起的地表横向沉降槽对邻近建筑物的影响程度，除与地层特性有关之外，还与地表变形的大小、隧道与建筑物之间的相对位置以及建筑物基础和结构形式有关。

地铁隧道的开挖作业会在地表形成沉降槽，进而导致建筑物出现下陷现象（图 3-4）。由于建筑物本身具有一定刚度，其稳定性和使用条件并不会产生太大的影响。但下陷程度超出建筑物自身刚度的抵抗范围，未能有效约束地层变形，仍可能对建筑物的安全性和稳定性造成损害，例如建筑物会在特定的位置形成裂缝。对于框架结构

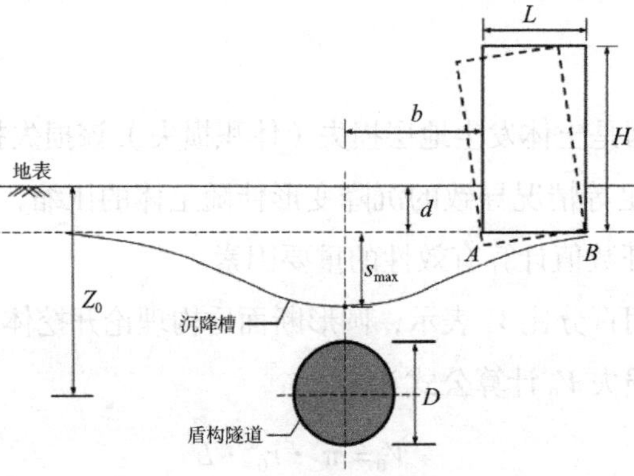

图 3-4　地层沉降对建筑物的影响

建筑物，隧道开挖施工过程中通过土体对建筑物的影响可概括为以下两种形式：

1. 不均匀沉降

在盾构隧道近距离下穿建筑物的情境下，建筑物基础不均匀沉降的现象可归因于多种复杂的作用机理，可归结于以下几个方面：

隧道开挖引发了深处土体的差异化变形，导致近隧道侧与远隧道侧土体在建筑物基础周围产生差异沉降位移，从而引发不均匀沉降。在近隧道侧，土体可能因开挖引发的应力而经历较大的变形，而另一侧的土体则相对较稳定。这种差异导致土体对建筑物基础施加不均匀的力，促使不均匀沉降发生。

开挖也会导致土体剪应力的变化，可能在土体中形成滑动面，土体剪切的不均匀性进一步引发建筑物基础周围的沉降差异。

2. 建筑物倾斜

建筑物倾斜可归结于以下几个方面的影响：

隧道开挖导致洞周土体水平位移较为显著，随着逐步开挖，土体沿隧道侧向发生水平位移，建筑物作为相对静止的结构受到土体推移影响，进而发生一定水平位移。

隧道开挖引起地下土体剪应力的变化，建筑物基础受到土体剪切的影响，从而产生水平位移和倾斜。

开挖引起的土体变形与建筑物基础的变形相互作用，土体的变形对建筑物基础施加水平力，也会导致整体倾斜的发生。

3.3.2　对桩基的影响

桩基用于将承台承受的竖向荷载传递至持力层，从而确保上部结构对基础的承载能力得到充分发挥。桩依据排布形式可分为单桩和群桩，群桩顶与承台相连，承台将荷载传递到各基桩桩顶，形成承受上部荷载的承台—群桩—土体稳定系。

对于桩基础系统，长期荷载作用使得桩与土之间达成了协调平衡。然而，隧道开挖活动可能会破坏桩周土体与桩基之间的这种相互作用，进而引发桩基的额外变形。这种变形可能会对上部结构的稳定性和功能性造成潜在的威胁。

未穿越时，桩基承受上部结构传递的竖向荷载，导致桩身发生向下位移趋势。此过程中桩身周围土体对桩身产生向上的摩阻力，通过负摩阻力的作用，荷载得以传递至桩周土体，确保了桩基的稳定性。随着盾构穿越，其摩阻力减小，致使承载能力得到一定程度的减弱。

当桩基位于拱顶上部时，盾构机的掘进会引起周围土体向隧道方向产生收敛位移，进而导致桩基沉降的增加。同时，桩端持力层的承载能力减弱，使桩基的承载能力持续下降，这是导致沉降增加的一个因素。

当桩端位于拱底下部时，盾构掘进，拱顶上部土体会发生沉降，而拱底下部土体产生隆起，导致桩顶、桩端受到附加力。桩基由于其在竖向上的强度和刚度，对周围土体变位产生遮蔽效应，从而影响土体的位移模式。位于隧道近侧的土体位移较大，而背离隧道侧的位移较小，这种不均匀的位移导致桩基承受不平衡的土压力，进而引发不均匀沉降，以及桩基的弯曲变形和水平方向位移。

隧道与桩基之间的距离越近，桩基受到隧道开挖的影响就越大。当刀盘到达桩基所在位置时，对桩基的变形和内力影响最为显著，随着逐步掘进远离，桩基的变形与内力变化逐渐趋于稳定。

3.4 隧道开挖有限元理论

3.4.1 有限元基本理论

地铁盾构隧道的施工主要包括开挖区土体的钝化和围岩的应力释放及支护结构的激活等，施工过程的土体受力状态可用下列有限元方程体现：

$$([K_0]+[\Delta K_i])\{\Delta W_i\}=\{\Delta F_{ir}\}+\{\Delta F_{ia}\}(i=1,M) \qquad (3\text{-}3)$$

式中　M——总计算步数；

$[K_0]$——整体初始刚度矩阵（地应力平衡）；

$[\Delta K_i]$——土体、支护、结构刚度的加载或卸载；

$[\Delta W_i]$——某施工阶段位移增量；

$[\Delta F_{ir}]$——开挖释放荷载边界增量节点力列阵；

$[\Delta F_{ia}]$——施工过程中增加的节点增量位移列阵。

某施工阶段的位移、应力应变为：

$$\{W_i\}=\sum_{k=1}^{i}\{\Delta W_{\mathrm{k}}\},\quad \{X_i\}=\sum_{k=1}^{i}\{\Delta X_i\},\quad \{e_i\}=\{e_0\}+\sum_{k=1}^{i}\{\Delta e_{\mathrm{k}}\} \tag{3-4}$$

式中 $\{W_i\}$——某施工阶段累计位移；

$\{e_i\}$——某施工阶段累计应力；

$\{X_i\}$——某施工阶段累计应变；

$\{e_0\}$——初始应力；

$\{\Delta e_{\mathrm{k}}\}$——阶段应力增量。

在施工模拟时需考虑土舱压力、千斤顶推力注浆压力等外部荷载，增量荷载施加理论为：

$$[\boldsymbol{K}]\{\delta\}=\{F\} \tag{3-5}$$

式中 $[\boldsymbol{K}]$——施加前系统总刚度矩阵；

$\{F\}$——等效节点力。

管片拼装过程模拟理论如下：

$$\left[\boldsymbol{K}+\Delta K\right]\left\{\delta\right\}=\left\{\Delta F_{\mathrm{g}}^{s}\right\} \tag{3-6}$$

式中 $[\boldsymbol{K}]$——拼装前系统总刚度矩阵；

$[\Delta K]$——管片刚度；

$\{\Delta F_{\mathrm{g}}^{s}\}$——管片自重等效节点荷载。

3.4.2 三维渗流场基本原理

1. 基本原理

渗流是沿着一些形状不一、大小各异、弯弯曲曲的通道进行的。故研究单一孔隙或裂隙中的地下水运动情况是很困难的，且无必要。实际工程中，对于单个地下水质点的运动特性无须进行直接研究，而研究具有平均性质的渗透规律，将裂隙介质等效地转为连续多孔介质,采用经典的连续介质渗流理论进行分析。岩体是一种多相介质体，除了固体岩石及颗粒外，在岩石孔隙中尚存有水等流体介质。为了便于研究，常用一种假想水流来代替真实的地下水流。这种假想水流的性质（如密度、黏滞性等）和真实地下水相同，它充满了既包括水层孔隙和岩石颗粒所占空间，并且这种假想水流运动时应有下列假设：

（1）通过任一断面的流量与真实水流通过同一断面的流量相等；

（2）在某断面上的压力或水头应等于真实水流的压力或水头；

（3）在任意岩土体积内所受的阻力应等于真实水流所受的阻力。

这种假想水流称为渗透水流，简称渗流。假想水流所占据的空间区域称为渗流区或渗流场，其基本表征量有两个，即流速和水头，前者是矢量，后者为标量。

1856 年，法国工程师 Darcy 在垂直圆管中装砂进行渗透试验，试验结果表明，渗流量除与断面面积成直接比例外，还与水头损失成正比，与渗径长度成反比；引入决定于土粒结构和流体性质的一个常数时，则达西定律可写为：

$$Q = Ak\frac{(h_1 - h_2)}{L} \tag{3-7}$$

或：

$$v = \frac{Q}{A} = -k\frac{\mathrm{d}h}{\mathrm{d}S} = kJ \tag{3-8}$$

式中　v——断面 A 上的平均流速，或称达西流速，m/s；

J——渗透比降，即沿流程 S 的水头损失率；

k——渗透系数；

Q——渗流量，m^3/s；

A——断面面积，m^2；

L——渗径长度，m；

h——测压管水头，Pa，它是压力水头与位置高度之和，即：

$$h = \frac{p}{\gamma} + z \tag{3-9}$$

式中　p——压强，Pa；

z——位置高度，m；

γ——水密度，kg/m^3。对于渗流来说，流速水头可以忽略，故测压管水头就代表单位重流体的能量，h_1—h_2 就代表能量的损失。

达西定律中渗透系数 k 是材料的一个基本性质，它将渗流速度与渗透势能联系在一起，也称水力传导系数。

达西定律首次确定了渗透水流速、水力坡降及土的性质三者关系的数学模型，揭示渗流的本构关系，指出断面 A 上的平均流速 v 与渗透比降 J 成线性关系，故又称线性渗透定律。

在直角坐标系中，如以 v_x，v_y，v_z 表示沿三个坐标轴方向的渗透速度分量，则有：

$$v_x = -k_x\frac{\mathrm{d}h}{\mathrm{d}x} \qquad v_y = -k_y\frac{\mathrm{d}h}{\mathrm{d}y} \qquad v_z = -k_z\frac{\mathrm{d}h}{\mathrm{d}z} \tag{3-10}$$

式中，k_x、k_y、k_z 为三个坐标轴上的单位矢量。它给出了渗透速度与水头场之间的关系。

达西定律只适用于呈线性阻力关系的层流运动，其适用范围常用临界雷诺数表示。

在天然土体中，渗流大多数成线性阻力或接近线性阻力关系，雷诺数低，即流体运动的惯性力可以忽略不计，因此达西定律成为渗流的基本定律。目前，渗流分析的数学模型大多是以达西定律为基础而建立的。

2. 渗流方程

（1）运动方程

地下水运动所受的力概括为表面力与体积力两类，引用流体力学中最一般的运动方程：纳维–司托克斯方程，对于不可压缩流体，可有：

$$\frac{1}{ng}\frac{\partial v}{\partial t}=-\mathrm{grad}h-\frac{v}{k} \tag{3-11}$$

式（3-11）一般被称为地下水运动方程。对于不随时间变化的稳定渗流，就简化为重力和阻力控制的达西流动，即：

$$v=-k\times \mathrm{grad}h \tag{3-12}$$

式中　v、k——渗透力的量度，m/h；

grad$h$=$\Delta h/L$ 代表地下水水位的坡度 l 即水力梯度。

（2）连续性方程

连续性方程是质量守恒定律在渗流问题中的具体应用。一般情况下，三维渗流的连续性方程可表示为：

$$-\left[\frac{\partial(\rho v_{\mathrm{x}})}{\partial x}+\frac{\partial(\rho v_{\mathrm{y}})}{\partial y}+\frac{\partial(\rho v_{\mathrm{z}})}{\partial z}\right]\Delta x\Delta y\Delta z=\frac{\partial}{\partial t}\left[\rho n\Delta x\Delta y\Delta z\right] \tag{3-13}$$

如果把水假定为不可压缩的均质液体，其密度 ρ ＝常数，同时假设含水层骨架不被压缩，则可得到不可压缩流体在刚体介质中流动的连续性方程，即：

$$\frac{\partial v_{\mathrm{x}}}{\partial x}+\frac{\partial v_{\mathrm{y}}}{\partial y}+\frac{\partial v_{\mathrm{z}}}{\partial z}=0 \tag{3-14}$$

（3）稳定渗流微分方程

将达西定律式（3-7）代入式（3-11），则得稳定渗流的微分方程式：

$$\frac{\partial}{\partial x}(k_{\mathrm{x}}\frac{\partial h}{\partial x})+\frac{\partial}{\partial y}(k_{\mathrm{y}}\frac{\partial h}{\partial y})+\frac{\partial}{\partial z}(k_{\mathrm{z}}\frac{\partial h}{\partial z})=0 \tag{3-15}$$

当各向渗透性为常数时，上式为：

$$k_{\mathrm{x}}\frac{\partial^2 h}{\partial x^2}+k_{\mathrm{y}}\frac{\partial^2 h}{\partial y^2}+k_{\mathrm{z}}\frac{\partial^2 h}{\partial z^2}=0 \tag{3-16}$$

若为各向同性，$k_{\mathrm{x}}=k_{\mathrm{y}}=k_{\mathrm{z}}$ 时，则变为 Laplace 方程式：

$$\frac{\partial^2 h}{\partial x^2}+\frac{\partial^2 h}{\partial y^2}+\frac{\partial^2 h}{\partial z^2}=0 \tag{3-17}$$

对于有恒定水流入渗量或出渗量 W 的稳定渗流场，其微分方程式为：

$$\frac{\partial}{\partial x}(k_x\frac{\partial h}{\partial x})+\frac{\partial}{\partial y}(k_y\frac{\partial h}{\partial y})+\frac{\partial}{\partial z}(k_z\frac{\partial h}{\partial z})=-w \tag{3-18}$$

对于各向同性渗流场，$k_x=k_y=k_z=k$，上式变为：

$$\frac{\partial^2 h}{\partial x^2}+\frac{\partial^2 h}{\partial y^2}+\frac{\partial^2 h}{\partial z^2}=-\frac{W}{k} \tag{3-19}$$

上式即为著名的 Poisson 方程。

（4）定解条件

每一流动过程都是在限定的空间渗流场内发生，沿这些流场边界起支配作用的条件，称为边界条件；而在研究开始时流场内的整个流动状态或流动支配条件，称为初始条件。边界条件和初始条件统称为定解条件。求解稳定渗流场时，只需列出边界条件，此时的定解问题常称为边值问题。

从描述渗流的数学模型看，边界条件有以下三类：

第一类边界条件（Dirichlet 条件）为在边界上给出位势函数或水头的分布，或称水头边界条件。考虑与时间 t 有关的非稳定渗流边界，非稳定渗流边界条件为：

$$h\big|_{\Gamma_1}=f(x,y,z,t) \tag{3-20}$$

第二类边界条件（Neumann 条件）为在边界上给出位势函数或水头的法向导数，或称流量边界条件。考虑与时间 t 有关的边界时，此已知边界条件可写为：

$$\left.\frac{\partial h}{\partial n}\right|_{\Gamma_2}=-v_n/k=f(x,\ y\quad z\quad t) \tag{3-21}$$

考虑各向异性，还可写成：

$$k_x\frac{\partial h}{\partial x}l_x+k_y\frac{\partial h}{\partial y}l_y+k_z\frac{\partial h}{\partial z}l_z+q=0 \tag{3-22}$$

式中　q——单位面积边界上的穿过流量，相当于 v_n；

l_x，l_y，l_z——外法线与坐标间的方向余弦。

稳定渗流时，这些流量补给或出流边界上流量 q= 常数，或相应 $\partial h/\partial n$= 常数。

第三类边界条件为混合边界条件，是指含水层边界的内外水头差和交换的流量之间保持一定的线性关系，即：

$$h+a\frac{\partial h}{\partial n}=\beta \tag{3-23}$$

式中，a 为正常数，与 β 都是此类边界各点的已知数。在解题时需以迭代法去满足边界水头 h 与 $\partial h/\partial n$ 间的已知关系。

初始条件通常是第一类边界条件，即流场的水头分布，它在开始时刻 $t=0$ 时对整个流场起支配作用。只有在特殊情况下，初始条件才会是第二、三类边界条件。

3.4.3 Midas GTS NX 软件介绍

Midas GTS NX（New experience of Geo-Technical analysis System）是一款专门为岩土工程领域设计的通用有限元分析软件。该软件集成了静动力学、渗流、应力 - 渗流耦合、固结、施工阶段分析以及边坡稳定等多种分析模块。它被广泛应用于隧道、边坡、基坑、桩基、水工和矿山等工程项目中，实现精确建模和协同分析，并提供了丰富的专业建模工具和数据库支持。同时拥有混合网格生成功能，既包括划分六面体单元获得更准确应力结果的优势，也包括划分复杂几何形状中尖锐曲线和转角的四面体单元。Midas GTS NX 适应同时使用四面体、五面体、六面体单元的分析，不会在建模或分析速度上有明显损失。

3.4.4 Midas GTS NX 内置土体模型

Midas GTS NX 中内置了诸多模拟土体的本构模型，如线弹性本构模型和弹塑性本构模型中的 Tresca、Mohr-Coulomb、Drucker Prager、Hoek Brown、应变软化 Strain Softening、Modified Cam Clay、Modified Mohr-Coulomb 小应变硬化土等类型，以及非线性弹性模型中的日本中央电力研究所、Jardine、Duncan-Chang 等模型，适用于不同的岩土材料，为有限元计算提供了极大的便利。

土体的应力应变关系因其非线性、弹塑性、剪胀性和各向异性等特性而显得复杂。现有的土体模型在模拟特定加载条件下的土体行为时，仅能捕捉其主要特性，尚无法全面准确地反映各类土体在任意加载条件下的行为。此外，一些理论上严谨的模型由于参数难以获得，其实用性受限，有时甚至导致计算结果不合理。而一些形式简单的模型，因其参数具有明确的物理意义且易于确定，有时能提供合理的计算结果。因此，在进行土动力学问题数值模拟时如何选择模型，以及了解使用不同模型时对计算结果会产生什么样的影响，对我们合理地解释和判断数值分析结果显得非常重要。

在模拟盾构掘进施工过程时，首先应考虑土的开挖卸载与剪切及压缩硬化问题，因此需正确选择合理的本构模型。

1. 弹塑性本构模型

弹塑性本构模型是目前最为完善的非线性弹性介质模型，用 Cauchy 方法给出的各向同性弹性介质的本构方程的具体表达式如下。

弹塑性问题的应力增量 $\mathrm{d}\sigma_{ij}$ 与应变增量 $\mathrm{d}\varepsilon_{ij}$ 的相互关系即是本构方程：

$$\mathrm{d}\sigma_{ij}=\left[D_{\mathrm{ep}}\right]\mathrm{d}\varepsilon_{ij} \tag{3-24}$$

假定是总应变增量等于弹性应变增量与塑性应变增量之和，即：

$$\mathrm{d}\varepsilon_{ij}=\mathrm{d}\varepsilon_{ij}^{e}+\mathrm{d}\varepsilon_{ij}^{p} \tag{3-25}$$

由广义 Hooke 定律，弹性应变增量 $\mathrm{d}\varepsilon_{ij}^{e}$ 为：

$$\mathrm{d}\varepsilon_{ij}^{e}=\left[D_{ijkl}^{e}\right]\mathrm{d}\sigma_{ij} \tag{3-26}$$

在应力空间中，假定屈服函数 $\varphi(\sigma,\ \varepsilon_{ij}^{p})=0$，为了确定塑性应变增量 $\mathrm{d}\varepsilon_{ij}^{p}$，引入塑性势函数 $Q=Q(\sigma_{ij})$，假定服从塑性流动准则，则 $\mathrm{d}\varepsilon_{ij}^{p}$ 可由下式确定：

$$\mathrm{d}\varepsilon_{ij}^{p}=\mathrm{d}\lambda\frac{\partial Q}{\partial\sigma_{ij}} \tag{3-27}$$

将式（3-25）和式（3-26）代入（3-24），则得：

$$\mathrm{d}\sigma_{ij}=\left[D_{ijkl}^{e}\right]\left(\mathrm{d}\varepsilon_{ij}-\mathrm{d}\lambda\frac{\partial Q}{\partial\sigma_{kl}}\right) \tag{3-28}$$

式中，$\left[D_{ijkl}^{e}\right]$ 由弹性常数确定。由相容性条件：

$$\mathrm{d}\varphi=\frac{\partial\varphi}{\partial\sigma_{ij}}\mathrm{d}\sigma_{kl}+\frac{\partial\varphi}{\partial H}\frac{\partial H}{\partial\varepsilon_{kl}^{p}} \tag{3-29}$$

将式（3-26）和式（3-27）代入式（3-28），即可得塑性标量因子的表达式为：

$$\mathrm{d}\lambda=\frac{\dfrac{\partial\varphi}{\partial\sigma_{ij}}D_{ijkl}^{e}\mathrm{d}\varepsilon_{kl}}{A+\dfrac{\partial\varphi}{\partial\sigma_{mn}}D_{mnpq}^{e}\dfrac{\partial Q}{\partial\sigma_{pq}}} \tag{3-30}$$

将式（3-29）代入式（3-27），即可得硬化材料的普遍弹塑性本构关系：

$$\begin{aligned}\mathrm{d}\sigma_{ij}&=\left[D_{ijkl}^{e}-\frac{\dfrac{\partial\varphi}{\partial\sigma_{ab}}D_{ijab}^{e}D_{cdkl}^{e}\dfrac{\partial\varphi}{\partial\sigma_{cd}}}{A+\dfrac{\partial\varphi}{\partial\sigma_{mn}}D_{mnpq}^{e}\dfrac{\partial Q}{\partial\sigma_{pq}}}\right]\mathrm{d}\varepsilon_{kl}\\&=\left[D_{ijkl}^{e}-D_{ijkl}^{p}\right]\mathrm{d}\varepsilon_{kl}=\left[D_{ijkl}^{ep}\right]\mathrm{d}\varepsilon_{kl}\end{aligned} \tag{3-31}$$

式中，$D_{ijkl}^{p}-\dfrac{\dfrac{\partial\varphi}{\partial\sigma_{ab}}D_{ijab}^{e}D_{cdkl}^{e}\dfrac{\partial\varphi}{\partial\sigma_{cd}}}{A+\dfrac{\partial\varphi}{\partial\sigma_{mn}}D_{mnpq}^{e}\dfrac{\partial Q}{\partial\sigma_{pq}}}$，称为塑性刚度张量或；$D_{ijkl}^{ep}=D_{ijkl}^{e}-D_{ijkl}^{p}$ 称为弹塑性刚度张量或弹塑性刚度矩阵。

为便于数值计算，将式（3-30）改写成矩阵形式，即有：

$$\{\mathrm{d}\sigma\}=\left[\boldsymbol{D}^{e}-\frac{[\boldsymbol{D}^{e}]\left\{\frac{\partial g}{\partial\sigma}\right\}\left\{\frac{\partial\varphi}{\partial\sigma}\right\}^{T}[\boldsymbol{D}^{e}]}{A+\left\{\frac{\partial\varphi}{\partial\sigma}\right\}^{T}[\boldsymbol{D}^{e}]\left\{\frac{\partial Q}{\partial\sigma}\right\}}\right]\{\mathrm{d}\varepsilon\} \tag{3-32}$$

$$[\boldsymbol{D}^{ep}]=[\boldsymbol{D}^{e}]-[\boldsymbol{D}^{p}] \tag{3-33}$$

$$[\boldsymbol{D}^{p}]=\frac{[\boldsymbol{D}^{e}]\left\{\frac{\partial g}{\partial\sigma}\right\}\left\{\frac{\partial\varphi}{\partial\sigma}\right\}^{T}[\boldsymbol{D}^{e}]}{A+\left\{\frac{\partial\varphi}{\partial\sigma}\right\}^{T}[\boldsymbol{D}^{e}]\left\{\frac{\partial Q}{\partial\sigma}\right\}} \tag{3-34}$$

式中 $[\boldsymbol{D}^{e}]$和$[\boldsymbol{D}^{p}]$——弹性、塑性矩阵；

Q，φ——塑性势及屈服函数；

A——应变硬化参数（$A=-\{\frac{\partial\varphi}{\partial h}\}\{\frac{\partial g}{\partial I_1}\}$，当 $A>0$ 时应变硬化，当 $A<0$ 时，应变软化）。

塑性矩阵的具体形式为：

$$[\boldsymbol{D}_{\mathrm{p}}]=\begin{bmatrix} S_1^2 & S_1S_2 & S_1S_3 & S_1S_4 & S_1S_5 & S_1S_6 \\ S_1S_2 & S_2^2 & S_2S_3 & S_2S_4 & S_2S_5 & S_2S_6 \\ S_1S_3 & S_2S_3 & S_3^2 & S_3S_4 & S_3S_5 & S_3S_6 \\ S_1S_4 & S_2S_4 & S_3S_4 & S_4^2 & S_4S_5 & S_4S_6 \\ S_1S_5 & S_2S_5 & S_3S_5 & S_4S_5 & S_5^2 & S_5S_6 \\ S_1S_6 & S_2S_6 & S_3S_6 & S_4S_6 & S_5S_6 & S_6^2 \end{bmatrix} \tag{3-35}$$

式中，$S_i=Di_1\overline{\sigma}_{\mathrm{x}}+Di_2\overline{\sigma}_{\mathrm{y}}+Di_3\overline{\sigma}_{\mathrm{z}} \quad (i=1,2,3)$

$S_i=G\tau_{kj}, \ (kj=xy,yz,zx) \quad (i=4,5,6)$

$S_0=A+S_1\overline{\sigma}_{\mathrm{x}}+S_2\overline{\sigma}_{\mathrm{x}}+S_3\overline{\sigma}_{\mathrm{x}}+S_4\overline{\tau}_{\mathrm{xy}}+S_5\overline{\tau}_{\mathrm{yz}}+S_6\overline{\tau}_{\mathrm{zx}}$

综合以上各式，应变增量 d{ε} 的矩阵表达式为：

$$\mathrm{d}\{\varepsilon\}=[\boldsymbol{D}]^{-1}\mathrm{d}\{\sigma\}+\left\{\frac{\partial F}{\partial\{\sigma\}}\right\}\mathrm{d}\lambda \tag{3-36}$$

2. 小应变硬化土本构模型

小应变硬化土（Hardening Soil Small-strain Model，HSS 本构模型），是 Benz 基于 Schanz 提出的 Hardening Soil Model 模型的基础上提出的，结合 Hardin-Drnevich 模型，以描述小应变区域内剪切刚度与应变之间的双曲线关系。通过 HSS 本构模型在土体剪切及压缩硬化、卸载和小应变模拟等方面的优势（图 3-5），可以看出相较于常用的本构模型，HSS 本构模型更适合于模拟隧道开挖过程中土体卸载应力释放的问题，图 3-6 为本构 HSS 模型的屈服面。

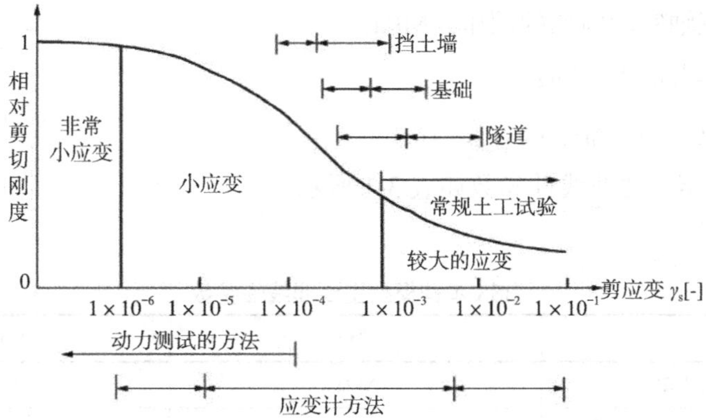

图 3-5　土工试验、土工结构中典型土剪切应变 – 刚度关系

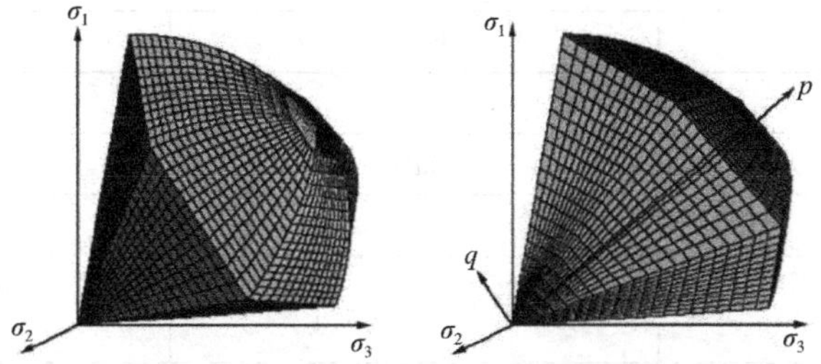

图 3-6　HSS 本构模型的屈服面

与 HS 模型对 E_{50}^{ref} 和 E_{ur}^{ref} 的关系类似，HSS 本构模型假定初始剪切模量与参考应力之间具有如下关系：

$$G_0 = G_0^{ref}\left(\frac{c\cdot\cot\varphi-\sigma}{c\cdot\cot\varphi-\sigma^{ref}}\right)^m \quad (3\text{-}37)$$

初始剪切模量也可由初始弹性模量计算，其关系式为：

$$G_0 = \frac{E_0}{2(1+v)} \quad (3\text{-}38)$$

式中　E_0——初始弹性模量，Pa；

v——泊松比。

$$E_0 = E_{oed}^{ref}\left(\frac{c\cdot\cot\varphi-\sigma}{c\cdot\cot\varphi-\sigma^{ref}}\right)^m \quad (3\text{-}39)$$

式中　E_0^{ref}——主压密加载试验的切线刚度，N/m；

G_0——初始剪切模量，Pa；

G_0^{ref}——参考应力下较小应变时的剪切模量（小应变参数），Pa；

c——土样黏聚力，kPa；

φ——土样内摩擦角，°；

σ——三轴实验施加的围压，MPa；

σ^{ref}——参考应力，Pa；

m——应力相关幂指数。

HSS 本构模型主要非线性参数如表 3-1 所示。

HSS 本构模型主要非线性参数 表 3-1

参数	单位	取值依据
三轴加载模量 E_{50}^{ref}	MPa	土工试验
主固结仪加载的割线刚度 E_{oed}^{ref}	MPa	土工试验
卸载弹性模量 E_{ur}^{ref}	MPa	土工试验
应力幂指数	—	砂土取 0.5，黏土取 0.6 ~ 1
密度	kg/m^3	土工试验
内摩擦角 φ	°	土工试验
黏聚力 c	kPa	土工试验
破坏比 R_f	—	经验值 0.9
最终膨胀角	°	0°（$\varphi \leqslant 30°$） φ–30°（$\varphi > 30°$）
土压力系数的百分比 K_0^{NC}	—	1–sinφ < 1
参考应力 σ^{ref}	kPa	100
小应变剪切模量 G_0^{ref}	—	（1 ~ 2）E_{ur}^{ref}
临界剪切应变 $\gamma_{0.7}$	—	（1 ~ 2）E-04

3. 修正摩尔库伦本构模型

修正摩尔库伦（Modified Mohr-Coulomb）模型在 Mohr-Coulomb 模型理论的基础上进行改进。Mohr-Coulomb 模型按照理想弹塑性进行定义，理想弹塑性本构模型曲线如图 3-7 所示，该模型的行为假设对于一般的岩土非线性分析而言，其结果充分可靠，因而经常被使用，图 3-8 为 Mohr-Coulomb 模型破坏包络线（排水）。

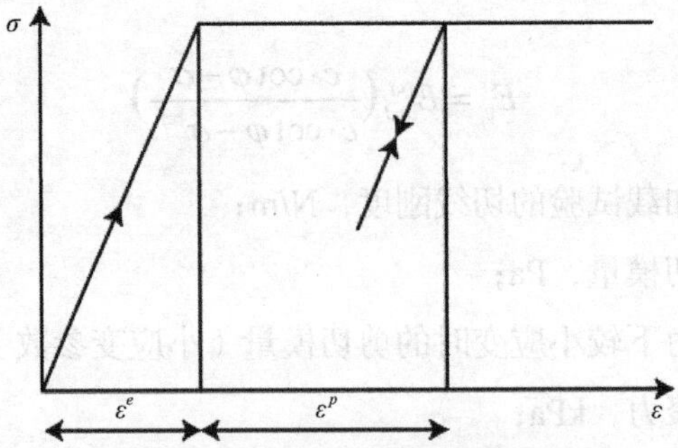

图 3-7 理想弹塑性本构模型曲线

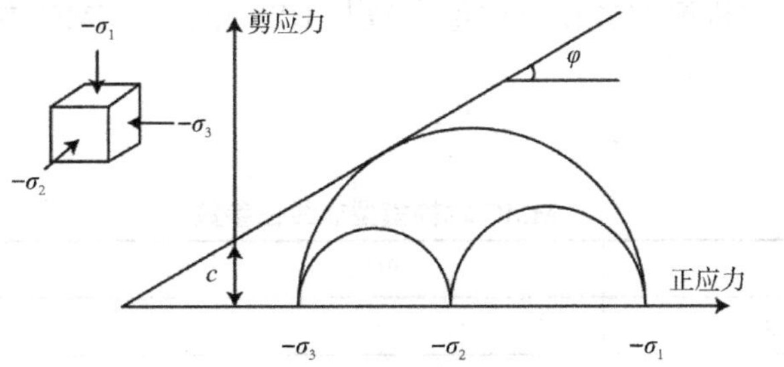

图 3-8　Mohr-Coulomb 模型破坏包络线（排水）

然而，Mohr-Coulomb 模型在描述岩土材料破坏时存在两个主要缺陷。（1）该模型假定中间主应力不对土体屈服产生影响，该假定与土工试验结果矛盾；（2）莫尔圆子午线和破坏包络线为直线，摩擦角不会随侧限应力（或静水压力）的变化而变化。即便该准则在侧限应力受限的情况下正确，然而在实际应用中，当侧限应力过小或过大时，模型准确性会受到影响。因此，在模拟开挖卸载时，需考虑该模型的局限性。

Modified Mohr-Coulomb 本构模型（下文简称 MMC）是非线性弹性模型与弹塑性模型组合而来，适用于郑州地区黄河冲积平原黏土或砂土的行为特性。

MMC 本构模型屈服面如图 3-9 所示，与 DP 模型类似，MMC 本构模型平滑了 MC 屈服面的尖角。该模型屈服面到偏平面的投影穿过 MC 六边形的所有角，并且作为 MC 屈服函数，MMC 屈服函数取决于有效平均应力 σ_m 和洛德角 θ。

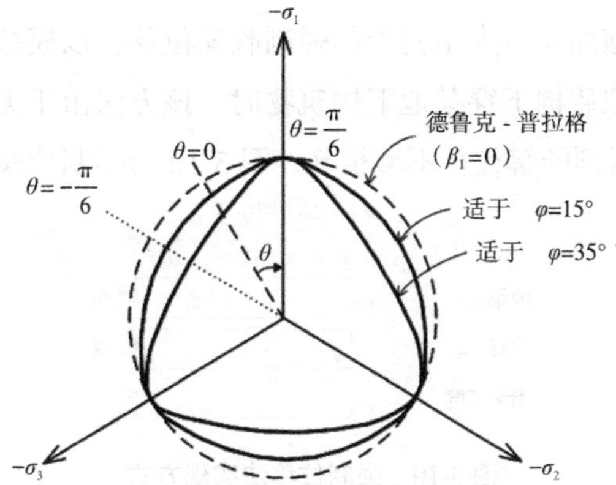

图 3-9　MMC 本构模型屈服面

该模型可模拟在不受剪切破坏和压缩屈服影响的条件下的双硬化行为，它考虑了由初始偏应力引起的轴向应变和材料刚度的降低，虽然在某种程度上与双曲线模型（非线性弹性）相似，但在本质上更接近于塑性理论。此外，MMC 本构模型也考虑了岩土材料不同的膨胀角，并引入了屈服帽（yield cap）的概念，能够全面地描述岩土的力学行为。MMC本构模型各模量取值大致与HSS相同，MMC本构模型非线性参数如表3-2所示。

MMC本构模型非线性参数 **表3-2**

参数	单位	取值依据
固结比OCR	—	土工试验
先期固结压力	kPa	土工试验
帽盖形状系数α	—	根据KNC计算
帽盖硬化系数β	—	根据E_{oed}^{ref}计算

与MC模型相比，MMC本构模型可更为详细地描述土体力学行为，其模量可在加载和卸载过程中设定不同的数值。一般在卸载阶段，模量设置为相对较大的值，可防止在计算大体积开挖工程时由于应力释放而导致的膨胀隆起现象。该调整有助于更准确地模拟岩土材料在复杂加载和卸载条件下的行为，并提高模型对大体积开挖工程的预测能力，且比HSS模型具有更好的收敛性。

3.4.5 Midas GTS NX考虑地层损失的方式

1. 强制位移法

强制位移法是一种利用有限元分析方法来模拟隧道开挖过程中的强制位移效应的方法。由于盾体从刀盘处至盾尾呈现一定坡度，该方法借助有限元模型对隧道周围的地层进行建模，考虑施加在盾壳结构上的强制收缩位移，以模拟实际开挖过程中的地层损失效应，若是模拟盾构下穿某地下构筑物时，该方法由于无法准确考虑地层与结构之间的相互作用，得到的解往往不够精确，图3-10为强制位移法实现方式。

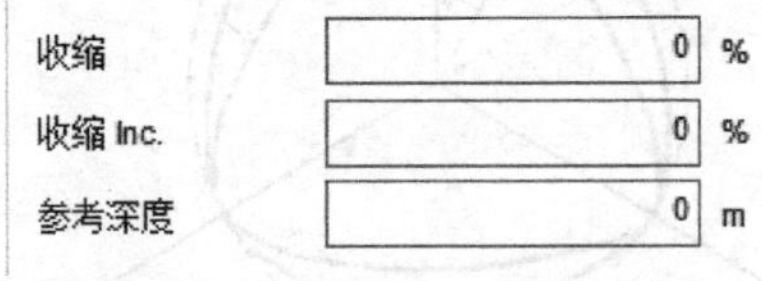

图3-10 强制位移法实现方式

2. 等代注浆层法

在实际施工中，很难分别对土体向盾尾空隙的自然充填、注浆后浆体的分布以及隧道壁面受扰动的程度和范围等对地层位移的影响进行精确的量化。因此，通常将管片周围的过渡层简化为均质等厚或厚度随深度均匀变化的非均匀等代层，均匀及非均匀等代层示意图如图3-11。

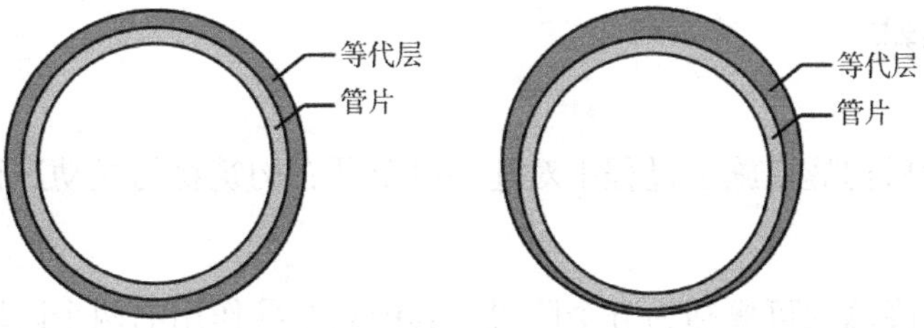

（a）　　　　　　　　　（b）

图 3-11　均匀及非均匀等代层示意图

（a）均匀；（b）非均匀

等代层可理解为综合概化层，是洞周土体扰动、管片外壁面土体向盾尾间隙的位移及盾尾注浆作用的抽象概括，可较为客观地反映盾构施工实际状况，克服以往方法的不足。对于一定的施工工况，等代层参数应保持不变，可以视作由土、砂浆组成的混合材料，具体组成比例与土体性质、浆体材料以及注浆压力等因素密切相关，将其视为一种弹性材料，其主要参数包括厚度、弹性模量、泊松比。在施工过程中下穿既有构筑物的工况下，根据现场实测资料，选用等代层的厚度参数作为位移反分析参数，可简化反分析的过程，并且明确反分析参数的意义。

3. 应力释放法

应力释放法，也称反转应力释放法，最早是由段文峰等提出，仅限于初始应力场是均匀场的特殊情况，Panet M 等在隧道平面应变分析中引入了该方法，后来，随着有限元软件的快速发展，这一思想在非均匀应力场中也得到了应用，分别采用了类似的方法，对隧道开挖进行了计算。应力释放法最初在隧道开挖平面应变有限元中提出，用于模拟开挖过程中的空间效应，例如二维开挖支护、地应力释放与支护压力控制等。该方法通过调整比例系数来控制节点荷载的释放量，应力释放实现方式，如图 3-12 所示进而决定围岩所经历的应力路径。然而，这一应力路径与实际工程场地或真实三维模拟的应力路径存在差异。对于具有非线性变形特性的岩土材料而言，这种差异将导致模拟结果与实际场地或真实三维模拟结果的偏差。

	当前阶段后	释放荷载系数
	0	0.4
	1	0.6
+		

图 3-12　应力释放实现方式

3.5 本章小结

本章主要对盾构隧道施工过程中对地层以及既有构筑物的扰动进行了理论研究与分析，小结如下：

（1）地层沉降总共可概括为五个阶段，其中起主导作用的两个阶段分别为第二阶段及第四阶段，若土舱压力小于静止水土压力，则刀盘前方地层会由于欠压而导致一定程度的沉降；由于盾壳具有较小坡度，导致脱出时管片与土体形成间隙，在注浆不充分的情况下会导致地层的沉降。在土体较厚的区域，地层损失可视为瞬时沉降与主固结沉降的共同作用。

（2）既有建筑物会随着盾构施工产生的沉降槽而产生一定程度下陷趋势，深处土体的差异化变形，在内部土体产生剪切面，导致建筑物基础受力不均，从而形成不均匀沉降；也会使桩基础摩阻力发生变化，减弱其承载力。

（3）对比分析了 Midas GTS NX 有限元软件中内置的用于模拟开挖卸载的 HSS 本构模型和 MMC 本构模型，以及软件中考虑地层损失三种方式的特点与局限性，提出了模拟非均匀等代层的方法，得出强制位移法、应力释放法、等代注浆层法分别适合模拟无构筑物、平面应变、有构筑物工况的结论。

第4章

下穿既有郑州地铁5号线隧道扰动及掌子面涌水分析

4.1 下穿模型建立

4.1.1 模型尺寸与基本假定

根据郑州地铁12号线儿童医院站—祭城东桥站区间段下穿郑州地铁5号线某区间段的实际工程、水文地质勘察情况，采用Midas/GTS软件分别建立新建、既有隧道的左、右线相应有限元模型，新建隧道与既有隧道空间关系如图4-1所示，根据圣维南原理，在盾构掘进开挖过程中，对周围的土体影响集中在3～5倍外径影响范围之内，此范围外土体由于受影响较小，一般不做研究。已知两隧道外径均为6.2m，为减少边界效应的影响，同时考虑模型计算速度，因此本模型尺寸为：90m（X方向）×58m（Y方向）×52m（Z方向），模型共47331个节点，99627个单元，地层模型图如图4-2所示。根据郑州地铁12号线儿童医院站—祭城东桥站区间隧道地勘报告及盾构选型等资料，确定管片外径为6.2m，管片幅宽1.5m，厚度为0.35m，而由于盾构机内部管片拼装机之前盾体长度约为6m，为精准模拟未衬砌管片区段长度与此同时减少模型运算消耗时间，因此在模拟盾构掘进过程中便设定左、右线同步掘进，并以6m作为开挖的循环进尺来进一步模拟隧道开挖、管片安装、盾尾注浆等具体施工步骤。

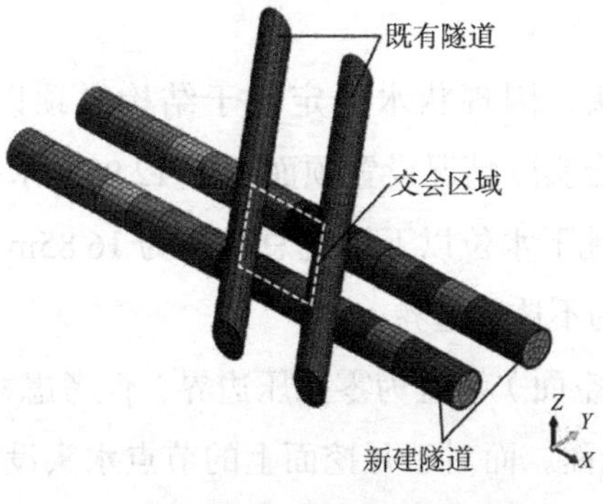

图4-1　新建隧道与既有隧道空间关系

图 4-2　地层模型图

根据新建隧道盾构施工的实际施工参数，在模拟盾构掘进对掌子面渗流、地表及既有隧道沉降影响的过程中，对有限元模型进行相应的假设：

（1）土体材料本构模型采用线弹性模型；

（2）根据本区间工程实际勘察报告，对地层进行相应简化处理，假定地层均是各向同性材料，且呈层状均质水平分布；

（3）假定新建隧道在盾构施工时，既有隧道长期使用对隧道物理力学参数的影响不做考虑；

（4）假定盾构隧道开挖前，模拟计算初始地应力平衡时，只考虑地层的自重应力影响，不考虑地层构造应力影响；

（5）盾体前行过程中，不考虑其与周围土体的接触作用。

4.1.2　模型边界条件

1. 位移边界条件

对本模型上顶面不施加任何约束，设置为自由表面；对于模型四周侧面，设置为垂直位移约束；对于模型下底面，则设置为固定铰约束。

2. 渗流边界条件

对于模型顶面的水头，因现状水稳定位于结构拱顶以上，且稳定水位埋深在 12.0 ~ 16.0m 之间，故结合实际情况设置顶面以下 12.95m 水平面上各个节点的压力水头为 0m，四周侧面则在地下水位以下设置总水头为 16.85m（坐标原点到地下水面之间的高差），下底面均设为不透水边界。

管片内侧（即管片临空面）设置为零孔压边界，但考虑衬砌管片的渗水极其微量，故主要渗水部位仍在开挖面。而对于开挖面上的节点水头设置，考虑土压平衡盾构掘进中开挖面渗水时最危险的极端工况，盾构开挖面与大气联通，在掌子面上设置压力水头为 0。

4.1.3　地层及结构力学性质参数

根据现场地质补充勘测报告，选取的区段土层材料物理力学参数如表 4-1 所示。

区段土层材料物理力学参数　表 4-1

材料	厚度（m）	重力密度（kN/m^3）	弹性模量（MPa）	泊松比	模型类型
① 1 杂填土	3.72	18.0	3.0	3.72	弹性
② 31 黏质粉土	5.20	18.9	7.3	5.20	弹性
② 21 粉质黏土	2.21	19.3	4.4	2.21	弹性
② 32 黏质粉土	1.82	19.5	10.2	1.82	弹性
② 22 粉质黏土	3.95	19.0	4.2	3.95	弹性
③ 21 粉质黏土	4.68	19.7	10.9	4.68	弹性
② 51 细砂	12.66	20.0	24.0	12.66	弹性
注浆层	0.20	22.5	1000.0	0.30	弹性
管片	0.35	24.0	31000.0	0.20	弹性

4.1.4　施工参数与开挖过程模拟

1. 施工参数模拟

（1）管片

管片网格划分示意图如图 4-3 所示，管片外径为 6.2m，内径为 5.5m，厚度为 350mm，管片衬砌材料采用的是 C50 混凝土材料，每一环的长度为 1.5m，但由于盾构机内部管片拼装机的前方盾体长度约为 6m，为精准模拟未衬砌管片区段的长度，简化施工阶段步骤，减少盾构模型数值模拟运算消耗时间，因此，以 6m（即 4 环管片长度）为循环进尺进行盾构掘进与管片拼装、注浆衬砌等过程的模拟。

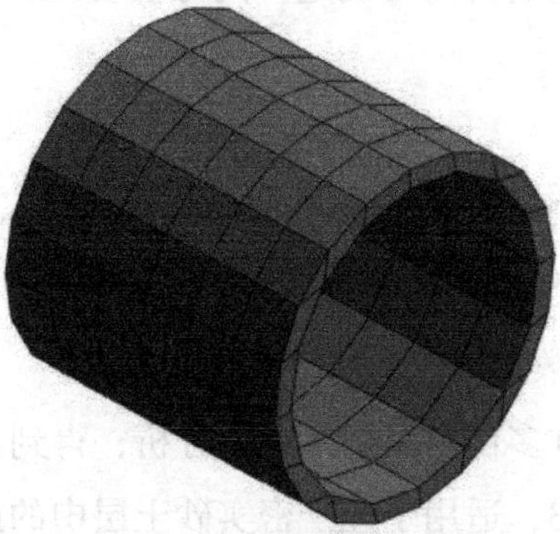

图 4-3　管片网格划分示意图

考虑管片拼接过程中存在块与块、环与环之间的螺栓连接，所以实际刚度会比理论刚度值变小，因此在数值模拟过程中，通常对管片的刚度值进行一定程度的折减。本计算模型的管片刚度削弱程度采用管片弹性模量大小乘以0.7来进行折减计算。此外，在数值模拟不同施工阶段时，采用改变管片材料参数及属性的方法来完成对管片拼装过程的模拟。

（2）注浆层厚度

隧道掘进与管片拼装完成后，在管片外部与土体开挖壁面间有空隙存在，即盾尾间隙，需要及时对空隙进行同步注浆，否则开挖壁面的土体会向管片外壁移动，引起土体沉降，进而地面发生陷落。所以在数值模拟计算时，盾尾间隙部分的量化很难完成，参考前人的研究结果，可以将盾尾间隙简化为具有一定厚度的均匀等代层，注浆等代层示意图如图4-4所示，本项目进行模拟采用的仍是Midas GTS NX内置的板单元类型，通过在管片外表面析取生成等代层网格组来表示。

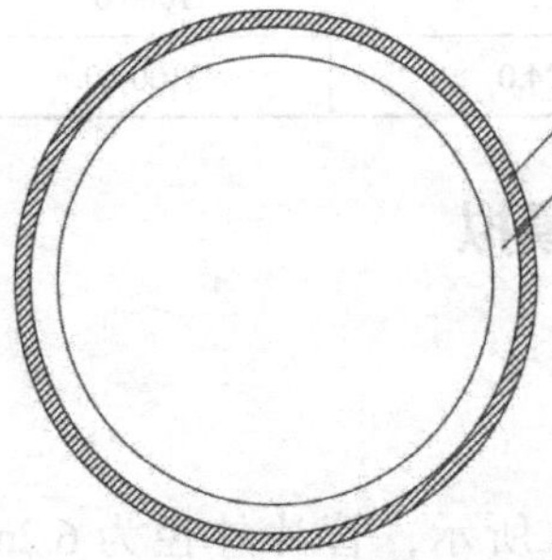

图4-4 注浆等代层示意图

根据组成成分可将等代层视作弹性体，泊松比对地层变形影响范围较小，故泊松比取值0.3。在Midas GTS NX有限元软件中，能够在不同的施工阶段更替等代层材料属性的方法实现对盾尾间隙同步注浆的模拟，硬化后弹性模量取1000MPa。注浆层的厚度往往根据盾构机直径与管片直径确定，同时土层性质对其也有较大影响，经验公式如下：

$$\delta = \eta\Delta \tag{4-1}$$

式中 δ——有限元模型中等代注浆层厚度，m；

η——注浆层厚度系数；

Δ——注浆层厚度系数，m。

藤田圭一等通过对150多例实测结果进行分析，得到不同土体注浆层厚度系数的取值，其中密砂为0.9～1.3，适用于位于密实砂土层中的此模型，本项目取等代层的厚度为0.2m，注浆体重力密度取24kN/m^3。

（3）土舱压力取值

土舱内的土压通过传感器进行测量，并通过控制推进油缸的推力、推进速度、螺旋输送机转速以及出渣闸门的开度来控制。如图 4-5 所示为土压平衡盾构机平衡原理，当开挖面上的土舱支护压力大于水、土压力之和时，刀盘前方土体会向着远离盾构机的方向移动，地表发生隆起；反之，刀盘前方的土体会向着靠近盾构机的方向移动。因此，土压平衡盾构开挖的最佳状态便是维持土舱支护压力与前方水、土压力之和相等的状态向前开挖。

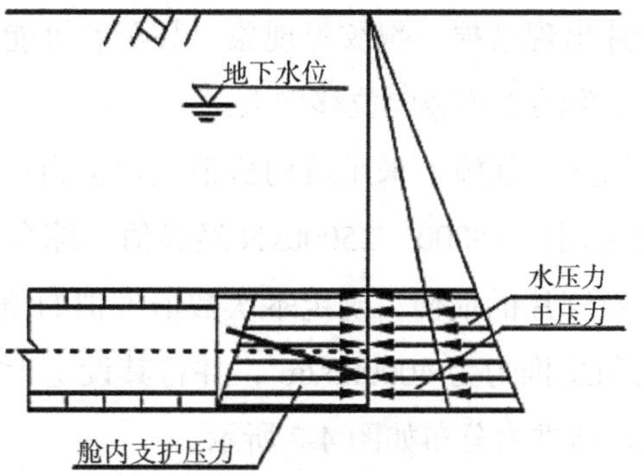

图 4-5　土压平衡盾构机平衡原理

盾构掘进时掌子面所受土舱支护压力应与另一侧水、土压力之和相等。开挖面土压力的计算如下：

$$P_1=\sum_{i=1}^{i=n}K_{0i}\gamma_i H_i \tag{4-2}$$

式中　P_1——开挖面静止土压力，kPa；

K_{0i}——第 i 层土侧压力系数；

γ_i——第 i 层土重力密度，kN/m^3；

H_i——第 i 层土厚度，m。

开挖面水压力的计算如下：

$$P_2=\sum_{i=1}^{i=n}\gamma_i H_i \tag{4-3}$$

式中　P_2——开挖面静止水压力，Pa；

γ_i——第 i 层土重力密度，kN/m^3；

H_i——第 i 层土厚度，m。

由于刀盘具有一定高度，因此开挖面的压力均不是恒定值，而是从刀盘顶部位置向底部逐渐线性变大。以数值模型的初始开挖面为例，经计算隧道开挖面顶端的初始水土压力为 345.095kPa，隧道开挖面中心的初始水土压力为 386.635kPa，隧道开挖面中心的初始水土压力为 428.175kPa。本次模拟根据开挖面初始水土压力分布规律，在有限元软件 Midas/GTS 中建立与土体深度 h 有关的线性函数来对掌子面所受土舱支护压力进行模拟，实现对土压平衡盾构掘进最佳状态控制的模拟，土舱压力分布如图 4-6 所示。

（4）千斤顶推力

在盾构掘进的过程中，管片顶推力也是在土压平衡盾构开挖中的关键性荷载参数，其原理是借助盾构机上液压千斤顶作用在已完成拼接的管片上的推力来为盾构机能够顺利沿预定路径掘进提供基础动力。但要注意的是，如果千斤顶施加的管片顶推力过大，可能会使得受压管片出现破损、裂纹等现象。甚至有可能会加剧地层当中的沉降现象，使盾构开挖隧道上覆的土体竖向位移增大。

在模拟过程中，已知本工程施工采用盾构机最大顶推力可以达到 35100kN，结合类似工程在地层中推进采用的 18000 ~ 25000kN 经验值，综合考虑在能够顺利完成施工的情况下尽可能减少对管片的损伤，确定本次数值模拟的顶推力为 25000kN，故模型中选取盾构机单位面积总推力为 4000kN/m^2，并将其设定为施加在管片环向沿开挖反方向的均布压力，管片顶推力分布如图 4-7 所示。

（5）注浆压力取值

注浆压力过大时，可能发生管片之间连接螺栓疲劳破坏而发生错台，引发工程事故；注浆压力过小时，注浆液不能完整填充盾尾间隙，由于对土体支护力不足可能引发底部沉降，因此选择正确的注浆压力对减少盾构掘进对地面干扰有重要作用。本次模拟注浆压力设置为 0.3MPa，注浆压力分布如图 4-8 所示。

图 4-6　土舱压力分布

图 4-7　管片顶推力分布

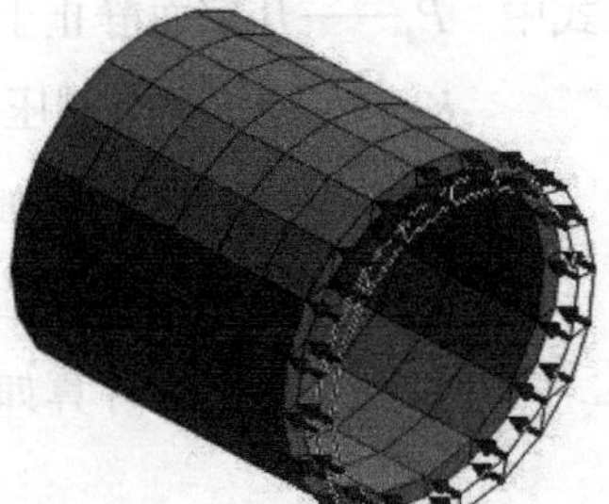

图 4-8　注浆压力分布

2. 开挖过程模拟

（1）初始渗流场

设置为稳态阶段类型，激活所有土体网格单元以及既有隧道的管片衬砌层，钝化既有隧道土体网格，激活土体模型的地下总水位渗流条件，并激活给所有网格添加的位移约束条件。

（2）初始应力场

设置为应力阶段类型，激活自重条件，同时进行位移清零处理。

（3）开挖渗流场 1

设置为瞬态阶段类型，盾构机向前推进，钝化第一步开挖的核心土区域和管片区域的土体，并激活第一步开挖形成开挖面的渗流边界条件。每步循环进尺为 6m，共计 15 个施工步。

（4）新建隧道开挖 1

设置为应力阶段类型，激活第一步开挖掌子面上的土舱支护压力。

（5）开挖渗流场 2

设置为瞬态阶段类型，盾构机向前推进，钝化第二步开挖的核心土区域和管片区域的土体，并钝化第一步开挖形成的开挖面渗流边界条件，激活第二步开挖形成开挖面的渗流边界条件，与此同时完成对第一步开挖段的管片安装与盾尾注浆。

（6）新建隧道开挖 2

设置为应力阶段类型，钝化第一步开挖掌子面上的土舱支护压力，激活第二步开挖掌子面上的土舱支护压力以及施加在第一步拼装管片上的顶推力。

（7）循环步骤（3）~（6）直至完成模型隧道的开挖，不同阶段的盾构掘进流程如图 4-9 ~ 图 4-11 所示。

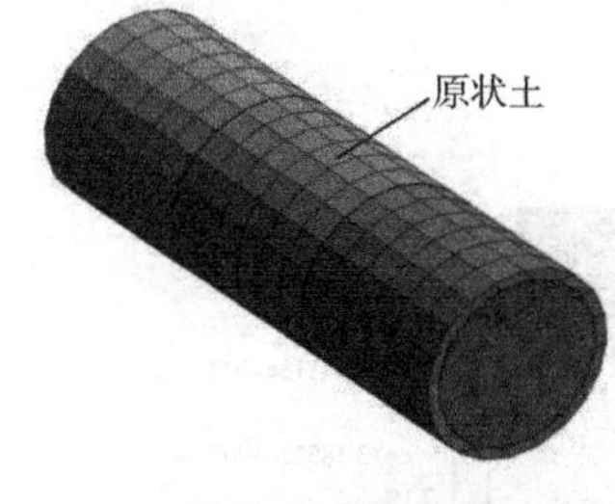

图 4-9　原状土体

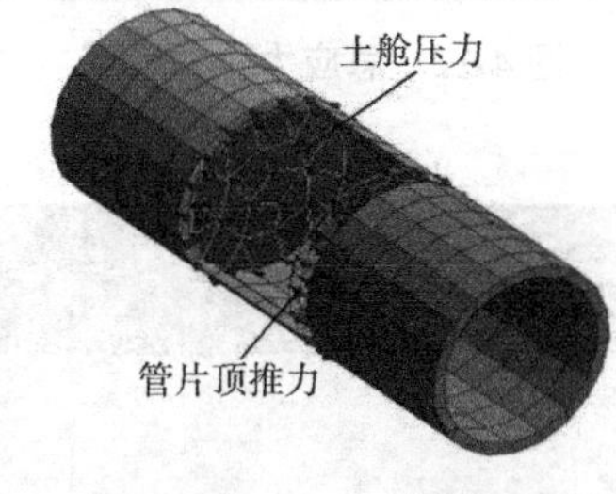

图 4-10　土舱压力

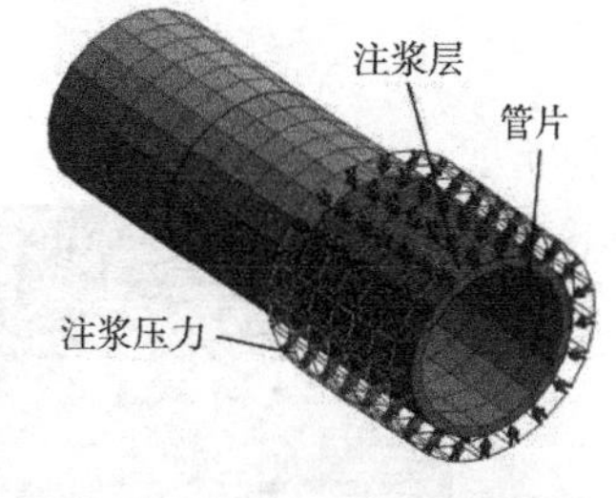

图 4-11　管片拼装及盾尾注浆

需要注意的是开挖步 2 中的管片顶推力需要在下一开挖步中进行钝化处理，并激活施加在第二步拼装管片上顶推力，依此类推。

4.2　富水砂层区间渗流场分析

4.2.1　初始计算模型求解

1. 初始地应力求解

选取在初始地层状态下左线待开挖掌子面围岩的拱顶、右侧拱腰、拱底三个位置的节点进行总应力和有效应力的标记，如图 4-12、图 4-13 所示，其中总应力在标记的三处分别为 327.423kPa、383.531kPa 和 433.105kPa。计算得，对应三个位置节点的总应力分别为 345.095kPa、386.635kPa 和 428.175kPa，对比发现计算结果与数值模拟结果基本吻合，证实了模拟软件计算的可靠性，同时由云图的分层状态可以看出总应力大小是随埋深增大而逐渐增大的。

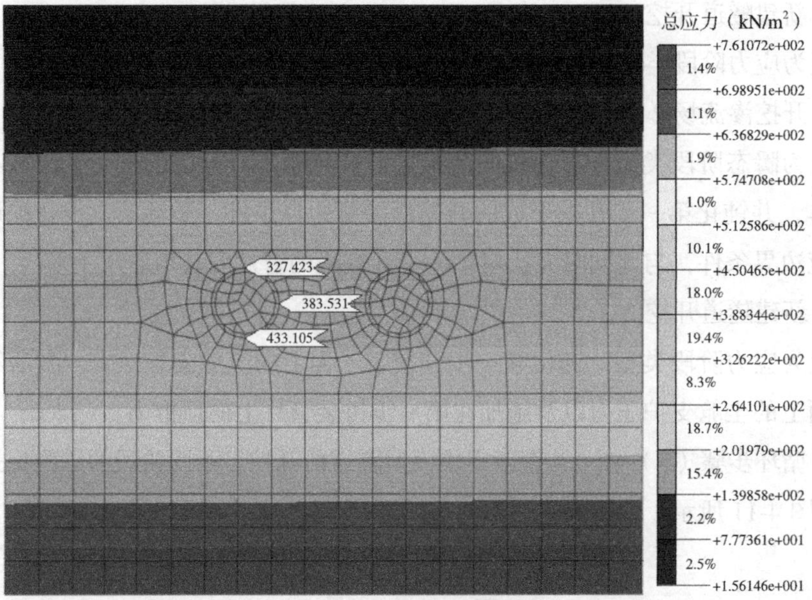

图 4-12　总应力分布云图

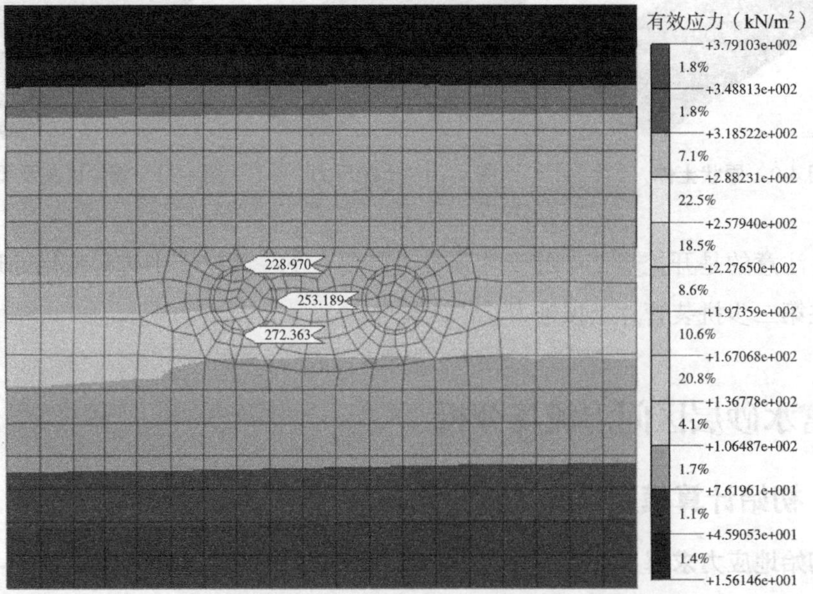

图 4-13　有效应力分布云图

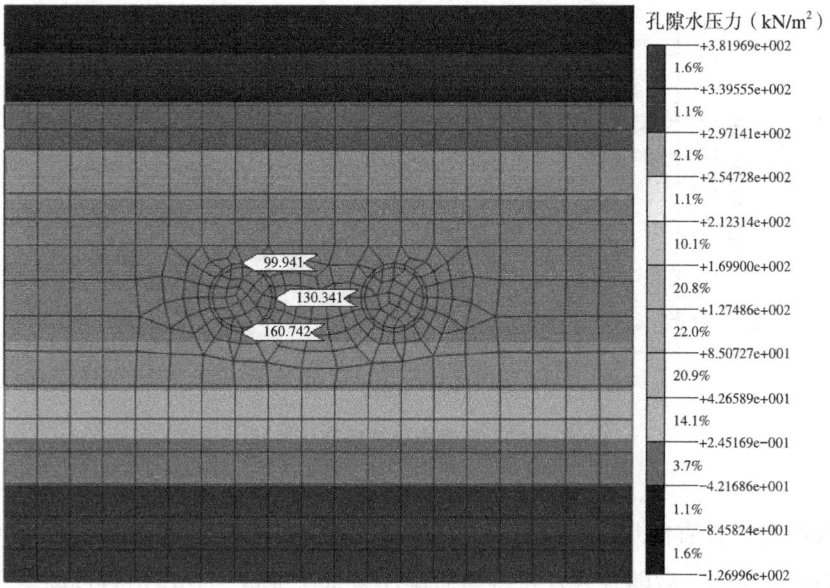

图 4-14　孔隙水压力分布云图

2. 初始孔压场求解

据式（3-11）计算，图 4-12 中被标记的拱顶、右侧拱腰以及拱底三个节点处的孔隙水压力分别为 109.761kPa、134.560kPa 和 159.362kPa，与数值模拟结果基本吻合（图 4-14），再以总应力的计算结果减去孔压的计算结果等于有效应力值大小分别为 235.334kPa、252.075kPa 和 268.813kPa，二者差值同图 4-13 所示的模拟结果基本一致，验证了模型的初始计算结果的可靠性，且图 4-14 所示孔隙水压力分布云图从地下水面向下逐渐增大也呈层状分布，与总应力分布情况一致。

4.2.2　盾构施工对区间隧道渗流场的扰动分析

1. 渗流场随盾构施工的变化规律

（1）盾构施工全过程渗流场分析

土压平衡盾构机在富水砂土层中掘进时势必会破坏原土体的初始平衡，改变土体渗透性能，引起孔隙水压力的改变。因此本次数值模拟选择在盾构隧道左线第六步开挖掌子面的拱顶处、左侧拱腰处、右侧拱腰处、拱底处布设监测点，分别记为测点 A、测点 B、测点 C 和测点 D，记录各监测点处的孔压随盾构掘进施工的变化。

监测点处孔压变化曲线如图 4-15 所示，由图中拱顶、拱底及两侧拱腰孔压施工全过程历时曲线可知，该盾构隧道第六步开挖面的拱顶、两侧拱腰以及拱底处孔压值在盾构掘进过程中的变化趋势基本一致，由于 测点 B、测点 C 的高度位于同一水平面上，故其孔压数值也较为接近，测点 A 点位于拱顶处数值偏小，测点 D 位于拱底处数值偏

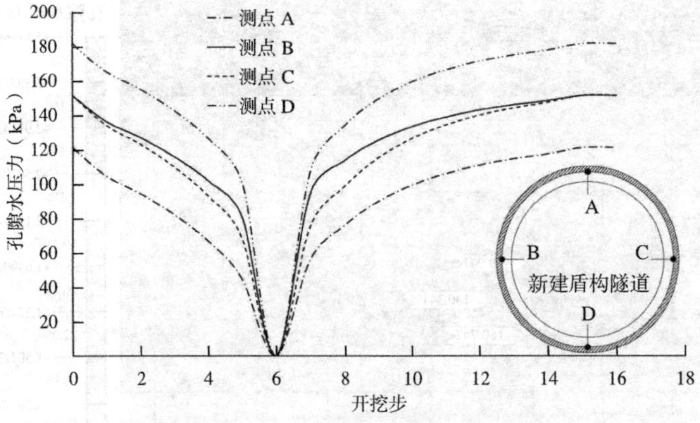

图4-15　监测点处孔压变化曲线

大。均表现为随着盾构开挖的进行，孔压先逐渐减小，掘进至第六步开挖面（即监测断面）时减小到0，后随着管片拼接与盾尾注浆依次完成，孔压值再逐渐增大。由于假定地下水位稳定且在隧道开挖过程中不发生变化，保证了稳定的水头补给，因此随着盾构施工、管片拼接以及盾尾注浆等步骤的完成，渗流场也逐渐稳定，各测点处的孔压值恢复到初始孔压。从整体上看，富水砂土层中的孔压在整个施工过程中都是在不断变化的，而且从初次开挖（开挖步0）到开挖至监测断面（开挖步6）的施工过程中，孔压的下降速率在不断增大；而在开挖至监测面之后到隧道开挖贯通（开挖步15）的施工过程中，孔压的上升速率在不断减小。由此可以看出，盾构开挖愈接近监测断面，监测到的孔压所发生变化愈剧烈。也就是说，盾构隧道开挖施工的扰动对隧道周边的孔压分布影响较大，而在盾构隧道开挖完成以后，隧道周边的孔压值相比于起初始孔压值并未发生明显变化。

（2）横断面孔压分布

为便于直观描述，特作出如图4-16所示分析断面布置设定，设定X方向上的X=7m、X=36m、X=48m、X=54m以及X=60m处横断面分别为A、B、C、D、E断面，同时设定Y方向上的盾构隧道左线中心、两线对称中心、右线中心处纵断面分别为a、b、c断面。

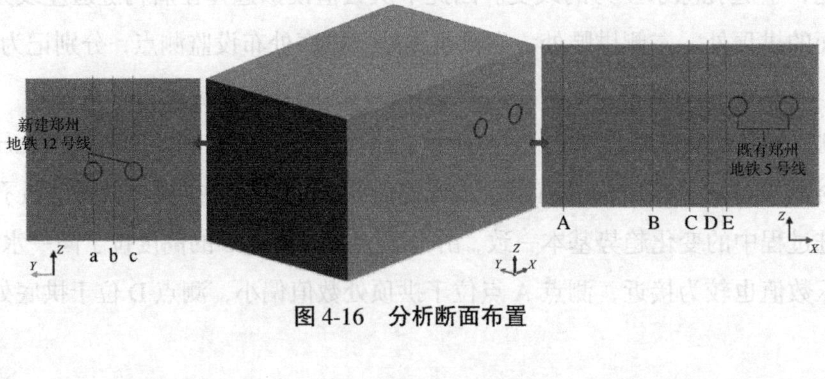

图4-16　分析断面布置

在对盾构隧道周边土体流固耦合问题的研究过程中，除了要对监测断面上不同测点孔压随开挖步推进的变化进行分析外，也有必要对孔压在各个方向上的分布作出研究。就本模型而言，虽然在设置模型水头边界时开挖面以及洞壁四周均被设置为透水边界，然而随着盾构机向前掘进，会对已开挖洞段进行及时的管片拼装与盾尾注浆，故施工完成的洞段相当于仅有开挖面为渗透边界而洞壁四周均不透水，所以对于已经完成管片拼装和同步注浆的开挖洞段，其横断面的孔压分布规律（图 4-17）同初始孔压的分布较为接近，因此在分析横断面孔压分布时，只重点研究盾构开挖掌子面所在横断面处的孔压分布。

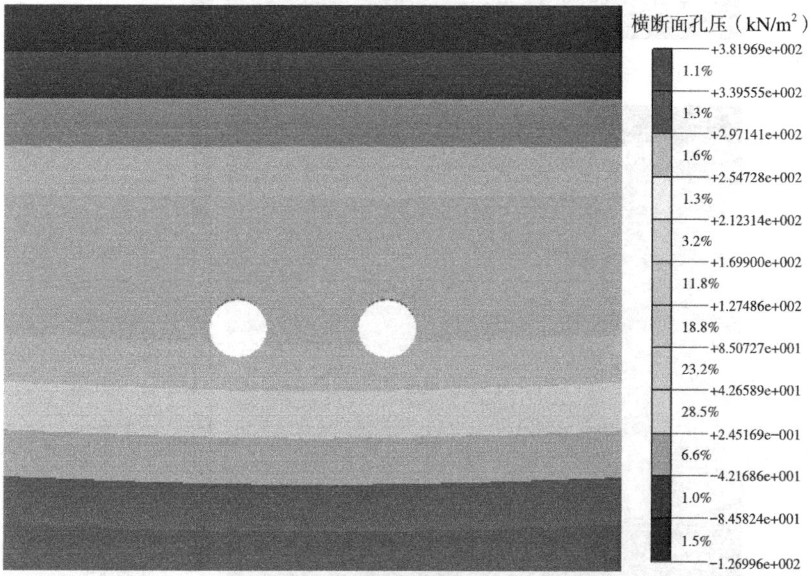

图 4-17　某完工洞段横断面孔压分布云图

由图 4-18 所示为开挖步 6（断面 B）和开挖步 9（断面 D）掌子面所在横断面孔压分布云图，由此可见，不同开挖步形成的开挖面所在横断面孔压的分布也基本一致，故仅选取断面 B 处横断面作为研究横断面孔压变化的平面，因地下水表面的孔压以及隧道拱顶处孔压均为 0，故选取横断面上距离隧道拱顶上方 1m 处的孔压作为研究对象布置测点，监测点为距盾构隧道左线中心点每间隔 2m 取一个测点。横断面 B 孔压变化如图 4-19 所示，距离开挖面较远处的孔压值最大，随着距离的减小，孔压逐渐减小，这是由于开挖面附近的土体松动，导致周围土体产生向开挖面的渗流，导致孔压逐渐减小，到达左、右两线的隧道中心处时，孔压值达到最小，而从两线中心处至两线的对称轴处又略有增大。正如盾构开挖隧道左右两线的埋置对称，因此两侧的孔压也关于左、右两线的对称轴呈现对称分布。

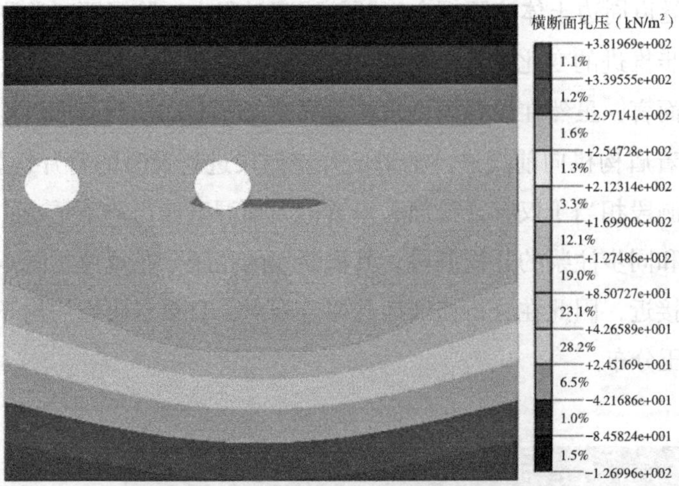

（a）断面 B

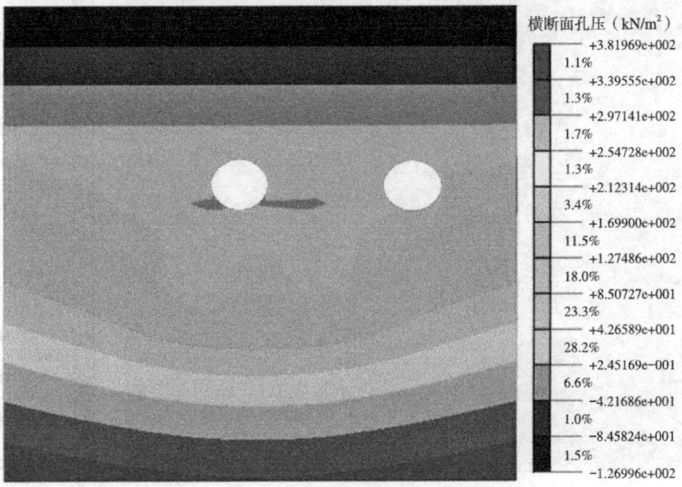

（b）断面 D

图 4-18　开挖横断面孔压分布云图

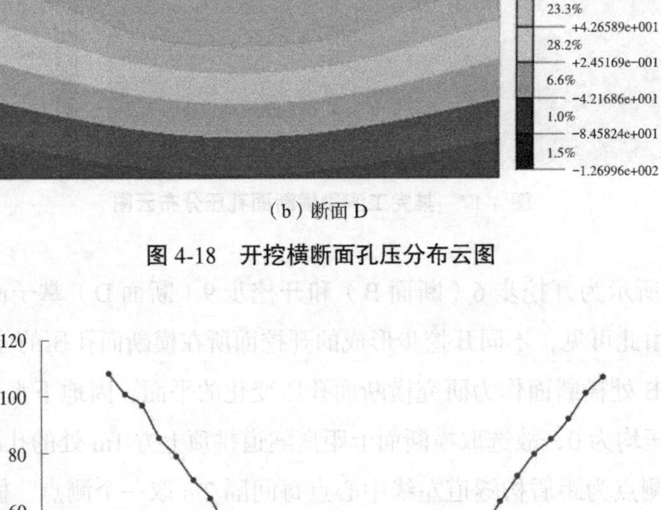

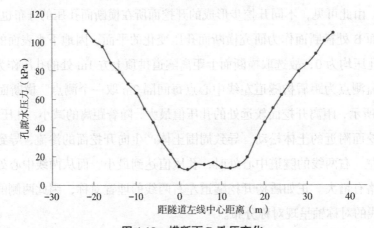

图 4-19　横断面 B 孔压变化

（3）纵断面孔压分布

在盾构掘进过程中，左右两线采用同步掘进施工，图 4-20 所示为开挖步 6 完成后隧道左线（断面 A）和右线（断面 C）处纵断面孔压分布云图，由此可知，开挖后左右两线纵断面的孔压基本保持一致。故选取断面 A 作为研究纵断面孔压分布的平面，同样选取距隧道拱顶上方 1m 处的孔压作为研究对象，监测点布置在盾构隧道左线的轴线方向，自初始开挖面起每间隔 2m 取一个测点。

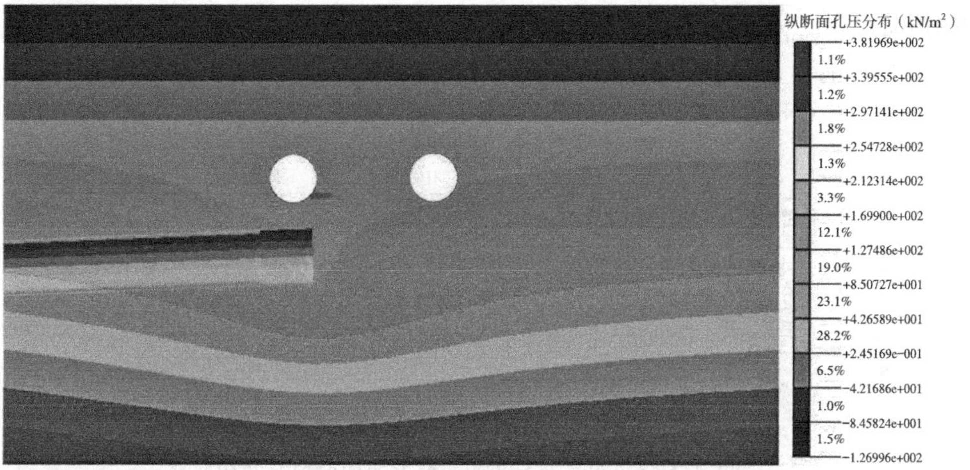

（a）断面 A

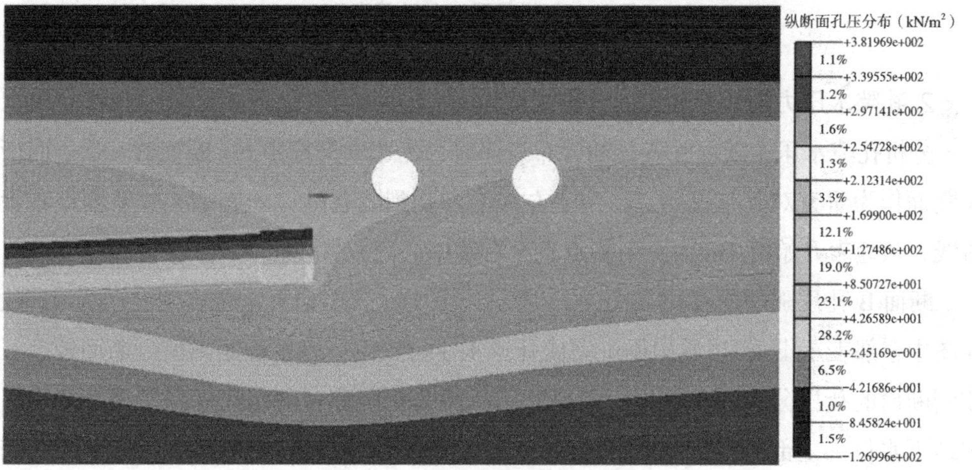

（b）断面 C

图 4-20　开挖纵断面孔压分布云图

纵断面 A 处孔压变化如图 4-21 所示，不同开挖步完成后，其纵断面孔压分布规律大致相同：距离开挖面远处的孔压数值较大，不同开挖步下起始点处孔压均为 124.44kPa，随着接近开挖面，孔压逐渐减小，且减小的速度呈现逐渐递增的趋势，到达开挖面时孔压突减至最小值，过开挖面后又数值发生反弹而逐渐增大，增大的速度则呈现逐渐递减的趋势，最终增大至 91.68kPa。同时，由于不同开挖步形成掌子面距进洞口的距离不同，形成最小值的位置也随开挖面位置的移动而变化。通过比较可以看出，无论当开挖面距离始发端的距离如何变化，在过开挖面后孔压逐渐增大，最终都能够恢复至同一孔压值 91.68kPa，该值相较于起始点处孔压值较小的原因在于隧道存在小角度上倾，上覆土层、水层厚度均有一定程度的减小，因此在终止端的孔压会始终小于始发端孔压值，即使开挖面距离始发端的距离再近也不会出现两端孔压值相同的情况。

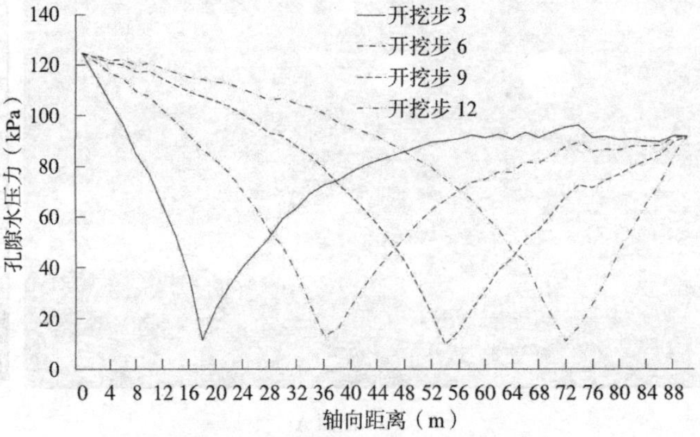

图 4-21 纵断面 A 处孔压变化

2. 孔隙水压力随埋深变化的分布规律

分析孔隙水压力随埋深变化的分布规律时，仍选取开挖步 6（断面 B）掌子面所在横断面作为研究对象布置测点，由于左线上方受到既有隧道的影响，故监测点布置在右线，从地表开始每 1m 为一个测点直至右线中心处。

断面 B 孔压随埋深变化如图 4-22 所示（由于地表至地下水位之间孔压为 0，故未在图中全部表示出），当盾构掘进完成开挖步 3 时，由于开挖面距离监测断面较远，对监测断面的孔压分布影响较小，因此监测断面的孔压分布基本随埋深呈线性变化，其中地下水位以上部分均为 0，地下水位以下部分埋深越大孔压也越大。盾构开挖完成开挖步 7、开挖步 11、开挖步 15 时，由于监测断面处土体已被开挖，地下水位以下部分不再随埋深的增大而呈现线性变化，而呈先增大后减小的态势。由图中可以看出，在盾构掘进完成开挖步 7、开挖步 11 和开挖步 15 时，孔压变化的最大值是在距离右线拱顶 1m 处出现，且随着开挖面逐渐远离监测断面，监测断面最大孔压值在增大，依次是 51.71kPa、101.61kPa 和 116.32kPa，但在远离右线中心的过程中，孔压值的变化在减小，并逐渐趋于稳定。

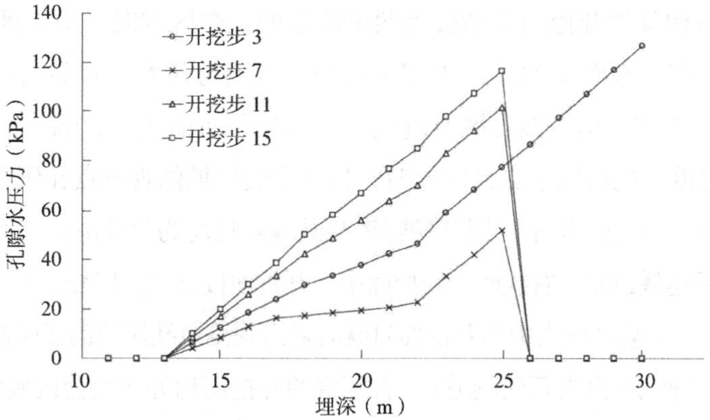

图 4-22　断面 B 孔压随埋深变化

3. 下穿既有隧道的渗流扰动分析

（1）盾构施工全过程既有隧道渗流扰动规律分析

新建盾构隧道的开挖破坏了初始渗流作用的平衡状态，土体渗透性能改变，导致渗流场随之改变，进而使孔压值域与分布发生变化，对既有隧道也必然产生一定程度的渗流扰动，因此有必要对既有隧道由新建盾构隧道开挖扰动引起的孔压变化作出定量与定性分析。

为直观呈现盾构开挖对既有隧道孔压的影响，选择将土层网格隐藏，并在距离新建隧道较近的既有隧道左、右两线的拱底衬砌层外侧布设观测点，从进洞口起每 2m 布设一个测点直至出洞口。如图 4-23 所示为盾构开挖过程中既有隧道的孔压分布，可以观察出如下规律：

其一，盾构隧道开挖完成后的隧道左、右两线拱底衬砌外侧观测点的孔压分布同初始孔压分布基本吻合，说明新建隧道开挖竣工后既有隧道左、右两线的孔压分布大致恢复到初始状态。

其二，随着盾构开挖向前推进，开挖面距同既有隧道的交会处距离逐渐减小，既有隧道拱底衬砌外侧孔压大致呈现下降趋势，但由于各测点距开挖面的距离不同，孔压损失程度也有差异，如图 4-23（a）所示，其中左、右两线在端部取得最大孔压分别为 96.4kPa 和 95.0kPa，且经第一步开挖后该值没有改变且仍位于左、右两线端部，这是由于在土体四周渗流边界条件中设置了各节点的总水头均为 16.85m 定值，因此边界节点上的孔压值在开挖过程中是保持不变的，因此边界节点孔压的变化不作辨析。既有隧道右线最小孔压为 86.7kPa，较初始孔压 95.0kPa 损失了 8.74%；左线最小孔压为 76.2kPa，较初始孔压 96.4kPa 损失 20.95%。通过测量第一步开挖面拱顶距离左线、右线最小孔压位置的直线距离分别为 24.27m 和 40.24m。由此可见，既有隧道各观测点的孔压距开挖面的距离越近，孔压损失越严重。

其三，当盾构隧道开挖面逐渐接近两条隧道的交会区域时，追近区域的孔压分布曲线呈明显下凹状，如图 4-23（e）中盾构左线对既有隧道左线观测点孔压分布曲线的影响以及开挖步 7 中盾构左线对既有隧道右线孔压分布曲线的影响，都能明显看出该规律；当新建隧道开挖面位于交会区域时，位于交会区域的观测点孔压会急剧下降，如图 4-23（d）（e）（f）（g）所示。因开挖隧道与既有隧道均为双线隧道，交会区域呈平行四边形状，当新建隧道左、右线两个开挖面中一开挖面接近交会区域，另一开挖面处在交会区域中时，处在交会区域当中的开挖面对既有隧道观测点孔压值的影响起决定作用，如图 4-23（d）（g）所示；而当新建隧道左、右两线的开挖面均处在交会区域中时，如图 4-23（e）所示，既有隧道拱底观测点取最小孔压值的位置将不再位于既有隧道与新建隧道的某个交点处，而是位于上下两交点之间，具体位置取决于对既有隧道的孔压影响更大者。

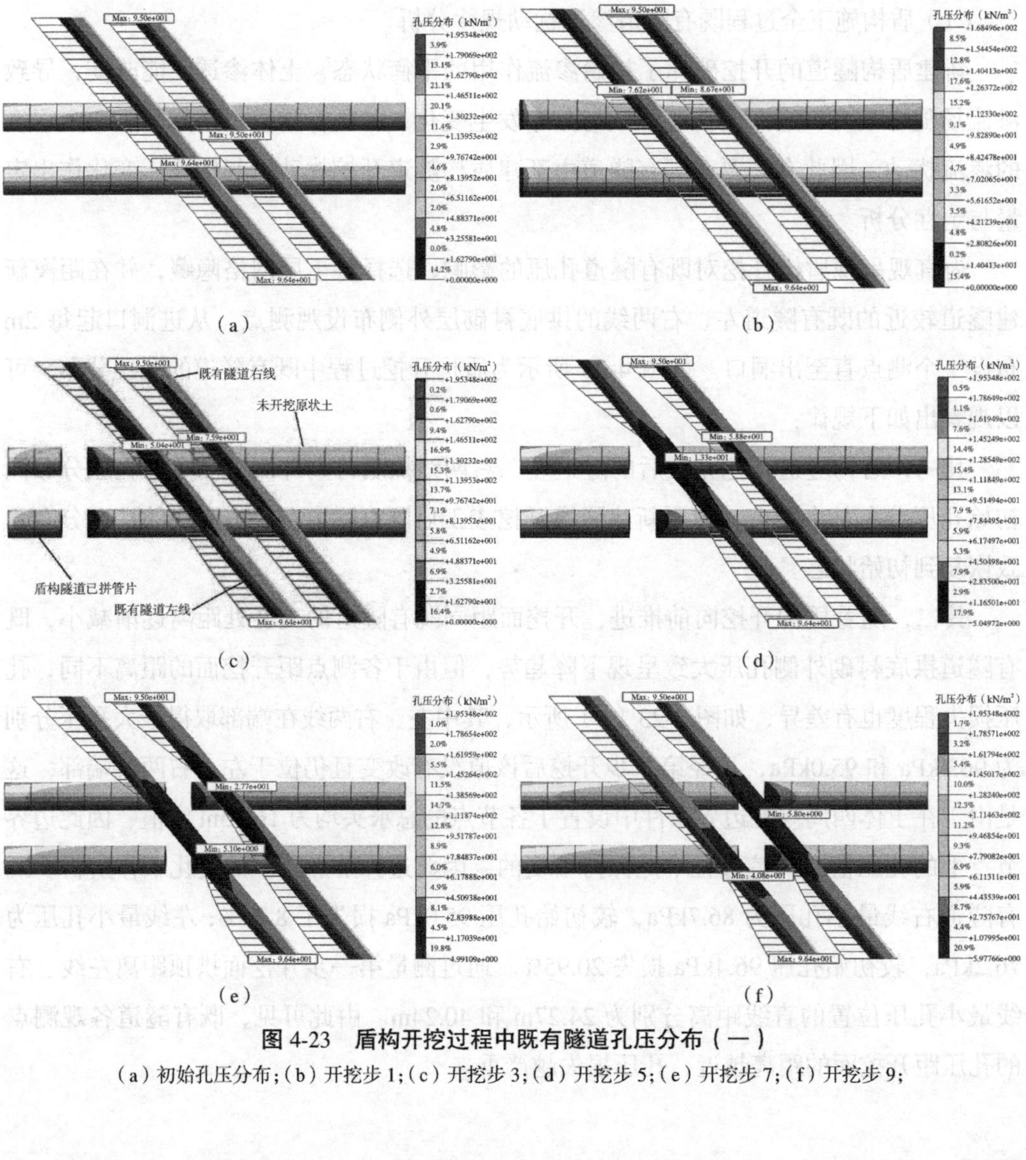

图 4-23　盾构开挖过程中既有隧道孔压分布（一）

（a）初始孔压分布；（b）开挖步 1；（c）开挖步 3；（d）开挖步 5；（e）开挖步 7；（f）开挖步 9；

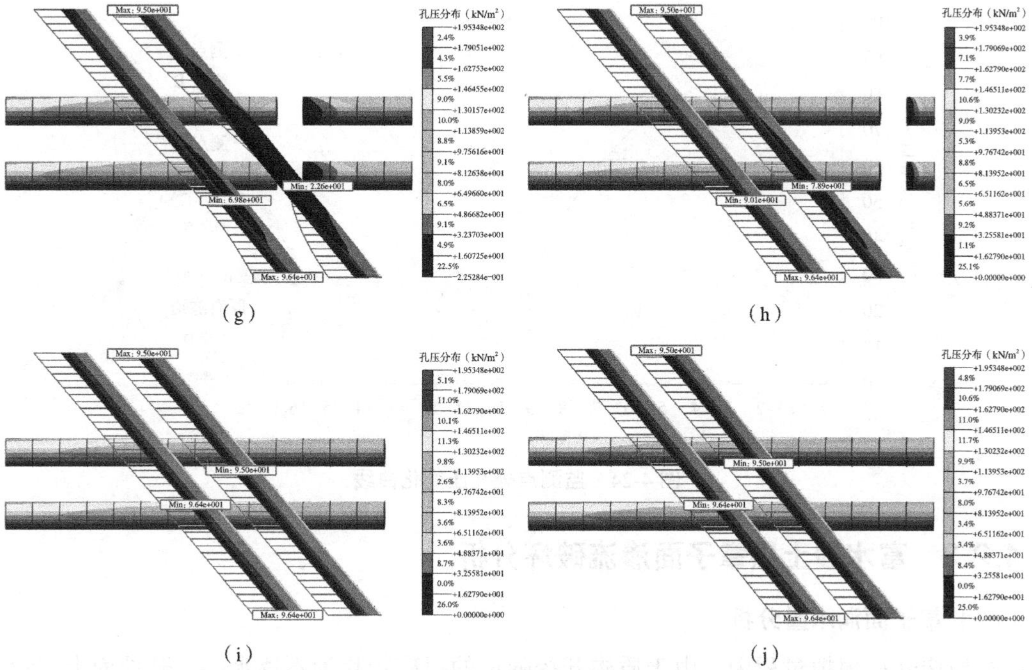

图 4-23　盾构开挖过程中既有隧道孔压分布（二）

（g）开挖步 11;（h）开挖步 13;（i）开挖步 15;（j）开挖完成孔压分布

（2）施工过程中既有隧道关键断面渗流扰动分析

两隧道的 4 个交会点处孔压损失相对较大，加之既有隧道处于水平埋置，同时新建隧道在土体中呈小角度上倾走向。故在盾构机掘进过程中，两条隧道在最后的交会断面处即两隧道距离最近处，孔压损失也最大，由于完成开挖步 10 后，既有隧道右线拱底最小孔压仅有 3.81kPa，与初始孔压值相比其孔压损失率达到了 95.99%。

因此，在既有隧道上选择该交会点所在断面作为研究对象，即监测断面，并在断面拱顶处、左拱腰处、右拱腰处与拱底处分别布设监测点，并记为测点 A、测点 B、测点 C 与测点 D，详细记录各监测点处的孔压随盾构掘进施工的变化，监测点处孔压变化曲线如图 4-24 所示。由图可见，监测断面上各监测点的孔隙水压力受盾构施工扰动的总体变化趋势一致，均表现为随着盾构开挖进行，孔压先逐渐减小，掘进至开挖步 10 左右取得最小值。由于地下水位在盾构隧道施工过程中保持不变，提供稳定的水头补给，故随着盾构开挖面距既有隧道距离增大，各测点的孔压值逐渐恢复至初始孔压。其中，监测断面的测点 D 位于拱底处孔压值最大且相对而言距离开挖面最近，故孔压受盾构扰动最大，测点 A 位于拱顶处孔压值最小且相对而言距离开挖面最远故孔压受扰动最小，测点 B、测点 C 两点虽初始孔压相似，但因两者距开挖面的距离不同，故孔压最小值出现位置不同，测点 C 孔压于开挖步 10 处取得最小值，而测点 B 至开挖步 11 处取最小值。

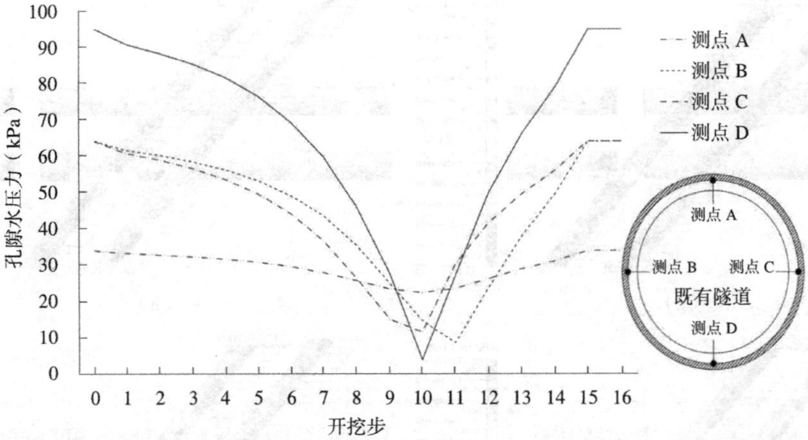

图 4-24 监测点处孔压变化曲线

4.2.3 富水砂土层掌子面渗流破坏分析

1. 掌子面涌水量分析

盾构开挖模拟过程中，由于盾构开挖隧道的衬砌管片为不透水层，开挖面上仅设置了边界节点水头为 0，故仅需统计施工过程中开挖面水头边界产生的流量即可。根据 Midas/GTS 内置的渗流结果分析模块，框选计算范围内节点，查取开挖面节点信息，将满足条件的各节点流量进行累加处理，分别记录左、右两线各开挖步所形成开挖面的节点流量，同时记录各个开挖步施工完成后的总流量，盾构施工期左、右线涌水量变化如表 4-2 所示。

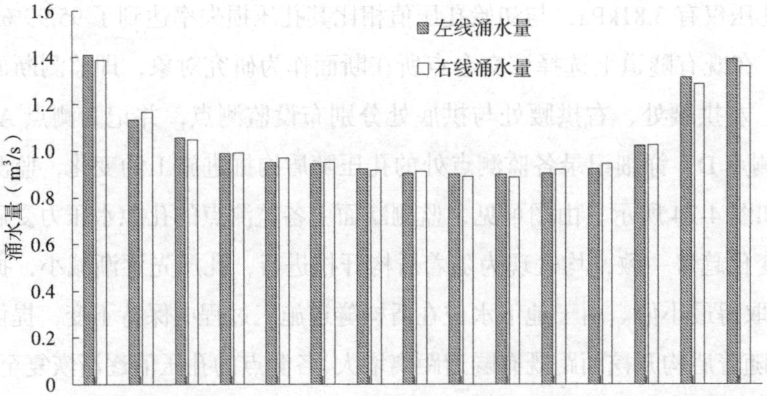

图 4-25 盾构施工期左、右线涌水量变化

结合图 4-25 与表 4-2 进行分析可以看出左、右两线的涌水量在各阶段均比较接近，从开挖步 1 开始至开挖步 4 完成的过程中，两线开挖面的涌水量均呈现下降趋势；

其中开挖步 5 至开挖步 11 完成的过程中的左、右线开挖面涌水流量大致不变，均在 $0.90m^3/s$ 左右，由开挖步 12 至即盾构施工结束的过程中，开挖面涌水量开始呈现回升趋势。据分析，开始段与结束段的涌水量偏大，原因是：(1) 与盾构机刚进入土体开始掘进对周边土体的扰动导致周边土体的孔隙水压力降低有密切关系；(2) 两端的土体由于存在边界效应的影响，土体内部摩擦力较小，致使其受到盾构机的开挖扰动较大，涌水量也偏大。综上，在开挖过程中，掌子面在水头差作用下发生的涌水、涌砂现象较严重，有必要在施工同时对开挖掌子面采取有效的止水措施，如在施工过程或施工工艺中对刀盘前方土体采取改良措施，以避免涌水、涌砂等灾害影响盾构施工区的运营。

涌水量　　**表 4-2**

开挖步	左线涌水量（m^3/s）	右线涌水量（m^3/s）	双线涌水量（m^3/s）
1	1.409	1.387	2.796
2	1.132	1.164	2.296
3	1.056	1.049	2.105
4	0.989	0.992	1.981
5	0.950	0.968	1.918
6	0.946	0.951	1.897
7	0.922	0.919	1.841
8	0.905	0.911	1.816
9	0.901	0.888	1.789
10	0.898	0.885	1.783
11	0.905	0.921	1.826
12	0.924	0.945	1.869
13	1.021	1.023	2.044
14	1.312	1.283	2.595
15	1.390	1.360	2.750

2. 掌子面渗流坡降分析

在盾构隧道开挖面渗流稳定性的研究中，多数研究仅关注土体中的地下水位、渗流系数以及孔隙水压力等因素的分布情况。而渗流坡降也是影响渗透力的重要因素之一，却很少被研究者作为研究要素或判别标准。因此，本次数值模拟分析将以渗流坡降作为关键性的研究因素之一，同时给将其作为评估掌子面是否发生渗流破坏的基本研究要素。

盾构隧道纵向渗流坡降分布云图如图 4-26 所示，分别为开挖步 3、开挖步 6、开挖步 9、开挖步 12 完成后盾构隧道轴向渗流坡降分布以及开挖面局部渗流坡降分布情

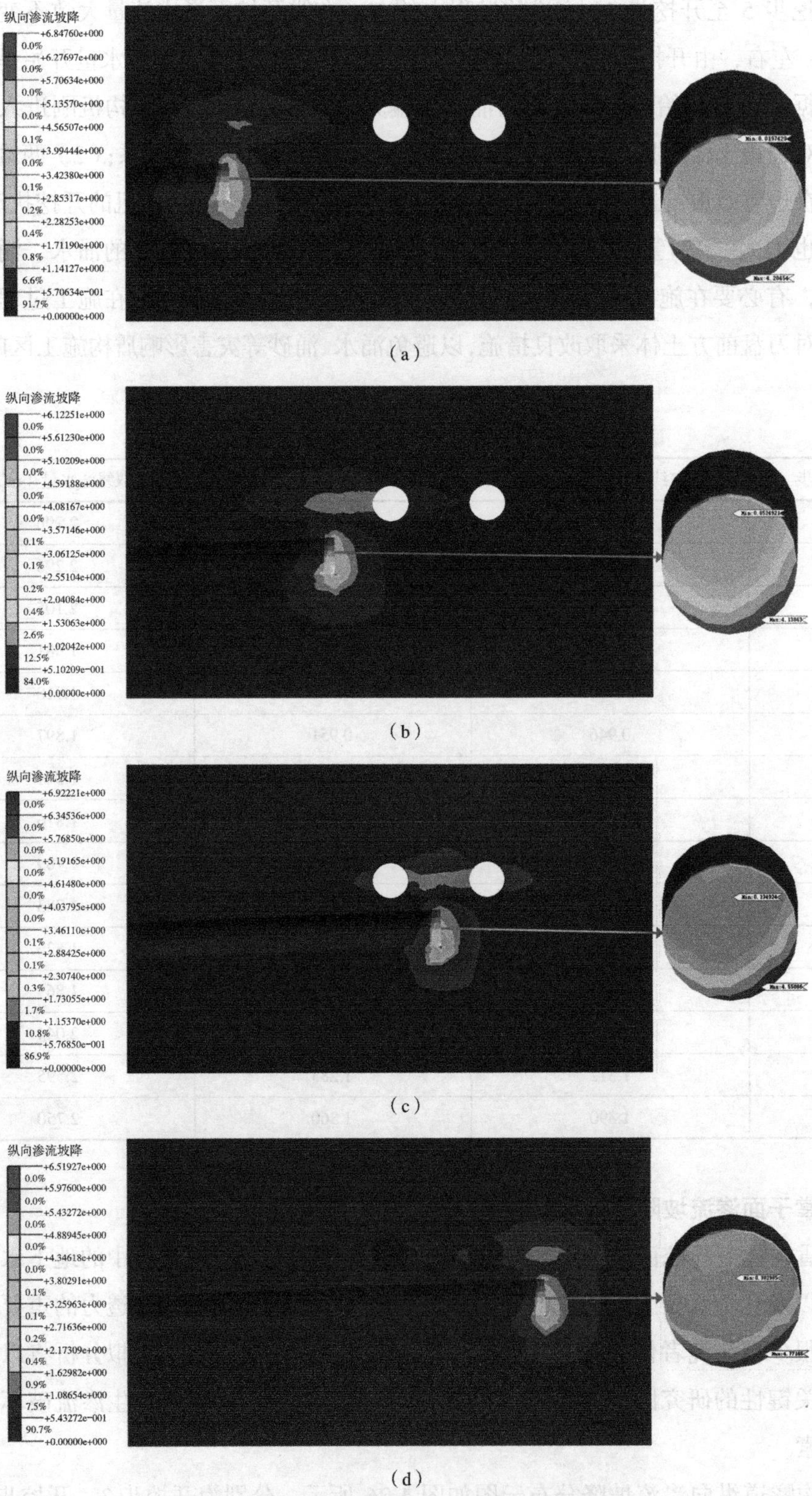

图 4-26　盾构隧道纵向渗流坡降分布云图

(a) 开挖步 3;(b) 开挖步 6;(c) 开挖步 9;(d) 开挖步 12

况，其中由渗流坡降的轴向分布图可明显看出：在任一开挖步完成后，土体中的渗流坡降分布规律基本一致，大体区域的渗流坡降均较小且接近于 0，而由于开挖面被设置为渗流面，洞壁四周由于衬砌管片均被认为是不透水层，由此隧道衬砌层外的土体中地下水发生自左向右发生渗流，而开挖面前方的地下水则会发生自右向左的渗流，因此在开挖面附近分布着渗流坡降较大的区域，且距开挖面越近，渗流坡降越大；此外，图中还显示出隧道开挖面附近土体的渗流坡降等值线大致呈椭圆形分布，且到开挖面的距离愈近等值线分布愈密集，故在开挖面附近的渗流坡降变化较剧烈。

由开挖面上的局部渗流坡降分布可以看出：渗流坡降等值线大致上是由开挖面的中心偏上处向四周呈扩散状分布，即渗流坡降数值是由开挖面中心向四周逐渐递增的，而非简单的线性变化。但由于开挖面上的最小等值线圈并非位于开挖面中心而是存在向上的偏移，加之开挖面上等值线分布规律表现为由内向外的逐渐加密，故开挖面的渗流坡降最大值位于开挖面底部外缘处，并且于开挖面外缘处尤其是底部外缘处的渗流坡降等值线分布相对更密集，渗流坡降的变化也相对剧烈。

3. 掌子面渗流破坏评价

盾构开挖掌子面一旦发生渗流破坏将会严重影响盾构施工的安全运行，因此研究渗流破坏的两种主要破坏形式：流土和管涌的形成机理，提出盾构隧道掌子面抗渗稳定性分析方法，提出预防和治理掌子面渗流破坏的有效措施具有重要的理论和现实意义。

目前，无论是从几何条件还是水力条件出发，都有很多学者作出相关研究，且提出的判别方法与公式都与各种土料特性或土体内部参数相关。基于本数值模型模拟的盾构施工是在富水砂土层中进行的，查阅所研究区间段的详勘报告可知土体的不均匀系数 $C_u=3.3<5$，且砂土层当中的细砂与中砂占比为 91.1%，粉粒仅占 9% 为级配连续性土体。因此该砂层土质地较均匀，土的粗细颗粒粒径差距较小，相互之间约束力较强，属于流土型土。而确定盾构开挖面是否会发生流土破坏则需要将开挖面附近的最大渗流坡降同砂土的临界渗流坡降作比较，若最大渗流坡降大于临界值则会发生流土破坏，否则土体处于稳定状态。不同开挖步掌子面最大渗流比降如图 4-27 所示，由图可知，不考虑土体两侧的边界效应，开挖过程中渗流坡降的波动范围较小，一般位于 4.2 ~ 4.6 的范围内，其中最大渗流坡降值约为 4.621。而临界渗流坡降的数值可通过采用式（4-4）进行计算，代入相关数据后计算的结果为 1，显然计算得到的临界值远小于数值模拟计算的最大渗流坡降，因此很容易在掌子面附近发生流土型渗流破坏，有必要采取相应的工程措施来避免灾害的发生。

$$i_{cr}=\frac{r_{sat}-r_w}{r_w} \tag{4-4}$$

式中 i_{cr}——临界渗流坡降；

r_{sat}——土体饱和密度，kg/m^3；

r_w——水的密度，kg/m^3。

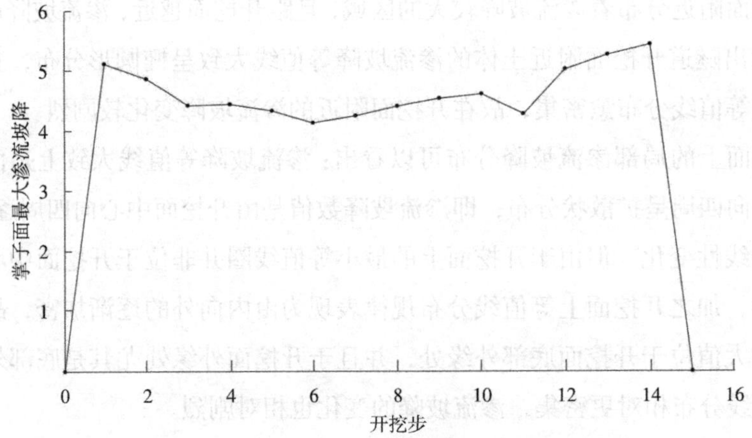

图 4-27　不同开挖步掌子面最大渗流比降

4.3 富水砂土层盾构施工期对地表与既有隧道的影响分析

4.3.1 施工期区间隧道土体应力变形场分布规律

1. 应力分布演变规律

（1）开挖过程中横断面应力场分布

盾构机掘进开挖改变了土体边界条件使孔隙水向由渗透面流出，进而土体稳定性改变产生位移，而位移的产生便源自应力场分布特征的改变，因而有必要对应力场分布规律作出分析。

目前，已经有诸多学者对盾构隧道开挖对土体各方向应力场分布规律的影响作出了研究，然而对在既有隧道影响下的盾构隧道开挖对土体应力场产生影响的研究还需要进一步探索。因此，本项目将对比在有既有隧道影响以及无既有隧道影响的两种情况下，从横断面上分别对不同情况下盾构机掘进过程中对周边土体的竖向应力场影响作出具体的分析与评价。图 4-28 为不同开挖步下横断面应力分布云图。

如图 4-28（b）所示，由于既有隧道的存在竖向应力也不再呈层状分布，而是在既有隧道的周边应力分布发生明显变化，既有隧道所在的应力分布层呈波动状，而隧道周边的变化趋势却与上述新建盾构隧道周边的竖向应力分布变化相反，在既有隧道的竖向直径上竖向应力变大，呈倒水力漏斗状，而横向直径上则发生明显减小；到图 4-28（d）时，盾构机尚未开挖至断面 B 处，在盾构隧道开挖过程中，既有隧道周边土体竖向应力受到干扰，横向直径上的应力明显减小，而竖向直径上应力则发生细微增大；如图 4-28（f）（h）（j）所示，后续盾构机推进并超过断面 B 后，新建盾构隧道周边虽有细小变化，但无论是竖向直径上应力的减小还是横向直径上应力的增大，变化都极为不明显，且随着盾构开挖进行，竖向应力场又逐渐稳定。

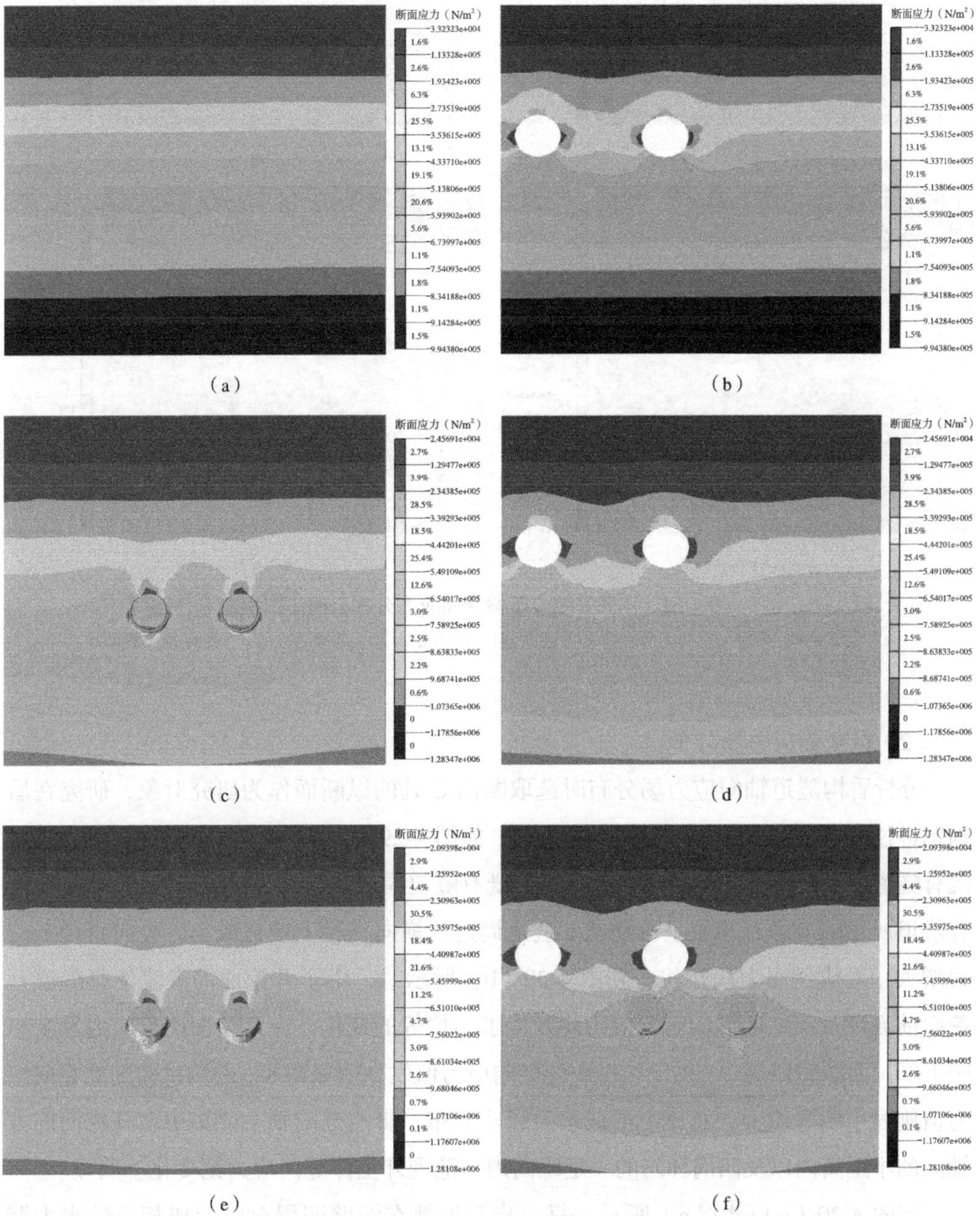

图 4-28　不同开挖步下横断面应力分布云图（一）

（a）初始应力（断面 A）；（b）初始应力（断面 B）；（c）开挖步 3（断面 A）；
（d）开挖步 3（断面 B）；（e）开挖步 7（断面 A）；（f）开挖步 7（断面 B）

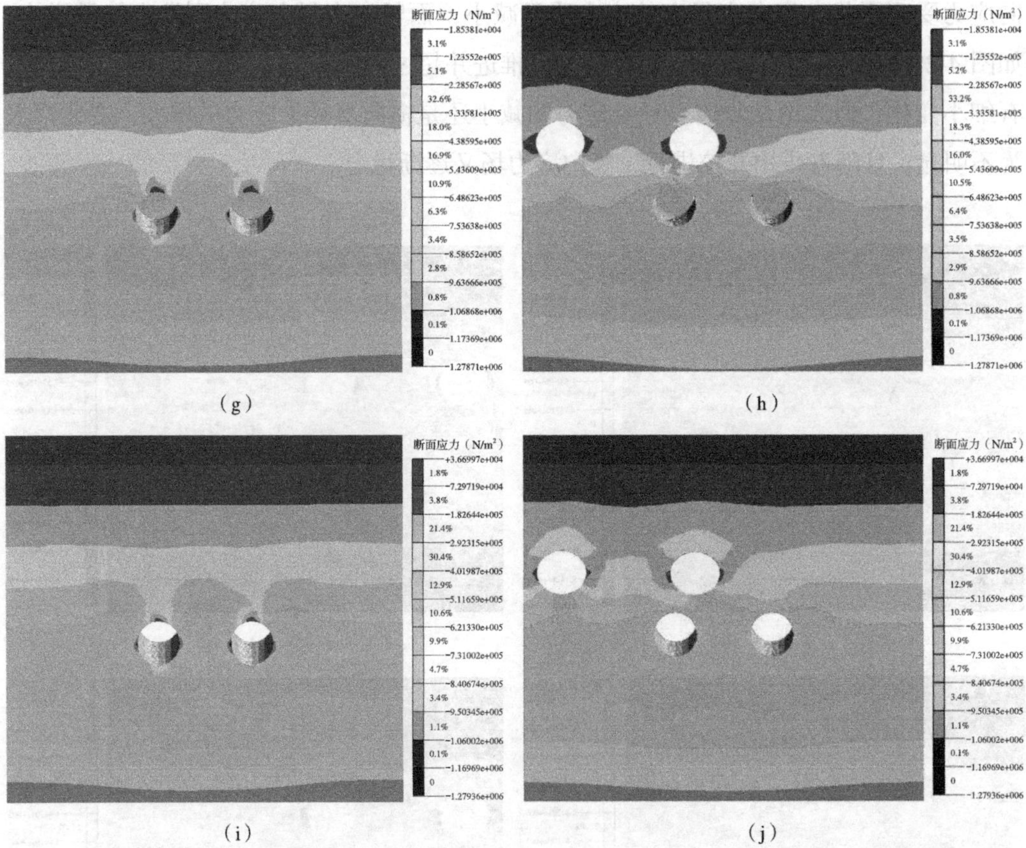

图 4-28　不同开挖步下横断面应力分布云图（二）

（g）开挖步 11（断面 A）；（h）开挖步 11（断面 B）；（i）开挖步 15（断面 A）；（j）开挖步 15（断面 B）

（2）纵断面应力场分布

分析盾构隧道轴向应力场分布时选取断面 C 处的纵断面作为研究对象，研究在盾构掘进过程中，隧道竖向压力的变化情况。如图 4-29（a）所示，隧道的竖向应力场除既有隧道存在的部分外均呈层状分布，而既有隧道周边则与（1）中描述基本吻合，既有隧道所在的应力分布层呈波动状，隧道周边的横向直径上应力减小，竖向直径上应力增大，形成倒水力漏斗状。到图 4-29（b）所示时，由于开挖面的渗流使得隧道开挖面前方以及洞壁四周的竖向应力均发生了不均等的变化，在开挖面前方应力发生小幅下降，而洞壁四周中：拱顶、拱底处竖向应力值发生明显减小；两侧拱腰则的竖向应力值则发生明显增大，总体上形成水力漏斗分布，影响范围则主要集中在开挖面前方轴向的小距离内以及四周环向的一定距离内，范围外土体竖向应力则变化不明显。

到图 4-29（c）（d）（e）所示，每一步开挖都在洞壁四周对应形成相应的水力漏斗，且前面已经形成的水力漏斗则逐渐趋于稳定。不同的是，在盾构隧道开挖至既有隧道正下方时，如图 4-29（c）（d）所示，新开挖面形成的水力漏斗会影响既有隧道

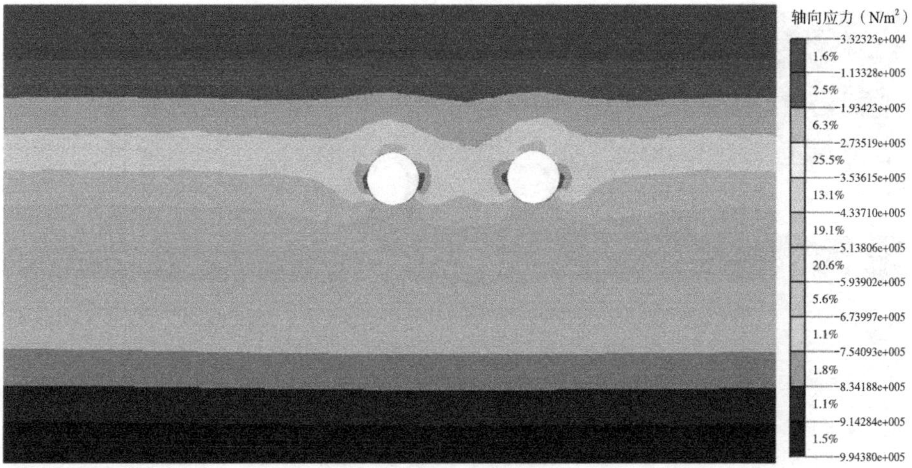

（a）

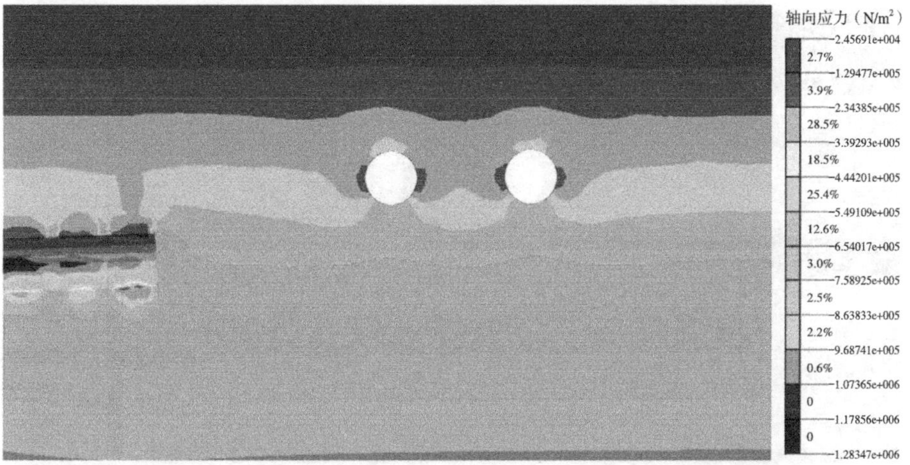

（b）

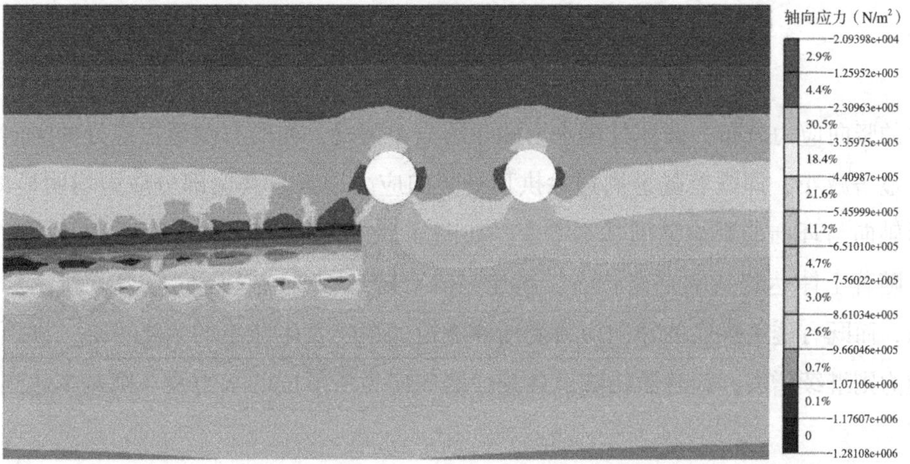

（c）

图 4-29　既有隧道影响下不同开挖步时轴向应力分布云图（一）

（a）初始应力；（b）开挖步 3；（c）开挖步 7

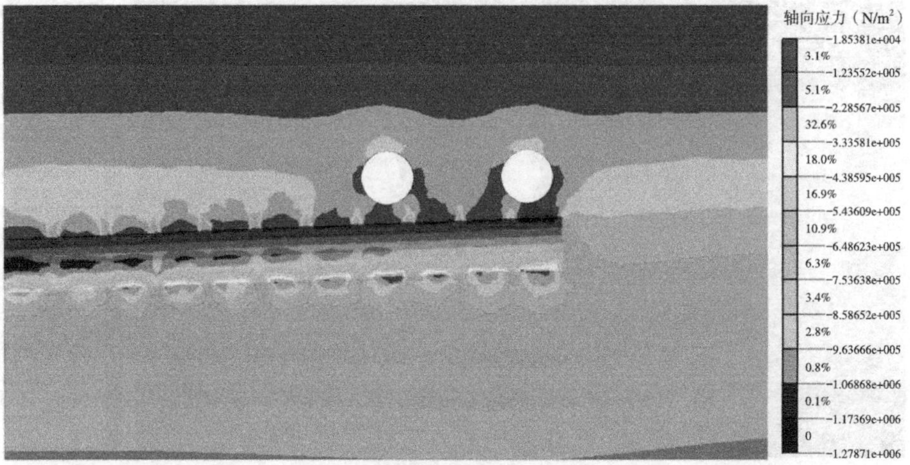

（d）

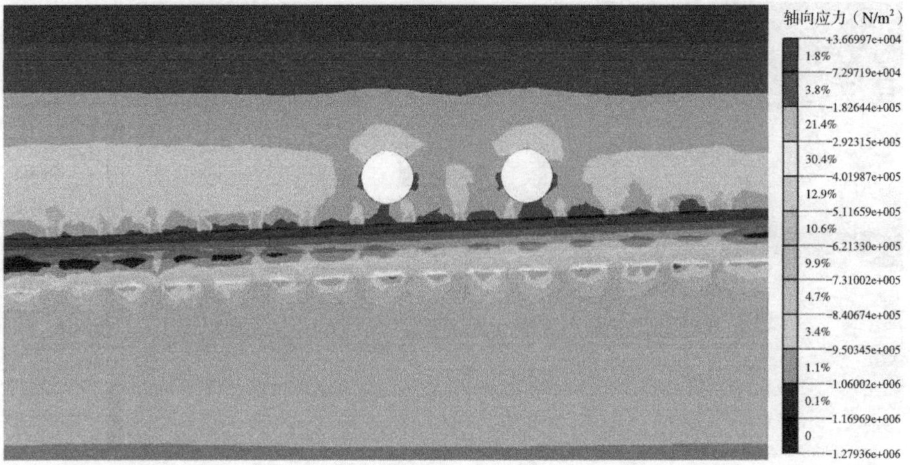

（e）

图 4-29　既有隧道影响下不同开挖步时轴向应力分布云图（二）

（d）开挖步 11；（e）开挖步 15

周边的竖向应力分布，破坏其倒水力漏斗的分布情况，使既有隧道拱底处的竖向应力发生显著减小，即既有隧道周边除拱顶处竖向应力增大，其余部分应力均明显减小。而沿轴向与环向的影响范围基本不变。如图 4-29（e）所示，盾构掘隧道开挖完全贯通，随着土体达到新的平衡状态，新建与既有隧道以外土体竖向应力重新恢复层状分布，而既有隧道拱底的竖向应力受新建隧道的影响发生减小的幅度下降，拱顶的竖向应力则继续增大，新建盾构隧道各洞段竖向应力所形成的水力漏斗则基本达到稳定状态。

2. 变形分布演变规律

（1）开挖过程中横断面地表沉降分析

分析盾构开挖时横断面地表沉降分布规律时，选取开挖步 6（断面 B）掌子面所在横断面作为研究对象并布置测点，监测点布置于地表水平线上且每隔 2m 为一个测点。如图 4-30 所示为不同开挖步下横断面 D 地表沉降。

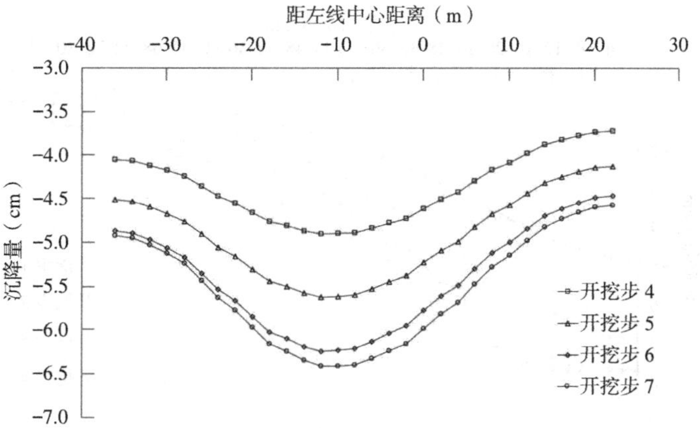

图 4-30　不同开挖步下横断面 D 地表沉降

由图 4-30 可见，在断面 B 上，随着盾构开挖推进，地表观测点处沉降值所绘制沉降曲线形态无明显变化，均呈现出 Peck 曲线，曲线上最大沉降值处于接近盾构隧道左、右两条线路的中心位置，由开挖步 4 到开挖步 7 地表沉降曲线的最大沉降值依次为 −4.896cm、−5.617cm、−6.238cm 和 −6.410cm，相邻两开挖步最大沉降值的变化量依次为 0.721cm、0.621cm 和 0.172cm，由此可见，在盾构开挖面逐渐逼近直至与监测断面重合的过程中，隧道临空面发生渗流，地表下沉，因而监测断面地表沉降的最大值也在不断增大。当盾构机继续向前推进时，监测断面地表沉降值变化幅度明显减小，并逐渐趋于稳定。

（2）纵断面地表沉降分析

由（1）中横断面上地表沉降分布曲线可以看出，地表横向最大沉降值于盾构隧道左、右两线的中心位置取得，故此处选取纵断面 b 作为分析地表轴向沉降分布的研究对象来布置观测点做出分析，监测点布置于地表水平线上，自始发端起每隔 2m 布置一个测点，如图 4-31 所示为不同开挖步下纵断面 b 处地表沉降。

由图 4-31 可见，当盾构机进入土体开始掘进时，其上方对应的地表沉降量开始显著增大，其中最大沉降量往往位于盾构开挖面所在位置处，且随着盾构机向前推进，最大沉降点的位置也在向前推进。同时也能看出，盾构机开挖施工虽对其正上方地表沉降量影响最大，但对周围土体的地表沉降量也有所影响，如完成开挖步 2 后轴向距离为 0、46m 和 90m 处的沉降量变化分别为 −2.054cm、−0.753cm 和 −0.239，可以看出对周围土体的影响随着距离的增加逐渐减小。从开挖步 3 开挖面所在横断面处可以看出，在盾构机完成开挖步 1 ~ 开挖步 4 的过程中，该处沉降变化量分别为 1.811cm、

1.192cm、0.586cm，即开挖面所对应地表观测点处的位移最大，且该处地表的位移随开挖面的远离变化幅度明显减小，数值趋于稳定。

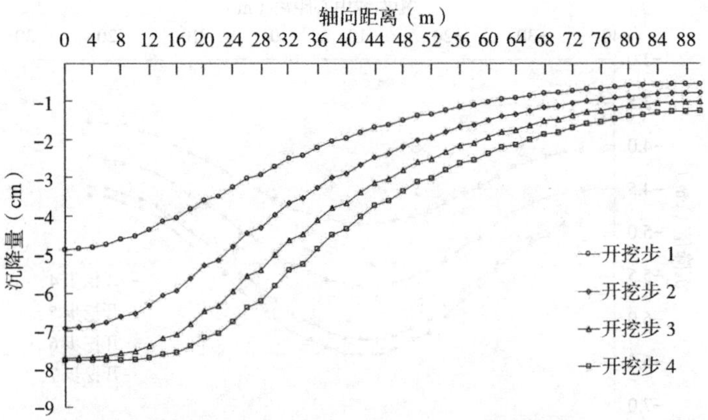

图 4-31 不同开挖步下纵断面 b 处地表沉降

（3）开挖过程中既有隧道轴向沉降分析

为直观呈现盾构开挖对既有隧道沉降变形的影响，选择分别在距盾构隧道较近的既有隧道左、右两线的拱底衬砌层外侧布设观测点，分别从左、右两条线路的始发端起每间隔 2m 布设一个测点直至另一端。不同开挖步下既有隧道右线拱底轴向沉降如图 4-32 所示。

由图 4-32 可见，左、右两线的沉降位移取得最大值的位置分别为开挖步 8 与开挖步 11，即当盾构隧道右线的开挖面分别与左、右两线相交且距离达到最小时，两条线路的沉降量均取得最大值。由图 4-32 可知，左、右两线取得最大沉降值的位置分别距

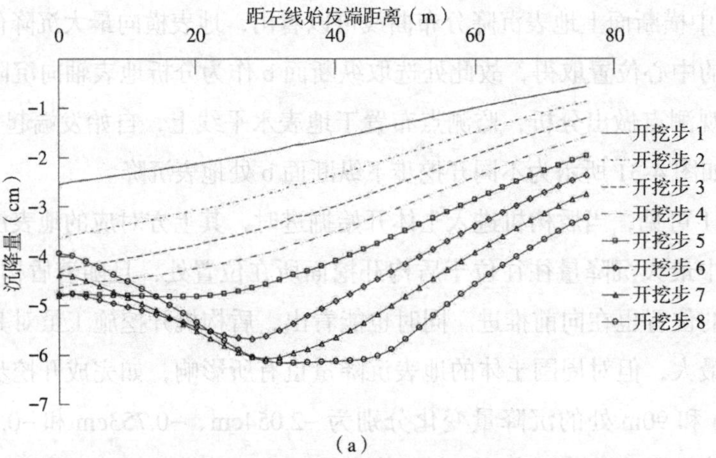

（a）

图 4-32 不同开挖步下既有隧道右线拱底轴向沉降（一）

（a）左线

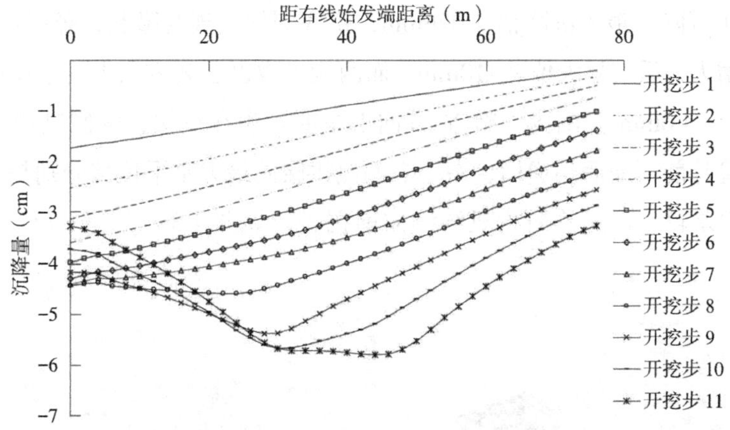

（b）

图 4-32　不同开挖步下既有隧道右线拱底轴向沉降（二）

（b）右线

离始发端为 32m 与 44m，均位于新建盾构隧道右线与既有隧道两条线路相交的位置上，取得的最大沉降值分别为 6.164cm 与 5.787cm。由此可见，因为盾构隧道开挖时其右线与两条既有线路交叉的位置两条隧道相对距离更近，引发的沉降值也就更大，并且监测的两条既有线路的最大沉降值相差较小。同时也可以看出与（2）类似的规律，既有隧道的沉降总体上呈现出一个上升后趋于稳定的趋势，即盾构开挖面距离既有隧道的位置愈近，引起既有隧道的沉降变化愈大，而随着盾构开挖面逐渐远离，沉降量变化幅度开始逐渐变小，最终各点沉降量趋于稳定数值。并且，两条既有隧道的端部沉降相对较小，而与新建盾构隧道的交会区域沉降值相对较大，说明在二者交会区域以外新建盾构隧道对既有隧道的影响相对较小。

4.3.2　施工期隧道管片受力特性分析

1. 管片变形

针对盾构隧道开挖时衬砌管片不同方向上变形规律的分析，因新建盾构隧道右线第 11 环管片位于与既有隧道的交叉位置，与既有隧道间距最短，故选取该环衬砌管片作为研究对象来进一步分析管片随盾构隧道开挖所呈现出来的横向（Y 方向）与竖向（Z 方向）位移分布规律。由于盾构右线的第 11 环管片是在开挖步 12 完成后才安装完成的，故只对开挖步 12 ~开挖步 15 过程呈现的变形规律进行分析评价，图 4-33 所示为不同开挖步下第 11 环管片 Y、Z 方向位移分布云图。

在盾构右线第 11 环衬砌管片拼装完成后，其位移分布云图如图 4-33（a）（b）所示，因管片前端与前方第 10 环管片的后端相抵，第 11 环管片前端的竖向挤压变形相对后端较小，同时第 11 环管片整体呈抬升状态，因此在管片拱顶的前端竖向表现为隆起，后端表现发生沉降，最大沉降值 1.026mm，拱底则均表现为隆起，隆起值由管片前端向后端逐渐增大，后端最大值 9.410mm，而两侧拱腰也在 Z 方向上均呈现向上的隆起，数值约在 3.5 ~ 4.0mm 范围内。在 Y 方向上主要发生在拱腰，两侧拱腰均向外凸起，凸起程度由管片前端向后端递增，左、右两侧拱腰的最大水平位移分别是 3.119mm 与 3.975mm，相差较小。随着盾构机继续向前掘进，如图 4-33（c）（e）（g），管片在 Z

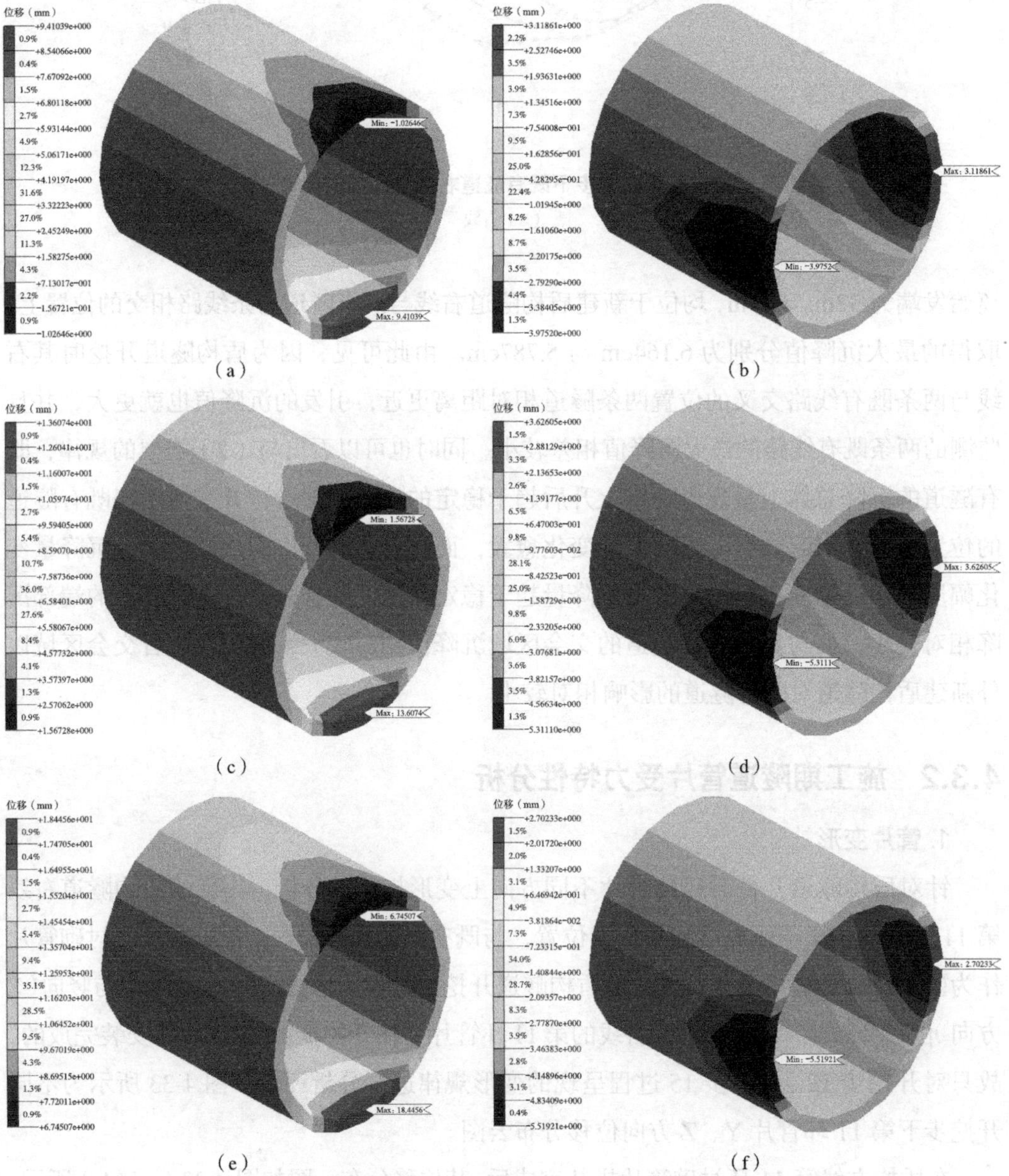

图 4-33　不同开挖步下第 11 环管片 Y、Z 方向位移分布云图（一）

（a）开挖步 12（Z 方向）；（b）开挖步 12（Y 方向）；（c）开挖步 13（Z 方向）；

（d）开挖步 13（Y 方向）；（e）开挖步 14（Z 方向）；（f）开挖步 14（Y 方向）；

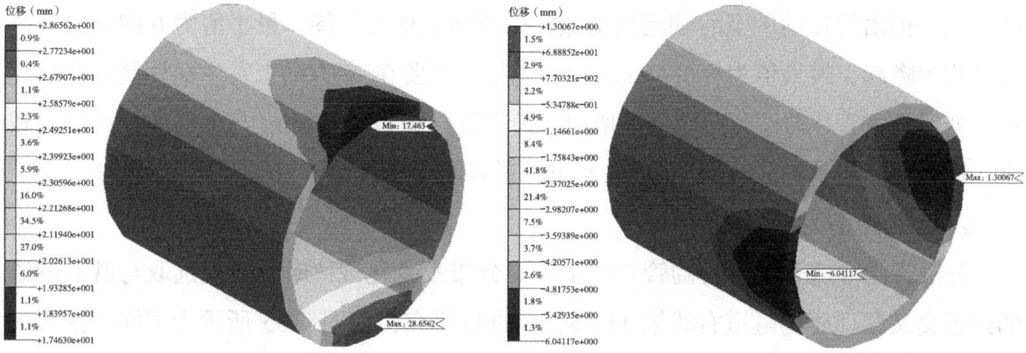

（g）　　　　　　　　　　　　　（h）

图 4-33　不同开挖步下第 11 环管片 Y、Z 方向位移分布云图（二）

（g）开挖步 15（Z 方向）；（h）开挖步 15（Y 方向）

方向开始呈现整体隆起状态，且隆起逐渐增大，为避免竖向挤压变形干扰，可以从两侧拱腰 Z 向位移变化规律中发现竖向隆起程度明显增大，拱腰处由最初约为 4mm 至开挖完成后已达 23mm，而由拱顶、拱底 Z 向最大位移值也能看出竖向挤压变形始终约为 11mm。同时，如图（d）（f）（h），管片在 Y 方向上挤压变形也始终约 7mm，无明显变化，但管片在 Y 方向上始终存在左侧微量偏移，开挖步 12 完成时约为 0.4mm，开挖完成后达到 2.3mm 左右，呈微量递增。

图 4-34 所示为未考虑流固耦合作用的开挖步 15 下第 11 环管片 Y、Z 方向位移分布云图由于管片在 Z 方向上呈逐渐隆起现象与实际工程案例不相符，考虑可能是由于渗流场影响，在水体中受浮力抬升，因此另考虑非流固耦合状态下，对管片位移变化进行数值模拟分析，求解得到如图 4-34（a）（b）所示的位移分布，可以看出非流固耦合情况下管片没用发生 Y 或 Z 向的整体偏移，在 Z 方向上的变形主要位于拱顶与拱

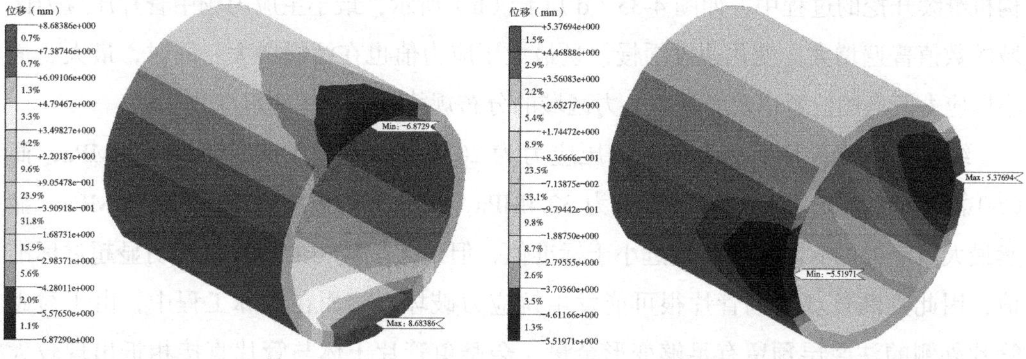

（a）　　　　　　　　　　　　　（b）

图 4-34　未考虑流固耦合作用的开挖步 15 下第 11 环管片 Y、Z 方向位移分布云图

（a）开挖步 15（Z 方向）；（b）开挖步 15（Y 方向）

底，变形仍由管片前端至后端逐渐增加，拱顶均表现为沉降，最小值为 6.873mm，拱底则均为隆起，最大值为 8.684mm；两侧拱腰则主要在 Y 方向上发生向外侧的凸起变形，变形量由管片前端到后端逐渐增加，最大值分别为 5.377mm 与 5.520mm，相差较小。通过对比图 4-33 与图 4-34 可以看出，后者变形更接近于工程实况。

2. 管片应力

分析盾构隧道开挖时衬砌管片的主应力分布及变化规律时，同理选取与既有隧道的最近交叉段即盾构隧道右线第 11 环管片进行研究，如图 4-35 所示为不同开挖步下第 11 环管片主应力的分布云图。

在该环管片完成拼装后，管片的最大主应力场如图 4-35（a）所示，拱顶和拱底均在内侧为拉应力区域，外侧为压应力区域，而两侧拱腰相反，拉应力区域位于管片外侧。最大拉应力与最大压应力都在管片后端底部取得，分别为 6.67MPa 和 1.47MPa。其中由于拉应力区域面积与数值值域均相对较大，因此在拉应力区域的等值线圈分布较密集，且等值线中心均位于管片后端，向四周扩散分布。随着盾构机继续开挖，到图 4-35（c）时，最大主应力场中管片的压应力区域数值普遍减小，最大压应力减小至 0.89MPa，拉应力数值小幅度增大，最大拉应力增大至 7.29MPa。在后续的图 4-35（e）（g）中，拉应力区域持续扩大，最大拉应力位置由拱底内侧变化至管片后端拱底的外侧边缘，但最大拉应力值逐渐减小，到开挖完成后减小至 5.28MPa，最大压应力值则停止减小并开始逐渐恢复，但最终仍未达到初始的最大压应力值。最终无论拉应力区域还是压应力区域，其绝对值的变化整体上都在减小，且趋于稳定状态。

如图 4-35（b）所示，管片刚刚完成拼接的最小主应力场中不存在拉应力区域，拱顶与拱底处管片外侧的压应力数值均是由管片前端至后端呈递增分布，内侧则是由管片前端至后端呈递减分布，而管片两侧拱腰的压应力分布规律在内、外两侧与拱顶和拱底则相反。最大压应力位于管片后端拱底的外侧边缘处，最大值为 19.40MPa。在盾构机继续开挖的过程中，如图 4-35（d）（f）（h）所示，最小主应力场中管片压应力区域的数值普遍增大，变化速度缓慢，且最大压应力值也在缓慢增大。同时，最大、最小压应力值点的位置以及管片压应力区域的分布规律均未发生明显变化。

综上，该环管片所承受的最大压应力为 20.93MPa，最大拉应力为 7.29MPa，而 C50 混凝土的轴心抗压强度标准值为 32.4MPa，轴向抗拉强度标准值为 2.64MPa，显然最大压应力的有限元计算值远小于标准值，但最大拉应力的计算值却明显超过标准值，因此判断该环衬砌管片很可能发生拉应力破坏。然而在实际工程中，由于衬砌管片外侧的注浆层预留有足够变形余量，会避免管片土体与管片直接相抵出现较大应力与变形，因此在实际工程中管片在有足够厚度的注浆层围护下未必发生拉应力破坏。

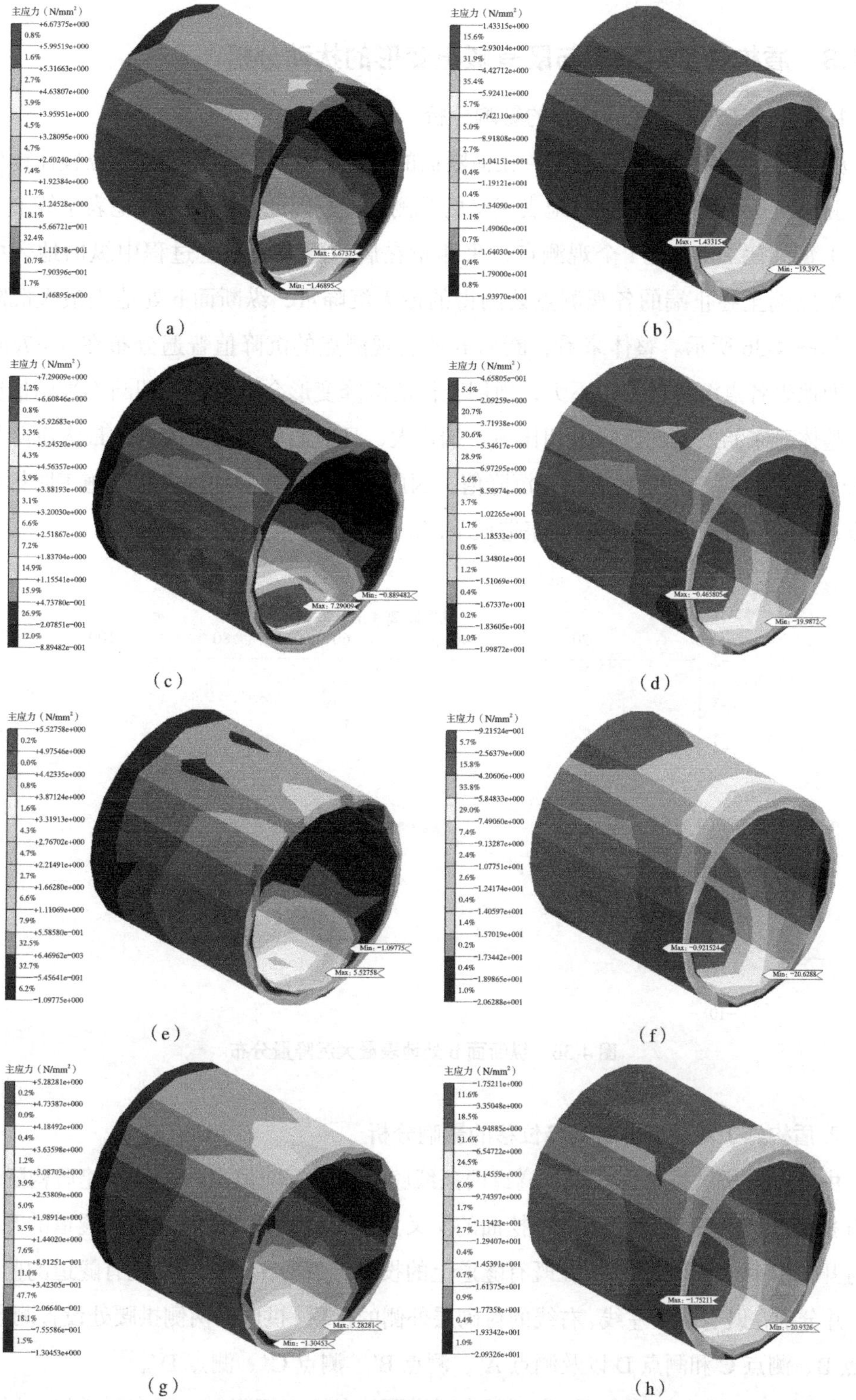

图 4-35　不同开挖步下第 11 环管片主应力分布云图

(a) 开挖步 12 最大主应力；(b) 开挖步 12 最小主应力；(c) 开挖步 13 最大主应力；(d) 开挖步 13 最小主应力；(e) 开挖步 14 最大主应力；(f) 开挖步 14 最小主应力；(g) 开挖步 15 最大主应力；(h) 开挖步 15 最小主应力

4.3.3 盾构施工对地表与既有隧道变形的扰动分析

1. 盾构施工对地表沉降位移的影响分析

从前述分析结果中可以看出，在横断面的地表上取得最大沉降值的位置往往位于盾构隧道两条线路的对称轴与地表相交的观测点上，因此选择在纵向地表中线上（断面 b）每间隔 2m 布设 1 个观测点，来测量在盾构隧道施工全过程中纵向地表中线上自始发端至终止端的各观测点处测得的最大沉降量，纵断面 b 处地表最大沉降量分布如图 4-36 所示。整体来看，断面 b 地表观测点的沉降值普遍分布在 6 ~ 7cm 之间，即地表各点沉降值差距不大，地层土体的沉降变形会造成地表凹凸不平的情况出现，整体看来始发端的沉降值相比另一端略大，且断面 b 地表观测点的最大沉降量为 6.913cm，大于 3.0cm 的地表最大沉降值，因此需要采取地层加固、隧道施工防排水等措施，来避免由于周围地下水汇集造成下沉。

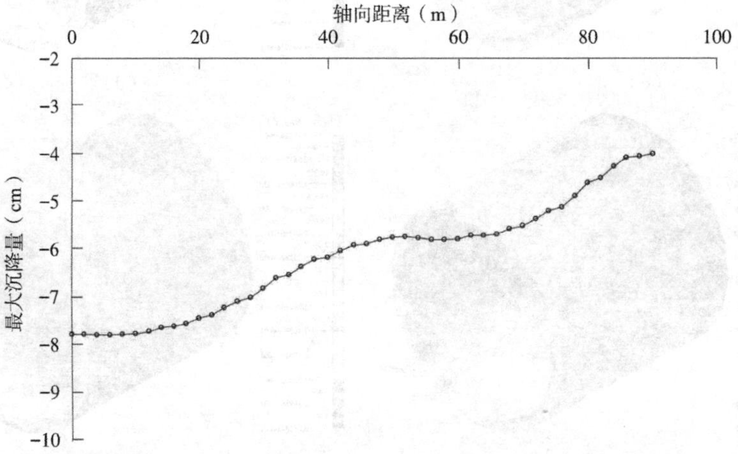

图 4-36　纵断面 b 处地表最大沉降量分布

2. 盾构施工对既有隧道沉降位移的影响分析

由前述分析结果中可知既有隧道两条线路的最大沉降值出现在与新建盾构隧道右线开挖步 8 与开挖步 11 所形成开挖面的交叉点，因此，分别将新建盾构隧道的开挖步 8 与开挖步 11 所形成开挖面在既有隧道上的投影交点所在断面设为既有隧道的监测断面，并分别在既有隧道左线、右线的衬砌层外侧的拱顶、拱底和两侧拱腰处设置测点 A、测点 B、测点 C 和测点 D 以及测点 A′、测点 B′、测点 C′、测点 D′。

如图 4-37 所示为不同开挖步下既有隧道两线各测点沉降量。既有隧道衬砌层上各个位置布置的测点沉降量在各个开挖步下均非常接近，且均随着开挖面逐渐靠近监测断面，沉降量呈现近乎线性的增长，而开挖面越过监测断面以后，沉降量不再增加，而逐渐趋于稳定，因此在开挖面与监测断面交会时既有隧道的沉降量最大，左、右两线最大沉降量分别为 6.203cm 和 5.802cm，同样也超过了最大沉降允许值 3.0cm，故同样需要采取相关工程措施，同时加密测量频率，防止意外突发事故。

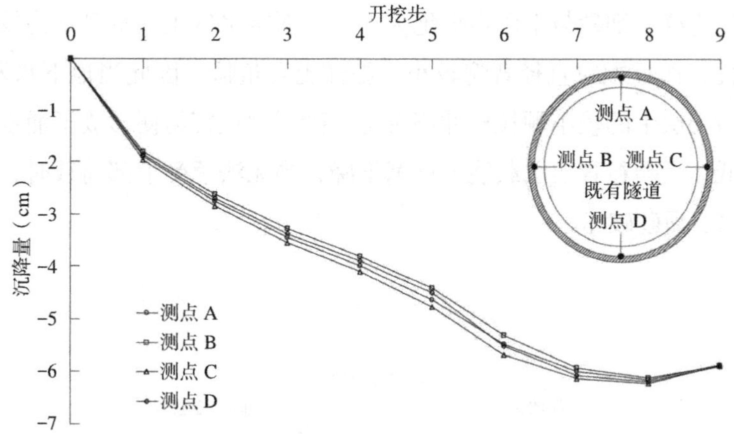

（a）

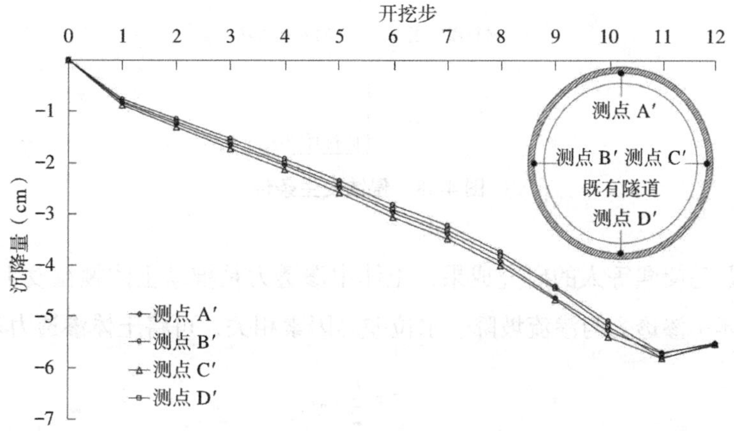

（b）

图 4-37　不同开挖步下既有隧道两线各测点沉降量

（a）左线；（b）右线

4.4　盾构下穿既有隧道施工优化措施

4.4.1　盾构隧道掌子面渗透破坏的优化控制措施

1. 掌子面渗水原因分析

（1）由水文地质概况可知，潜水受大气降水补给能维持稳定水位埋深为 11.30 ~ 13.40m，新建盾构隧道所在的② 51 细砂层也位于稳定地下水面以下，由此可知新开挖盾构隧道的洞身存在于富水砂土层，将对盾构隧道的掌子面构成严重威胁。

（2）砂土材料的内部渗流状态稳定是受到材料几何属性、渗流场和应力场 3 个因素共同影响的，侵蚀发生条件如图 4-38 所示。依据 Shire 所说，土体内部侵蚀的发生需要满足两个准则：一是几何准则，细颗粒能在粗颗粒孔隙中运移；二是应力准则，细颗粒所受侵蚀应力大于侵蚀抗力，而材料整体上侵蚀应力小于侵蚀抗力。由于② 51 细砂层属于级配连续且细砂与中砂占据绝大部分，而富水砂土层本身结构较为松散，具有较强渗透性，而且颗粒直径普遍较小，黏性土含量低，因此当地下水发生渗流时，水砂混合后砂土层中的较小颗粒被冲刷带走，砂层中很容易便形成了涌水通道，导致砂层强度降低，大颗粒骨架承载能力逐渐下降，当无法承受上部荷载时，会导致发生大范围的涌水、涌砂破坏。

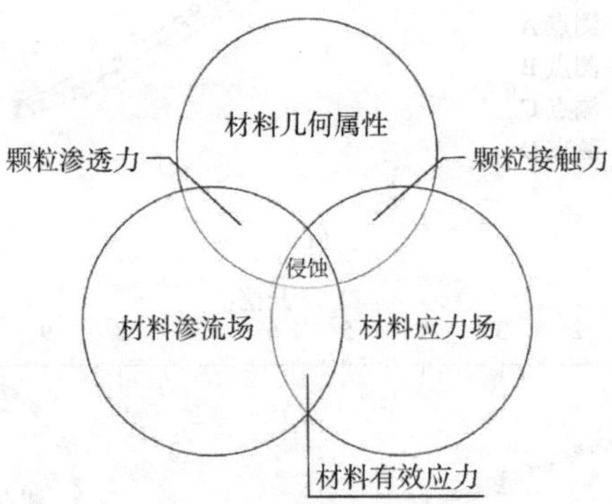

图 4-38 侵蚀发生条件

（3）根据毛昶熙等人的研究成果，土体中渗透力是推动土体颗粒发生运动的主要动力，而土体中渗透力与渗流坡降、水位差等因素相关，可将土体渗透力表示为：

$$\tau = \frac{h}{2} r_w J \tag{4-5}$$

式中 J——渗流坡降；

r_w——水的重力密度，N/m^3；

h——水位差，m。

由式（4-5）可知，在盾构开挖过程中，由于地下水位较高，相对于掌子面的水头差较大，渗流坡降值较大，土体中渗透力也就越大，使水流流速越大，带走的砂土颗粒越多。如果砂土颗粒被水流带走后在形成的涌水通道内形成淤填，使得局部渗流坡降再次增大，渗透力也越来越大，将会使得掌子面的涌水、涌砂现象进一步加重，促使掌子面渗流破坏范围进一步扩大。因此，本项目采用 Terzaghi 经典公式计算出的临界渗流坡降作为判别标准，对盾构开挖的掌子面渗流坡降数值及其分布进行分析对比，发现掌子面有很大可能性会发生渗流破坏，因此有必要提出相关工程措施，降低掌子面的整体水力坡降，防止灾害发生。

2. 掌子面压力水头对掌子面稳定性的影响研究

（1）压力水头对掌子面渗流坡降的影响

因土压平衡盾构机的土舱中主要以舱内土压平衡前方土体中水土压力之和，虽然在模型参数设置中考虑了合力平衡，却没有充分考虑水压力平衡，导致前方土体仍然可能发生涌水、涌砂破坏，因此可以通过在舱内注水的办法，改变舱内压力水头的大小，实现舱内水压与前方土体中水压力部分相抵，使掌子面的渗流坡降降低至允许范围内。

开挖步 1 ~ 开挖步 3 与开挖步 13 ~ 开挖步 15 所在土体区域受到边界效应的影响其渗流坡降与涌水量值均偏大，因此在作影响研究时不作考虑。在开挖步 4 ~ 开挖步 12 的过程中形成各个掌子面的最大渗流坡降值大致都在 4.20 ~ 4.60 的范围内，波动范围较小；完成开挖步 4 ~ 开挖步 12 的过程中掌子面涌水量值均在 0.90 ~ 0.95m^3/s 的范围内，波动范围也较小。

综合考虑各项特征，选取开挖步 4 作为研究对象，探究土压平衡盾构机中的压力水头改变对掌子面渗流坡降的影响，对土舱内注入水体分别至 1/4 舱、1/2 舱、3/4 舱以及满舱时掌子面的渗流坡降分布变化进行研究，不同压力水头下掌子面渗流坡降分布云图如图 4-39 所示，在土舱内注水的过程中，掌子面渗流坡降等值线圈的中心点由上偏心位置向中心移动，舱内水位过半后呈现下偏心状态；最大渗流坡降的位置也由起初的掌子面底部边缘处随着舱内水位抬升而先到达侧边边缘处，舱内水位继续抬升过半后呈现于掌子面顶部边缘。同时，掌子面上的渗流坡降也整体呈现出减小趋势，但即使舱内达到满水状态，掌子面上的最大渗流坡降依然达到约 3.17，仍大于临界渗流坡降，因此有必要继续探究可以降低掌子面渗流坡降的措施，以避免开挖面前方土体发生渗流破坏。

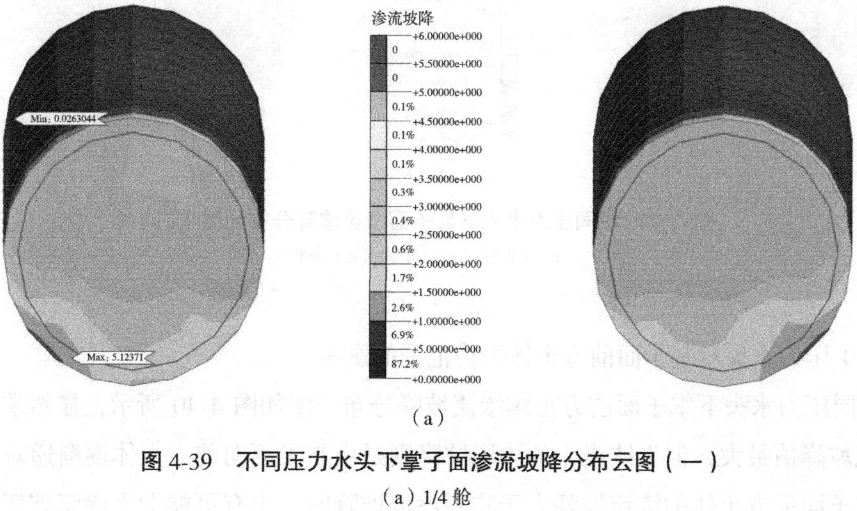

（a）

图 4-39　不同压力水头下掌子面渗流坡降分布云图（一）

（a）1/4 舱

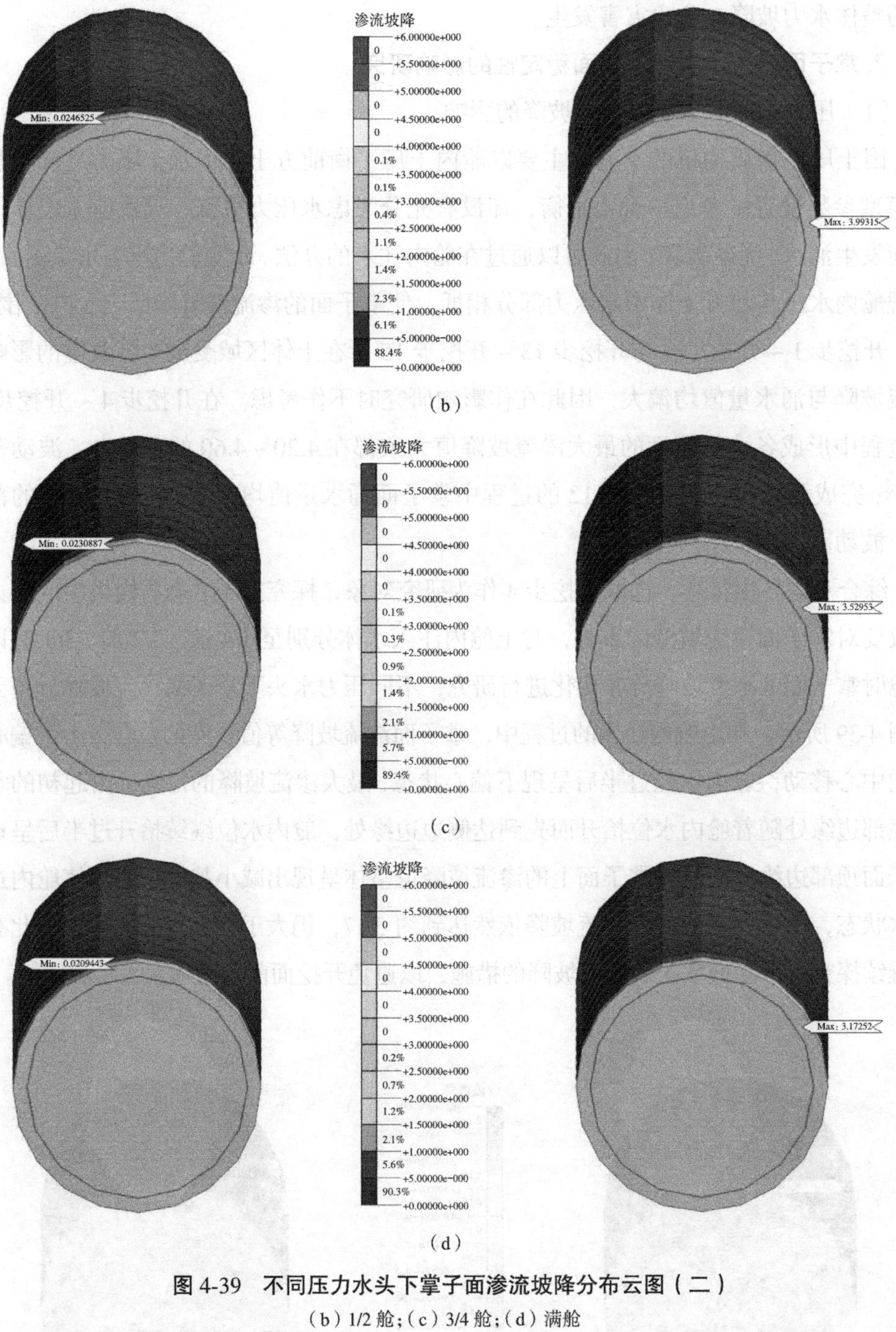

(d)

图 4-39　不同压力水头下掌子面渗流坡降分布云图（二）

（b）1/2 舱；（c）3/4 舱；（d）满舱

（2）压力水头对掌子面前方土体失稳范围的影响

不同压力水头下掌子面前方土体渗流坡降分布云图如图 4-40 所示，显然掌子面处的渗流坡降值最大，但土体当中的渗流坡降则是由掌子面向前方土体逐渐递减的，因此当掌子面前方土体的渗流坡降大于临界渗流坡降时，也有可能发生渗流破坏，因此同样有必要分析舱内压力水头变化对前方土体失稳范围的影响。由图 4-40 可以看出，随着舱内水位抬升，压力水头增大，掌子面前方土体可能失稳的范围也在逐渐减小，在舱内水体为注入为 1/4 舱、1/2 舱、3/4 舱和满舱时渗流坡降大于 1 的土体（即可能发生渗流破坏土体体积）的体积分别为 110.136m^3、102.165m^3、92.202m^3 和 77.167m^3，可见有渗流破坏危险的土体体积随着舱内水压的增大发生了明显的减小，但渗流坡降大于 1 的土体体积仍有高达 77.167m^3，因此有必要采取进一步的改善措施保证前方土体的安全稳定。

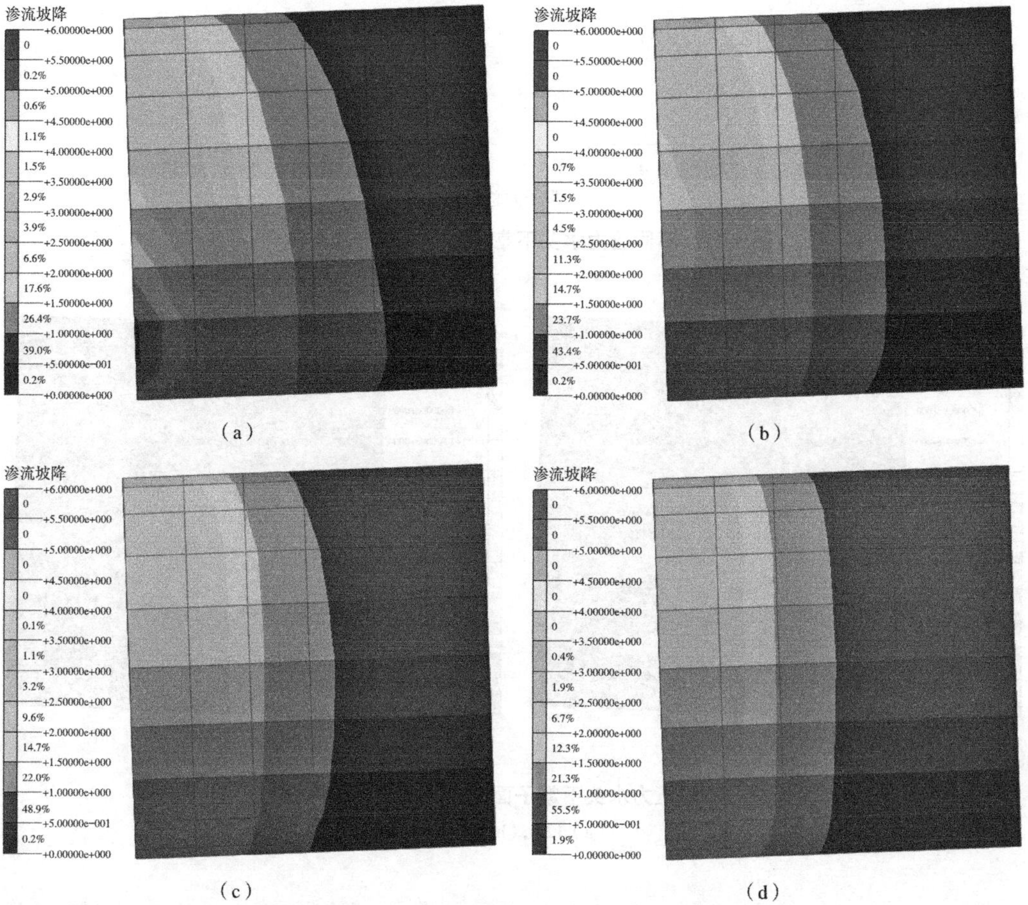

图 4-40　不同压力水头下掌子面前方土体渗流坡降分布云图

（a）1/4 舱；（b）1/2 舱；（c）3/4 舱；（d）满舱

3. 掌子面渗水优化措施

虽然向土舱内注水提升舱内的压力水头可以有效减小掌子面以及掌子面前方土体的渗流坡降，并使得有渗流破坏危险土体的体积有了显著减小，但该措施的效果通过数值模拟验证发现仍然不理想，因为即使舱内满水（舱内压力水头达到最大）后，掌子面最大渗流坡降仍达到约 3.17，且前方仍有 77.167m³ 的土体可能发生渗流破坏。图 4-41 为不同压力水头下掌子面最大渗流坡降变化、前方土体渗流坡降分布云图如图 4-42 所示。

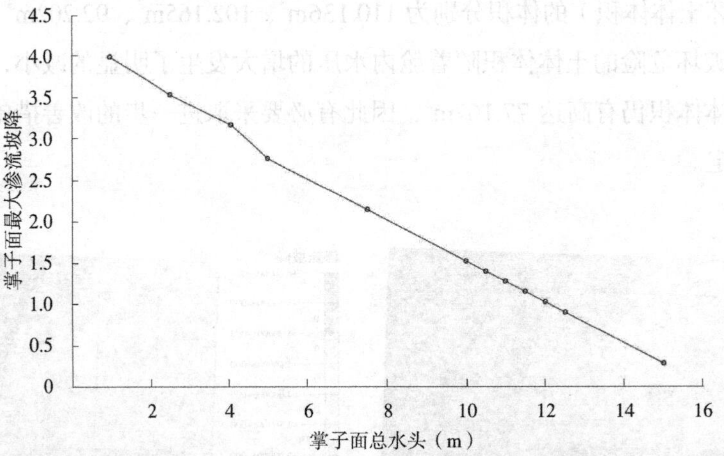

图 4-41　不同压力水头下掌子面最大渗流坡降变化

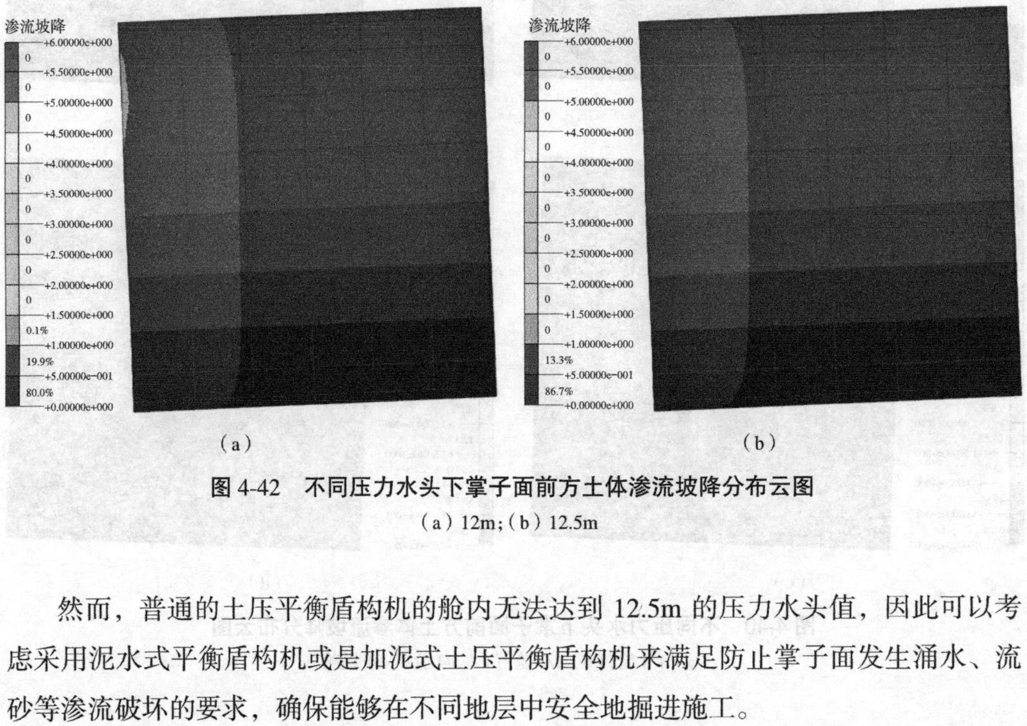

图 4-42　不同压力水头下掌子面前方土体渗流坡降分布云图

（a）12m；（b）12.5m

然而，普通的土压平衡盾构机的舱内无法达到 12.5m 的压力水头值，因此可以考虑采用泥水式平衡盾构机或是加泥式土压平衡盾构机来满足防止掌子面发生涌水、流砂等渗流破坏的要求，确保能够在不同地层中安全地掘进施工。

4.4.2 地表与既有隧道沉降变形的优化控制措施

1. 地表与既有隧道沉降变形原因分析

在盾构隧道施工过程中，盾构隧道、既有隧道与土体之间的作用是相互传递的，土体在其中正是起到了媒介的作用。随着盾构机向前掘进开挖、拼装管片与同步注浆，周围土层不断受到施工扰动后，原始应力平衡状态被破坏，位移场也发生改变，而土体的应力与位移重分布后又传递到既有隧道上，使既有隧道受到附近土体的应力作用（如水压力、土压力等）也发生变化，并使得既有隧道与周围土体发生同步变形（沉降变形、环向应变等）。同时，既有隧道发生变形与应力场变化后又反过来影响其周围土体，土体又会产生反作用力进一步影响新建盾构隧道。新建隧道、既有隧道与土体三者作用关系如图 4-43 所示。

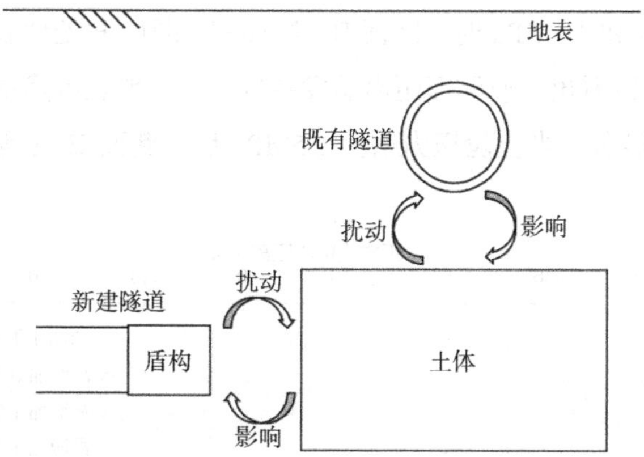

图 4-43　新建隧道、既有隧道与土体三者作用关系

根据上述三者的相互作用关系可知，盾构掘进对周围土体造成扰动，使土体位移场变化，随着施工扰动的影响范围逐渐扩大，自然会在地表形成沉降或隆起变形；另一方面，周边地层应力、位移的改变对既有隧道产生力的作用，带动其发生同步变形。

并且盾构掘进的不同阶段对两者的沉降变形影响也有差异，在数值模拟中主要涉及三个阶段：第一阶段，在盾构机进入新建隧道与既有隧道的交会区域之前，盾构机刀盘对前方土体挤压，地下水位发生波动，对地表就会产生扰动使之发生沉降变形，但由于与既有隧道距离较远，故既有隧道结构变形较小可忽略；第二阶段，当盾构机开始进入下穿区域至到达下穿交叉点的范围内，周围土体不断向洞内移动是地层及地表沉降的主要阶段，对既有隧道的作用也越来越显著，使既有隧道的沉降变形（尤其是交会区域内的变形）显著增大；第三阶段，管片拼接完成后，盾体前进使管片与周围土层存在间隙。在同步注浆完成未达到设计强度时，周边土体会挤入盾尾间隙，使得地表与既有隧道会产生沉降变形。

2. 土舱压力对地表与既有隧道沉降变形的影响研究

受影响最小，仍处于初始受力状态；当土舱压力小于前方静止水土压力时，会导致地表及既有隧道结构发生下沉变形，反之则产生隆起。但实际工程中，上方土层分布形态与地下水位均随着盾构机向前推进在不断发生变化，因此有必要对舱内土压力进行动态调整，以控制地表与既有隧道沉降变形不超过允许沉降值。

由于按照理论计算得到的初始土舱压力进行参数设置时，得到的地表与既有隧道沉降值均偏大。因此有必要通过对舱内土压进行调整来优化地表与既有隧道的最大沉降，使之被控制在允许范围内。为忽略端部土体的边界效应，故分别选取在处对应横断面的地表进行观测点的布设，以盾构隧道左线中心位置为基准每隔 2m 布设一个观测点。

不同土舱压力下各横断面地表最大沉降量分布如图 4-44 所示，土舱压力 P 分别增大 0.5MPa、1.0MPa 和 1.5MPa 时，断面 B、断面 C、断面 E 处地表最大沉降量的变化规律。由图 3-44 可以看出，监测面距离始发端越近时，地表沉降量受到土舱压力增加的影响而减小的越显著。当土舱压力增大 1.5MPa 后，断面 E 处地表的最大沉降量已

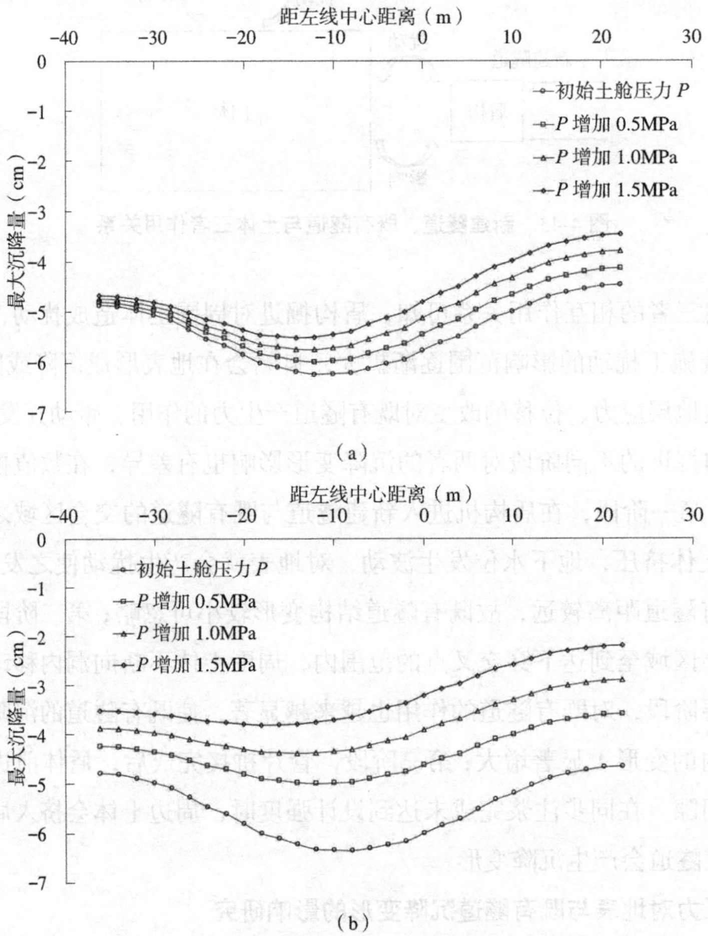

图 4-44　不同土舱压力下各横断面地表最大沉降量分布（一）

（a）断面 B；（b）断面 C

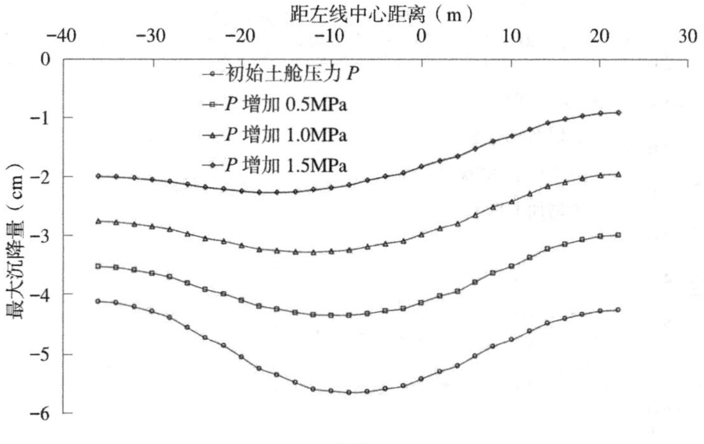

（c）

图 4-44　不同土舱压力下各横断面地表最大沉降量分布（二）

（c）断面 E

全部处在允许沉降范围内，断面 C 处则仅有部分地表范围的最大沉降量达到允许范围，而断面 B 处则仍然全部超过允许沉降值，因此改变土舱压力虽然可以在一定程度上控制地表沉降量，但对远始发端的控制效果更好，对近始发端的控制效果不够理想。

对于既有隧道最大沉降量变化规律的分析，选取既有隧道两条线路中位于交会区域内洞段拱底作为研究对象，观测点仍间隔 2m 均匀布置。如图 4-45 所示为不同土舱压力下既有隧道线路拱底最大沉降量分布。从中能看出与地表沉降变化规律相同的特点。因既有隧道与新建隧道间存在约 50° 夹角，因此随着与既有线路始发端距离的增大，其与新建盾构隧道始发端的距离也在增大。故随着距既有线路始发端距离的增大，既有隧道拱底最大沉降量受到土舱压力增加的影响而减小的愈加显著，并且由于右线

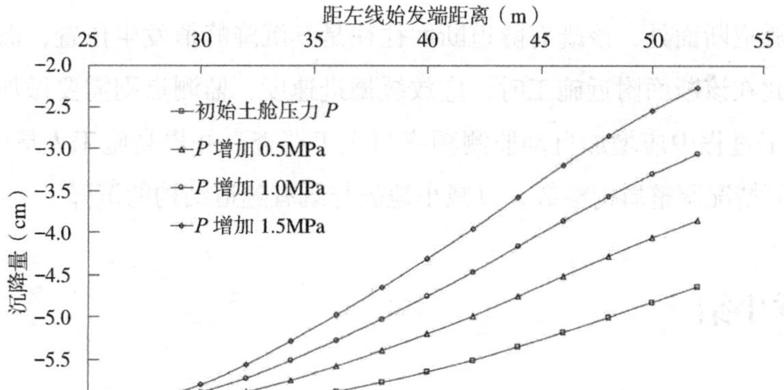

（a）

图 4-45　不同土舱压力下既有隧道线路拱底最大沉降量分布（一）

（a）左线

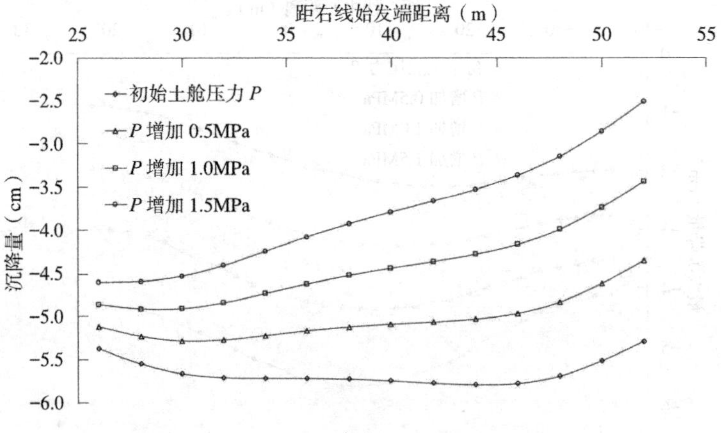

（b）

图 4-45　不同土舱压力下既有隧道线路拱底最大沉降量分布（二）

（b）右线

距离盾构隧道始发端较远，故其整体受土舱压力增大的影响更大，与控制地表沉降显示的问题相同，近始发端一侧既有隧道沉降值控制效果不够理想。

3. 地表与既有隧道沉降优化措施

可能单一地控制舱内土压力来实现对地表与既有隧道整体沉降量的控制达不到较好的效果，因此可以综合考虑不同因素的影响，如土舱压力、管片顶推力、注浆参数以及土体介质条件等，提出对地表与既有隧道沉降的系统优化措施，如在增大土舱压力的同时，增大同步注浆压力与同步注浆量来降低对既有隧道结构的影响；或者在对交会区域内可以改良既有隧道结构周边的地层参数，在盾构穿越前对既有隧道周边地层作加固处理。

在盾构下穿施工过程中，对地表，是对既有隧道影响最大的位置是在盾构隧道正上方的既有隧道断面处，该既有隧道断面往往是其沉降峰值发生位置，而且受力也较为不利。因此在该断面附近施工时，应放缓掘进速度，监测点则需要做加密布置，并且在下穿施工过程中应增加自动监测频率与人工巡查。并提高施工人员的安全意识，及时结合监测情况调整盾构参数，以减小地表与既有隧道结构的沉降。

4.5　本章小结

本章以瞬态渗流仿真计算分析了横、纵断面孔压分布，盾构隧道开挖面逐渐接近两条隧道的交会区域时，迫近区域的孔压分布曲线呈明显下凹状，盾构左线对既有隧道左线观测点孔压分布曲线的影响以及开挖步 7 中盾构左线对既有隧道右线孔压分布曲线的影响，都能明显看出该规律：

（1）当新建隧道开挖面位于交会区域时，位于交会区域的观测点孔压会急剧下降。因开挖隧道与既有隧道均为双线隧道，交会区域呈平行四边形状，当新建隧道左、右线两个开挖面中一开挖面接近交会区域，另一开挖面处在交会区域中时，处在交会区域当中的开挖面对既有隧道观测点孔压值的影响起决定作用。开始段与结束段的涌水量偏大，原因是①与盾构机刚进入土体开始掘进对周边土体的扰动导致周边土体的孔隙水压力降低有密切关系，②两端的土体由于存在边界效应的影响，土体内部摩擦力较小，致使其受到盾构机的开挖扰动较大，涌水量也偏大。

（2）由开挖步 4 到开挖步 7 地表沉降曲线的最大沉降值依次为 4.896cm、5.617cm、6.238cm 和 6.410cm，相邻两开挖步最大沉降值的变化量依次为 0.721cm、0.621cm 和 0.172cm，由此可见，在盾构开挖面逐渐逼近直至与监测断面重合的过程中，隧道临空面发生渗流，地表下沉，因而监测断面地表沉降的最大值也在不断增大。当盾构机继续向前推进时，监测断面地表沉降值变化幅度明显减小，并逐渐趋于稳定。

（3）非流固耦合状态下，对管片位移变化进行数值模拟分析，在 Z 方向上的变形主要位于拱顶与拱底，变形仍由管片前端至后端逐渐增加，拱顶均表现为沉降，最大值为 6.873mm，拱底则均为隆起，最大值为 8.684mm；两侧拱腰则主要在 Y 方向上发生向外侧的凸起变形，变形量由管片前端到后端逐渐增加，最大值分别为 5.377mm 与 5.520mm，相差较小。最大压应力的有限元计算值远小于标准值，但最大拉应力的计算值却明显超过标准值，因此判断该环衬砌管片很可能发生拉应力破坏。

（4）既有隧道衬砌层上各个位置布置的测点沉降量在各个开挖步下均非常接近，且均随着开挖面逐渐靠近监测断面，沉降量呈现近乎线性的增长，而开挖面越过监测断面以后，沉降量不再增加，而逐渐趋于稳定，因此在开挖面与监测断面交会时既有隧道的沉降量最大，左、右两线最大沉降量分别为 6.203cm 和 5.802cm，同样也超过了最大沉降允许值 3.0cm，故同样需要采取相关工程措施，同时加密测量频率，防止以外突发事故。

第 5 章

近距离下穿既有郑州地铁 1 号线车站扰动及控制分析

盾构施工下穿地铁车站需要保证既有车站的安全运营。施工下穿可能会造成以下几方面的影响：

沉降和变形：盾构施工会对周围土体产生扰动，导致地层的初始应力状态改变，引发地层位移。可能会导致既有车站的主体结构、道床结构等发生沉降等病害，影响车站的结构稳定性和列车运营安全。

5.1 下穿模型建立

5.1.1 数值计算基本假定

下穿数值计算有如下假定：

（1）假定地层均质水平分布，地层本构选用 MMC 修正摩尔库伦；

（2）假定新建隧道在盾构施工时，既有地铁车站长期使用其物理力学参数的影响不做考虑；

（3）不考虑特殊情况的影响。

5.1.2 结构参数与网格划分

模型由六层土体、新建盾构隧道、既有地铁车站及其内部支承结构、既有地铁隧道、接收井及新建车站组成，地层及支护结构力学性质参数如表 5-1、表 5-2 所示，取模型范围为 $X \times Y \times Z$=132m × 175m × 50m，下穿施工模型网格划分示意图如图 5-1 所示，X 轴负方向为隧道开挖方向，开挖区域直径为 6.26m，隧道埋深为 25.76m，管片支护结构厚度为 0.35m，每环长 1.5m，共计 60 环，既有地铁车站纵向与盾构隧道开挖方向最小夹角为 75°，新建盾构隧道与既有郑州地铁 1 号线黄河南路车站最小竖向净距为 1.46m，新建盾构隧道下穿既有地铁车站后于郑州地铁 12 号线黄河南路站接收井，计算模型划分共计 382540 个网格单元，249902 个节点。

地层力学性质参数　　　　**表 5-1**

土层	厚度（m）	重力密度（kN/m^3）	黏聚力（kPa）	内摩擦角（°）	E_{50}^{ref}（MPa）	E_{oed}^{ref}（MPa）	E_{ur}^{ref}（MPa）	应力相关幂指数
杂填土	4.1	17.5	15	18	8.75	7.875	30.625	0.5
黏质粉土	2	19.5	28	18	8.23	7.407	32.92	0.6
粉质黏土	7.5	19.7	30	22	6.75	6.075	27	0.6
细砂	21	22.5	0.3	30	21.5	21.5	64.5	0.5
黏质粉土	6	19.4	36	22.3	10.45	9.405	52.25	0.6
粉质黏土	9.4	20.1	38	26	9.95	8.955	49.75	0.6

支护结构力学性质参数　　　　**表 5-2**

结构	材料	弹性模量（MPa）	泊松比	密度（kN/m^3）
管片	折减 C50	2.45E4	0.2	25
加强型管片	C50	3.5E4	0.2	25
立柱	C40	3.25E4	0.2	25
梁、板、地下连续墙	C35	3.15E4	0.2	25
注浆层、冷冻法加固	—	100	0.2	22.5
盾壳	Q235	2.08E5	0.2	78.5

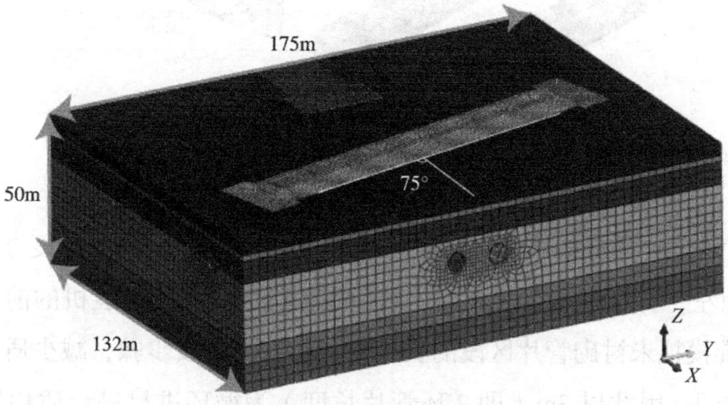

图 5-1　下穿施工模型网格划分示意图

图 5-2 为有限元模型中主要构筑物，包括新建郑州地铁 12 号线地铁车站及其构筑物（A）、既有郑州地铁 1 号线地铁车站（B）、既有郑州地铁 1 号线盾构隧道（D）、新建郑州地铁 12 号线盾构隧道（E），特殊处理为接收端水平冷冻法加固处理（C）。

新建郑州地铁 12 号线及既有郑州地铁 1 号线黄河南路车站主要结构包括冠梁、顶板、底板、中板、中纵梁、顶纵梁、底纵梁、地下连续墙、立柱。其中，新建郑州地铁 12 号线车站顶板上部回填土未施工回填，梁、板、柱等结构单元将在 Midas GTS NX 中建立结构单元模拟，其余结构均用实体单元模拟。

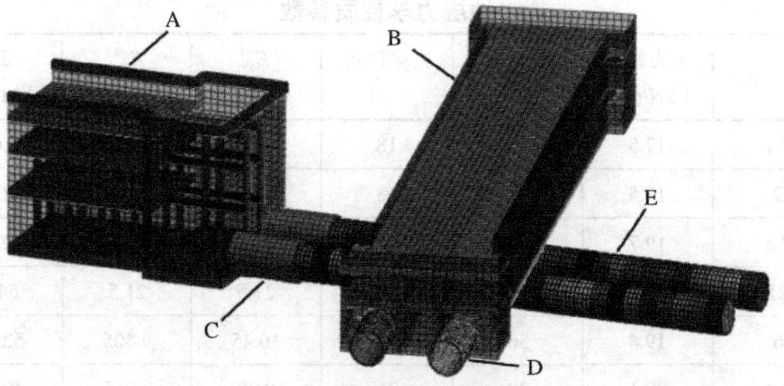

图 5-2　有限元模型中主要构筑物

图 5-3 为新建郑州地铁 12 号线盾构隧道网格划分示意图。图中包括待开挖区原状土体、管片、注浆层三部分，此外，盾壳厚度为 60mm，在 Midas GTS NX 软件中采用析取功能构建壳单元以模拟盾构机外壳。

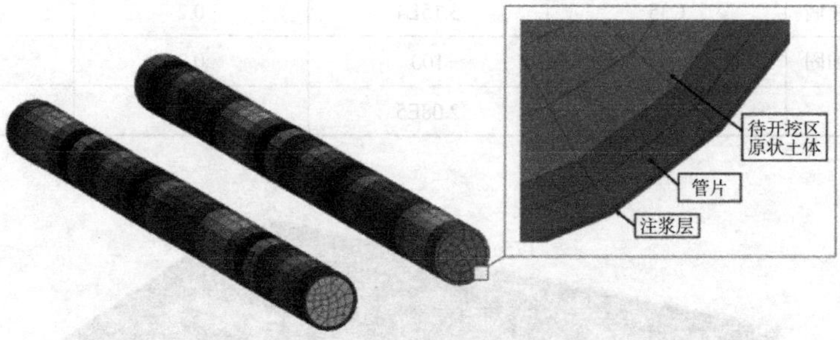

图 5-3　新建郑州地铁 12 号线盾构隧道网格划分示意图

管片网格划分示意图如图 5-4 所示，其中，管片内径 5.5m，厚度 0.35m，单环长度 1.5m，模型左、右线开挖长度 90m，由于盾构机内部管片拼装机的前方盾体长度约为 6m，为精准模拟未衬砌管片区段的长度，简化施工阶段步骤，减少盾构模型数值模拟运算消耗时间，因此以 3m（即 2 环管片长度）为循环进尺进行盾构掘进与管片拼装、注浆衬砌等过程的模拟。

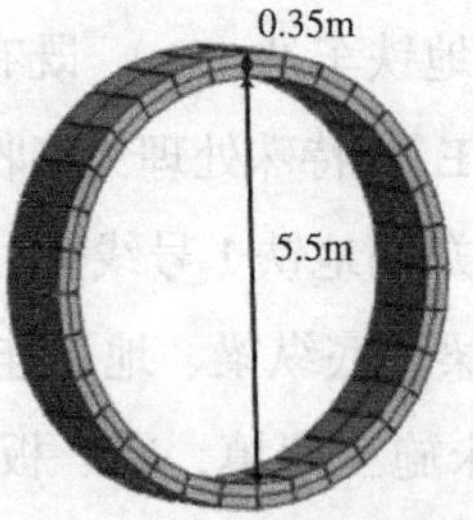

图 5-4　管片网格划分示意图

考虑管片拼接过程中存在块与块、环与环之间的螺栓连接，该计算模型的管片刚度削弱程度采用管片弹性模量大小乘以 0.7 来进行强度折减，而在下穿阶段，由于选用的管片为加强型管片，故不设置强度折减。

5.1.3　位移反分析等代层标定

本模型盾尾同步注浆模拟方式采用壳单元，将等代层视作弹塑性体，因泊松比对地层变形影响范围较小，故泊松比取值 0.2。

藤田圭一等通过对 150 多例实测结果进行分析，得到不同土体注浆层厚度系数的取值，其中密砂为 0.9 ~ 1.8，适用于开挖区位于密实砂土层中的此模型，盾构机刀盘直径为 6260mm，管片外径为 6200mm，表 5-3 为等代层厚度空间函数。

等代层厚度空间函数　　**表** 5-3

工况	厚度函数	坐标系
工况 1	$d=-(2/313)h+0.06$	整体
工况 2	$d=-(2/313)h+0.08$	整体
工况 3	$d=-(2/313)h+0.1$	整体
工况 4	$d=-(2/313)h+0.12$	整体

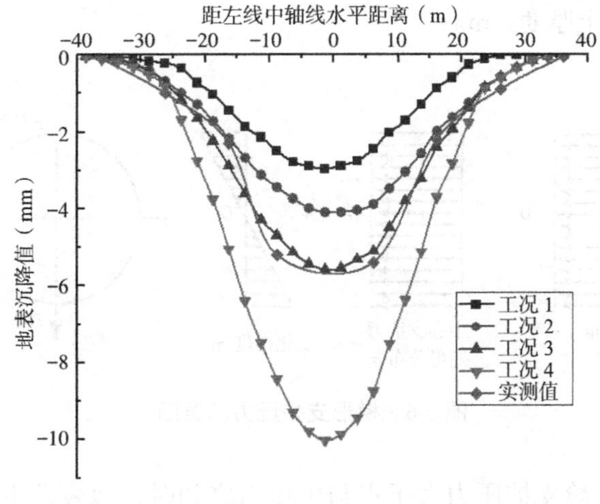

图 5-5　不同等代层地表竖向位移与实测值

采用位移反分析法，选取左线盾构掘进施工时地表 8 个测点实测值与不同等代层厚度情况下数值模拟计算对比，不同等代层地表竖向位移与实测值如图 5-5 所示，当等代层厚度为工况 3 时，与实际测点地表沉降值拟合较好，因此，选取该非均匀厚度函数进行整个施工过程的及加固工况下的数值计算。

5.1.4 施工荷载参数

1. 土舱压力取值

土舱内的土压通过传感器进行测量，并通过控制推进油缸的推力、推进速度、螺旋输送机转速以及出渣闸门的开度来控制。

开挖面土压力的计算如下：

$$P_1 = \sum_{i=1}^{i=n} K_{0i}\gamma_i H_i \tag{5-1}$$

式中 P_1——开挖面静止土压力，Pa；

K_{0i}——第 i 层土侧压力系数；

γ_i——第 i 层土重力密度，N/m^3；

H_i——第 i 层土厚度，m。

开挖面水压力的计算如下：

$$P_2 = \sum_{i=1}^{i=n} \gamma_i H_i \tag{5-2}$$

式中 P_2——开挖面静止水压力，Pa；

γ_i——第 i 层土重力密度，N/m^3；

H_i——第 i 层土厚度，m。

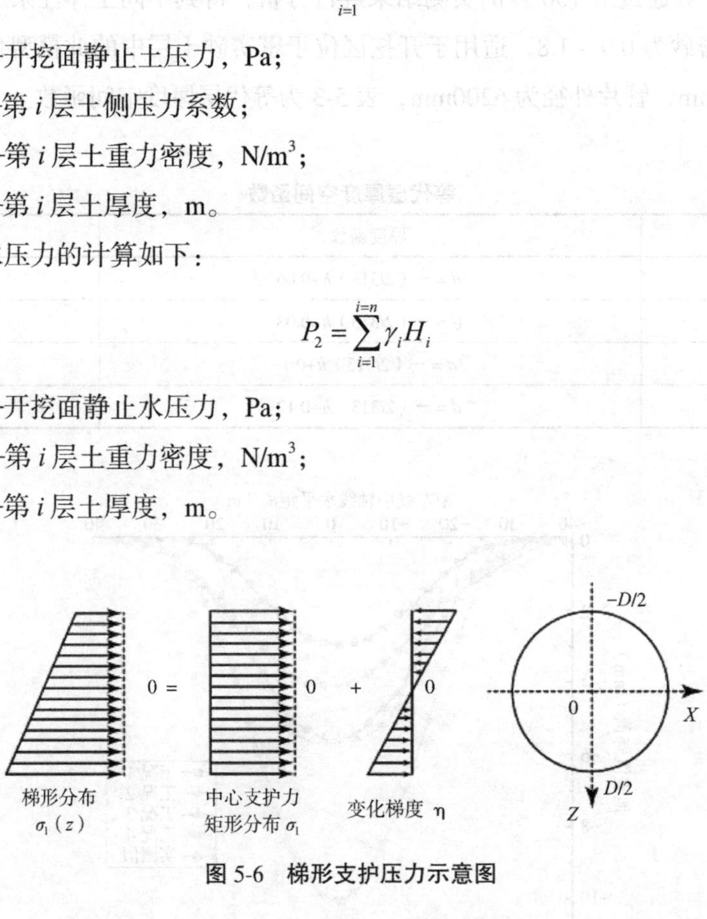

图 5-6 梯形支护压力示意图

当开挖面上的土舱支护压力大于水与土压力之和时，地表发生隆起；反之产生沉降。因此，土压平衡盾构开挖的最佳状态便是维持土舱支护压力与前方水压力、土压力之和相等的状态向前开挖，由于刀盘具有一定高度，因此开挖面的压力不是恒定值，而是从刀盘顶部位置向底部逐渐线性变大，梯形支护压力示意图如图 5-6 所示，洞径间的土压力大小会随盾构直径的增加而增大，支护力差值也会随之增大，开挖面支护力一般呈现梯形分布的特点。土舱压力分布如图 5-7 所示，根据施工经验计算得掌子面压力空间分布函数：$P = 4.6875h + 15.625$，其中 h 为所在空间深度。

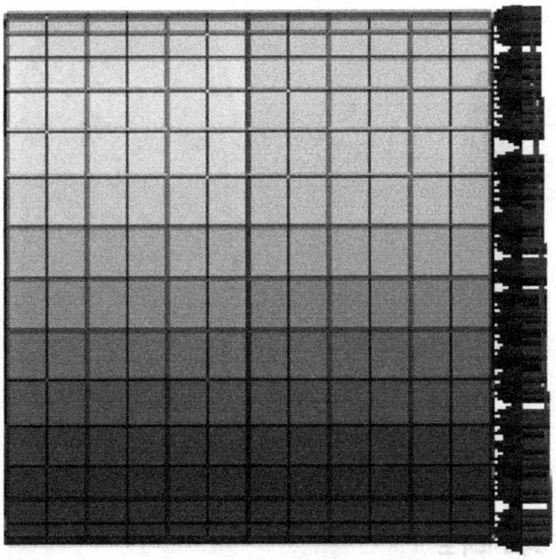

图 5-7　土舱压力分布

2. 管片顶推力取值

管片顶推力也是在土压平衡盾构开挖中的关键性荷载，已知本工程施工采用盾构机最大顶推力可以达到 35100kN，结合类似工程在地层中推进采用的 18000 ~ 25000kN 经验值，综合考虑在能够顺利完成施工的情况下尽可能减少对管片的损伤，确定本次数值模拟的顶推力为 20000kN，模型中选取施加在管片上的顶推力为 0.6MPa，并将其设定为施加在管片环向沿开挖反方向的均布压力，管片顶推力分布如图 5-8。

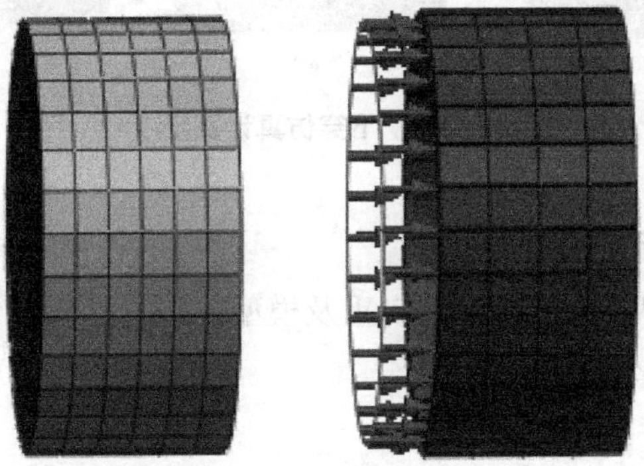

图 5-8　管片顶推力分布

3. 注浆压力取值

注浆压力过大时，可能发生管片之间连接螺栓疲劳破坏而发生错台，引发工程事故；注浆压力过小时，注浆液不能完整填充盾尾间隙，由于对土体支护力不足可能引发底部沉降，因此选择正确的注浆压力对减少盾构掘进对土体的扰动具有重要作用。本次模拟注浆压力设置为 0.25MPa，沿管片外轮廓面法向布置，注浆压力分布如图 5-9 所示。

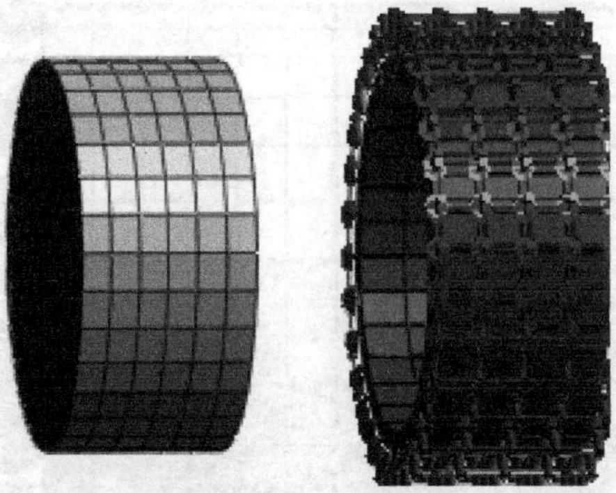

图 5-9　注浆压力分布

5.1.5　下穿数值计算流程

图 5-10 为下穿仿真计算步序。

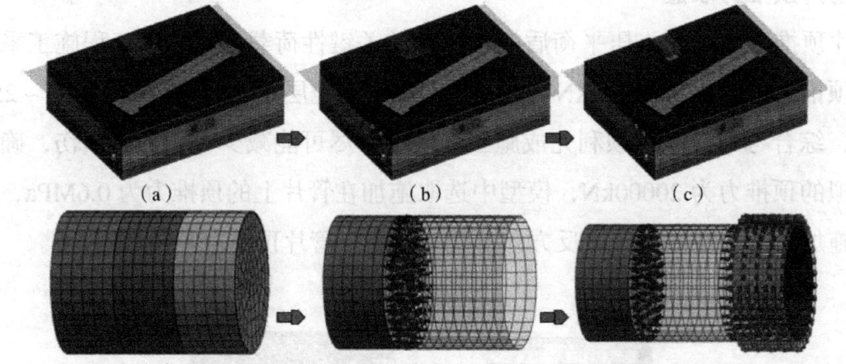

（a）　（b）　（c）

（d）　（e）　（f）

图 5-10　下穿仿真计算步序

1. 建立初始应力场（a）

设置应力阶段类型，激活地层、自重及模型位移边界条件，定义整体地下静水位 −12.1m，同时进行位移清零处理。

2. 既有地铁车站、隧道施作（b）

设置应力阶段类型，钝化既有地铁车站范围内的土体，激活既有地铁车站的梁板柱等结构单元，激活顶板上覆回填土属性，并改变既有隧道单元属性。

3. 新建地铁车站施作（c）

设置应力阶段类型，钝化新建地铁车站基坑开挖区范围内的土体，激活新建车站的梁板柱、地墙等结构单元，同时进行位移清零处理。

4. 左线隧道掘进 S1（d）

设置应力阶段类型，钝化第一步开挖区范围内的原状土，并激活第一步开挖土舱支护压力及该阶段对应的盾壳属性。

5. 左线隧道掘进 S2（e）（f）

设置应力阶段类型，钝化第二步开挖区范围内的原状土、第一步开挖土舱支护压力及第一步的盾壳属性，激活第二步开挖土舱支护压力、盾尾注浆压力，在该开挖步完成拼装管片并激活施加在管片上的顶推力，并滞后一个阶段激活盾尾注浆层属性且将注浆压力钝化。

6. 左线开挖至加固区

当开挖到 S26 时，通过修改单元属性的方式激活左线即将到达端头井时水平冷冻法加固区的土体属性，直至完成左线隧道的掘进流程。

7. 右线掘进

左线开挖 S29 步时，右线开始掘进，掘进流程与左线相同，直至完成双线开挖。

5.2　数值计算结果分析

5.2.1　地层与既有车站结构影响分析

假定既有地铁车站及线路与地层已形成新的平衡应力场，即该应力场应力为初始应力场。地铁盾构施工会破坏原有的“车站 - 土体”的应力场，导致应力场重分布。地铁车站与既有线路在土体内因为其结构刚度大、占地面积广，可有效阻碍扰动的进一步传播，从而限制土体位移。

在盾构施工下穿地铁车站或既有大断面地下工程、线路的过程中，由于车站与既有线路抵抗变形的能力远高于周围土体，所以两者不可能始终保持弹性接触。在盾构隧道施工未进入既有车站区域时，既有车站与周围土体保持弹性接触，受力和位移情况已达到协调。然而，当掘进到达该区域，施工作业诱发了周围土体压缩和剪切破坏。若开挖区位于既有结构影响范围之外，由于岩土体存在塑性区，其位移量较大；而当盾构隧道掘进至车站结构刚度影响范围内时，此时车站与既有线路结构由于其自身的抵抗变形的能力较强，导致位移量低于周围土体，从而可能会出现脱空区。

由于既有地铁车站结构刚度影响，新建盾构隧道下穿既有车站区间引起的地表沉降应小于未下穿其区间，不同掘进阶段左线中心剖面累计竖向位移分布云图如图 5-11 所示，左线掘进过程中地表最大沉降出现在左线开始掘进至既有车站影响范围内的土体，最大值为 5.79mm；当左线处于开始下穿至掘进完成后的阶段内，既有车站顶板覆土处地表最大沉降仅为 1.13mm。主要原因是未穿越区域内的地层抵抗变形的能力远远低于车站支护结构，施工对地表扰动的影响范围降低，次要原因是既有车站对下方土体的竖向应力远小于原状土体。

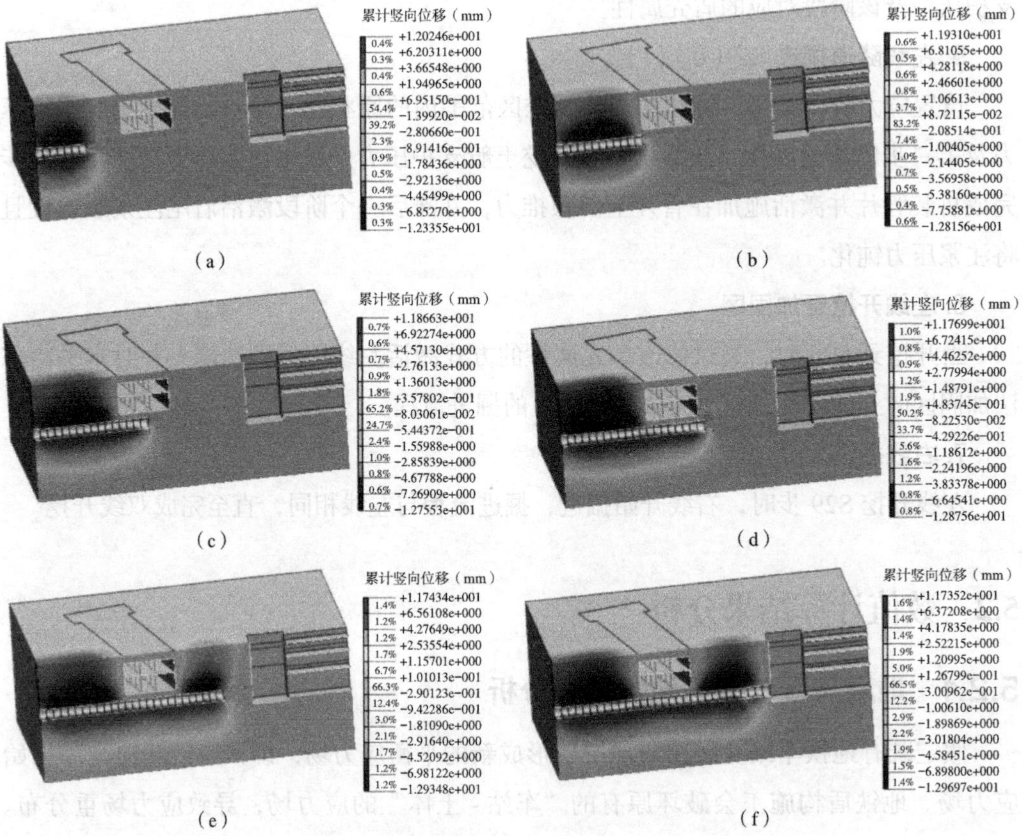

图 5-11　不同掘进阶段左线中心剖面累计竖向位移分布云图

（a）左线掘进至站前；（b）左线开始下穿；（c）左线下穿至交线中心；（d）左线完成下穿；
（e）左线掘进至端前加固区；（f）左线掘进完成

左线掘进过程中，拱底下部土体最大隆起为 12.02mm，出现在未穿越车站的土体范围区间内；在下穿阶段，拱底最大隆起为 8.61mm，且在拱底下方一定范围内土体的竖向位移趋势均小于未穿越阶段。在左线端前水平冷冻法加固区域，地层的竖向位移得到了有效的抑制，左线盾构下穿车站完成至加固区域的范围内，隧道拱顶处最大沉降为 10.57mm，拱底处最大隆起为 10.16mm，而在加固区域，拱顶处最大沉降为 7.94mm，而拱底最大隆起则为 6.29mm。

不同掘进阶段右线中心剖面累计竖向位移分布云图如图 5-12 所示，其整体趋势与左线掘进大致相同，不同的是到达下穿区域的掘进步尺，右线掘进施工过程中地表最大沉降发生在右线开始掘进至既有车站影响范围内的土体，最大值为 5.91mm；而当右线处于开始下穿至掘进完成后的施工阶段内，既有车站顶板覆土处地表最大沉降仅为 1.16mm。

右线掘进过程中，拱底下部土体最大隆起为 11.57mm，出现在未穿越车站的土体范围区间内；在下穿阶段，拱底最大隆起为 8.53mm。右线盾构下穿车站完成至加固区域的小区间范围内，隧道拱顶处最大沉降 10.13mm，拱底处最大隆起 9.95mm，而在端前土体加固区域，拱顶处最大沉降 7.61mm，而拱底最大隆起为 6.30mm。

车站整体累计竖向位移分布云图如上图 5-13，盾构隧道近距离下穿既有地铁车站时，会对车站主体结构造成一定的扰动影响，由于车站整体结构刚度较大，施工过程中并未出现较大变形，左线施工完成后，车站主体结构最大沉降变形 1.99mm，而右线施工完成后变为 1.85mm，均出现在地墙边缘及车站底板处，需对车站底板受力变形进行分析。

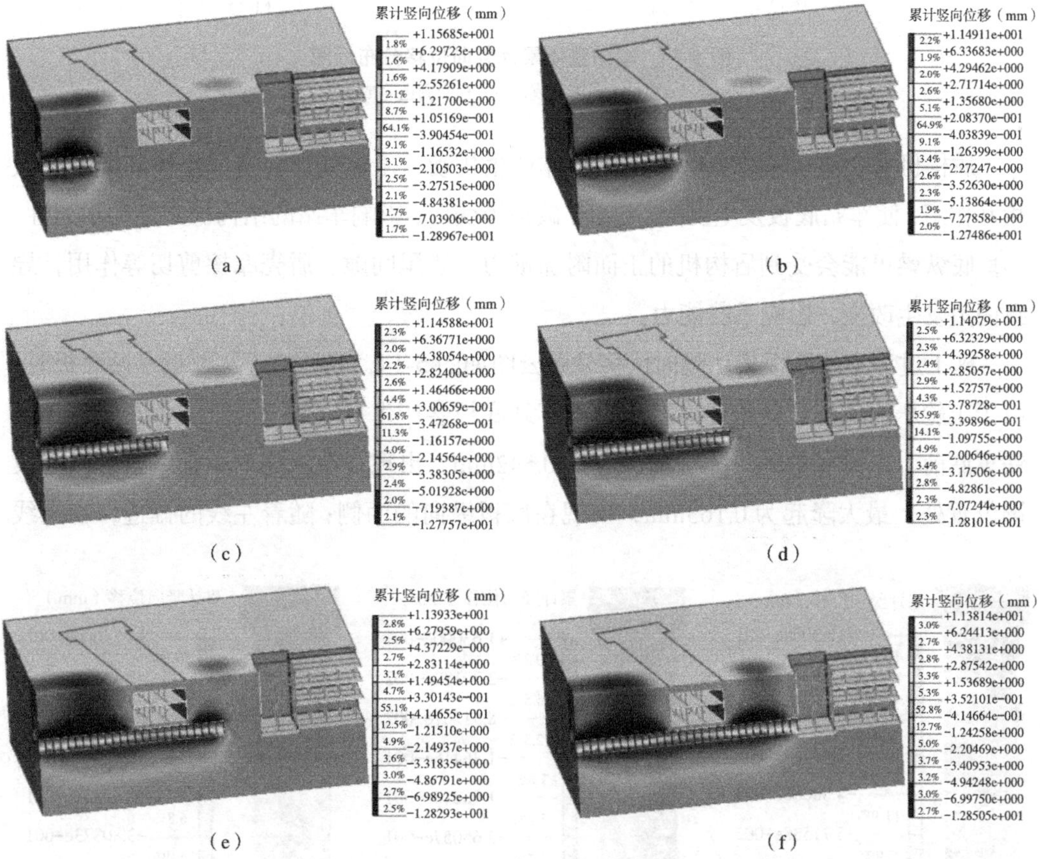

图 5-12　不同掘进阶段右线中心剖面累计竖向位移分布云图

（a）右线掘进至站前；（b）右线开始下穿；（c）右线下穿至交线中心；（d）右线完成下穿；（e）右线掘进至前端加固区；（f）右线掘进完成

5.2.2　车站底板及纵梁受力变形特征分析

盾构隧道施工近距离下穿地铁车站会对车站主体结构造成一定的影响，其中，因开挖卸荷区距车站底板距离最近，可能会对既有道床及轨道造成一定影响，影响因素主要有以下两点：

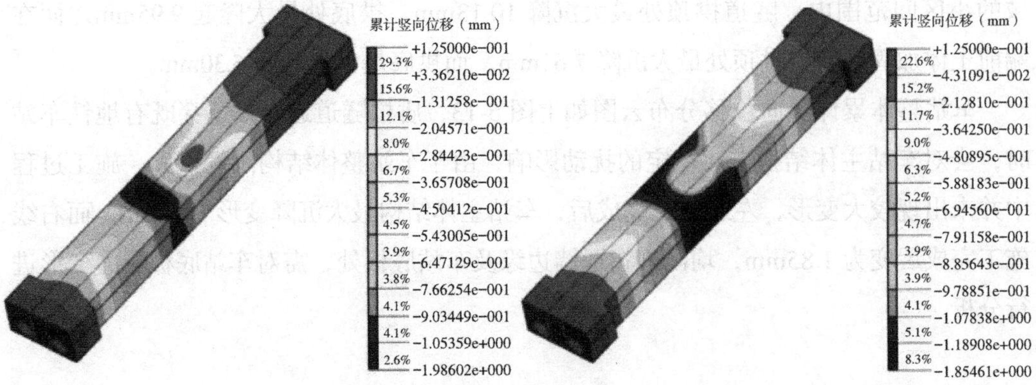

（a）　　　　　　　　　　　　　　　　（b）

图 5-13　车站整体累计竖向位移分布云图

（a）左线掘进完成;（b）右线掘进完成

盾构机在掘进过程中，会对周围土体产生扰动，土体变形会造成土体和车站底板相互作用，使车站底板发生沉降、裂缝、破损等变形，影响车站的结构稳定性和耐久性。

底纵梁可能会受到盾构机的正面附加推力、盾尾间隙、盾壳摩擦剪切等作用，导致内力发生改变，影响承载能力。

施工过程车站底板累计竖向位移分布云图如图 5-14，当盾构下穿邻近车站底板时，由于土舱压力略小于该处的有效应力，车站底板会产生一定的超前沉降，左线穿越地铁车站前，车站底板的最大竖向沉降为 0.542mm，出现在左线隧道中轴线至底板的投影位置处，最大隆起为 0.163mm，出现在底板纵向的两侧；随着左线的掘进，在左线

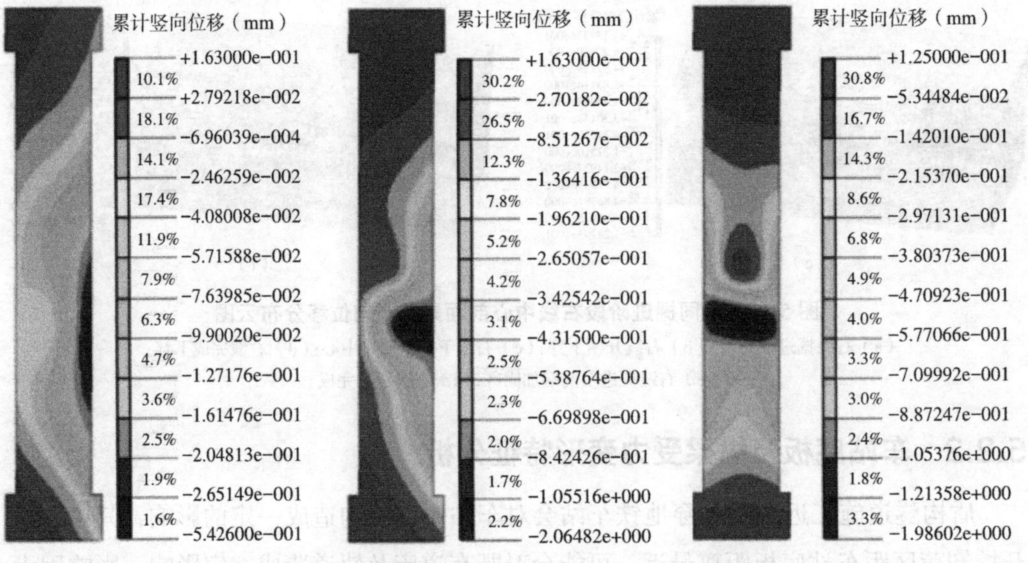

（a）　　　　　　　　（b）　　　　　　　　（c）

图 5-14　施工过程车站底板累计竖向位移分布云图（一）

（a）左线下穿前;（b）左线下穿至底板中部;（c）左线掘进完成;

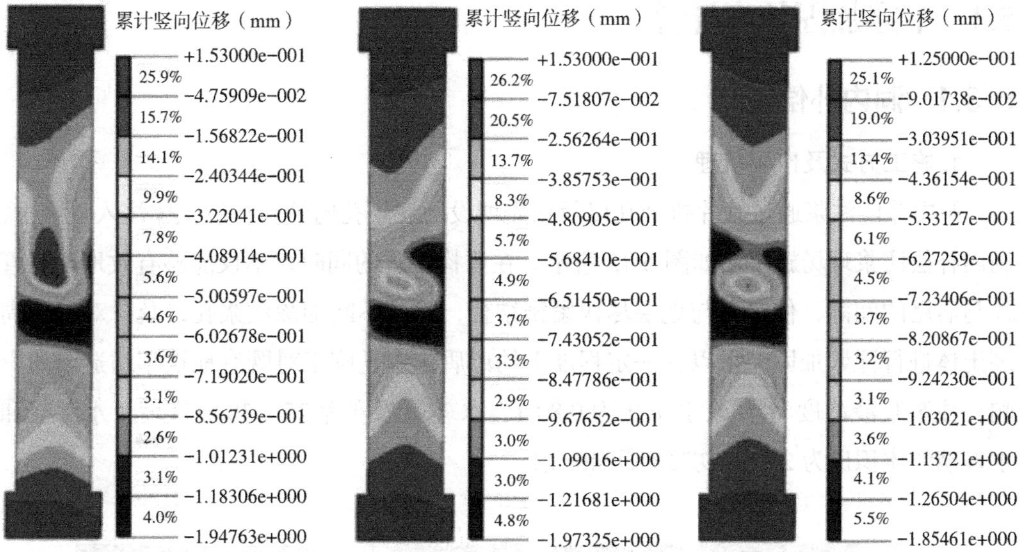

（d）　　　　　　　　（e）　　　　　　　　（f）

图 5-14　施工过程车站底板累计竖向位移分布云图（二）

（d）右线下穿前；（e）右线下穿至底板中部；（f）右线掘进完成

下穿到一半时，底板的最大竖向沉降变为 2.065mm，纵向两侧隆起量保持稳定；左线下穿完成并开挖至端头井的过程中，底板最大竖向沉降维持在约 1.99mm；随着右线开始下穿，底板最大竖向沉降变形由 1.95mm 降至 1.85mm 左右并趋于稳定。

底纵梁各阶段变形与受力如表 5-4 所示，底纵梁竖向最大位移为 1.95mm，与底板几乎相当，右线下穿完成时，其最大水平位移达到了 0.59mm；相较于未下穿，底纵梁最大弯矩增长了 577.7kN · m，可能会导致轻微裂缝的出现。一般来说，当两条隧道距离较近时，先掘进的隧道会对后掘进的隧道产生一个预应力效应，并且由于底纵梁的反弯作用，使后掘进的隧道对车站底板的影响减小，因此右线施工过程中底纵梁的位移受力情况变化趋势相对稳定。

底纵梁各阶段变形与受力　　表 5-4

阶段	竖向最大位移（mm）	水平最大位移（mm）	最大弯矩（kN · m）
左线下穿前	0.15	0.12	1828.2
左线下穿至底板中部	1.55	0.04	2034.1
左线下穿完成	1.93	0.45	2391.7
右线下穿前	1.95	0.46	2394.6
右线下穿至底板中部	1.92	0.46	2405.9
右线下穿完成	1.85	0.59	2393.7

5.3 下穿加固仿真计算

5.3.1 洞内补偿注浆

1. 施工方式及作用机理

洞内补偿注浆通过管片拼装孔以及预先埋设的注浆孔向管片背后土体注入双液浆，洞内补偿注浆现场施工图如图 5-15 所示。在盾构掘进的同时，不仅能够有效地填充管片与盾尾的间隙，使管片与地层尽快紧密结合，通过不断加深注浆孔，及时对管片周围土体进行注浆加固，可以在一定程度上约束盾构掘进施工对既有地铁车站造成的影响。注浆浆液浓度:水泥浆水灰比为 0.8 : 1，水玻璃浓度为 25 ~ 30 波镁度，水泥浆和水玻璃的体积比为 2 : 1，初凝时间 40s 内。

（a）　　　　　　（b）

图 5-15　洞内补偿注浆现场施工图

（a）、（b）施工现场图

盾构隧道掘进过程中，土体受到剪切变形的影响，易形成空隙和松散区域。通过注浆，可以将这些空隙填充，减少土体的孔隙，增加土体的密实度，从而防止土体沉降。同时，注浆过程中使用的材料固化后可以增加土体的承载力，使其能够更好地承受盾构施工引起的地下应力变化，这有助于减小车站底板因盾构施工而引起的竖向沉降。此外，注浆可以使土体形成一定的胶结，提高土体的整体性能，这有助于分散和传递地应力，减小局部应力集中，从而减缓车站底板的沉降，图 5-16 为洞内补偿注浆加固作用机理。

2. 模型建立

模型整体与未加固工况大体相同，图 5-17 所示为洞内补偿注浆加固区域示意图，为左右线开挖步 9 ~ 开挖步 23 的区间范围内，注浆体厚度为 1.4m，注浆加固区域土体弹性模量为 100MPa。

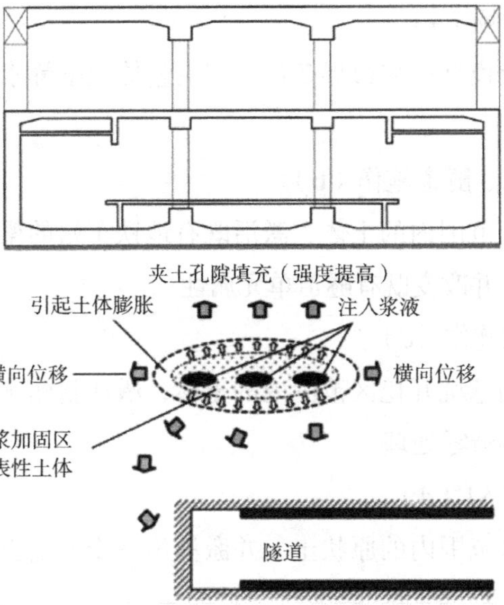

图 5-16　洞内补偿注浆加固作用机理

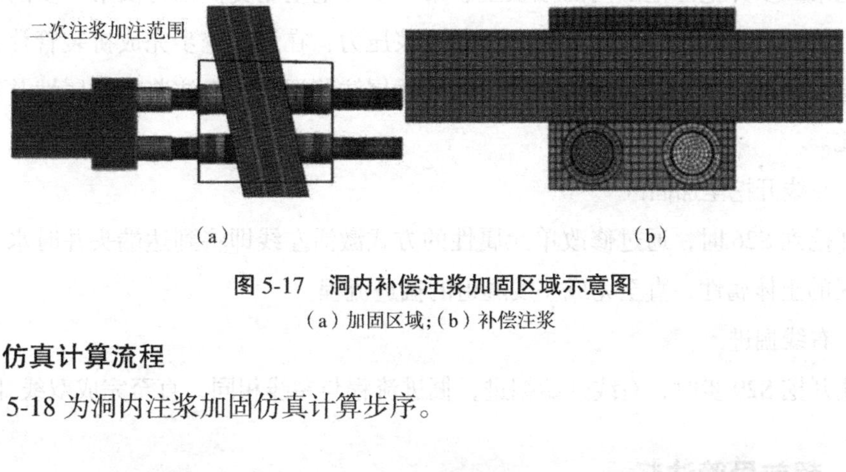

（a）　（b）

图 5-17　洞内补偿注浆加固区域示意图

（a）加固区域；（b）补偿注浆

3. 仿真计算流程

图 5-18 为洞内注浆加固仿真计算步序。

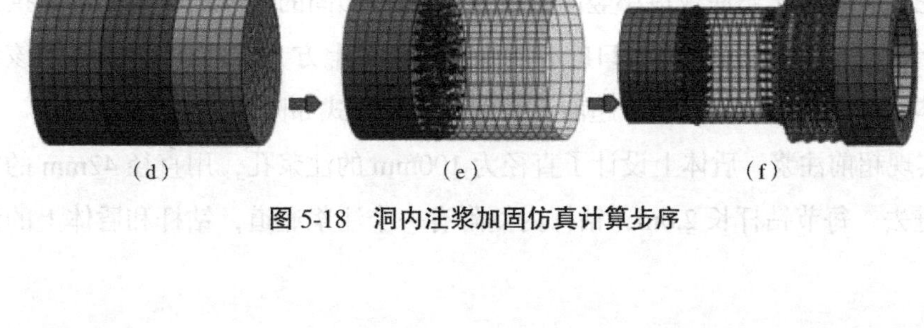

（a）　（b）　（c）

（d）　（e）　（f）

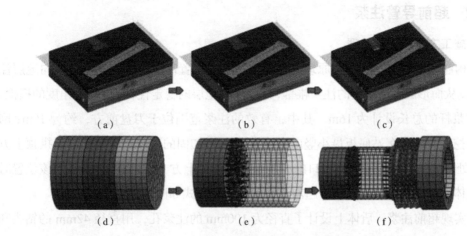

图 5-18　洞内注浆加固仿真计算步序

（1）建立初始应力场（a）

激活地层、自重及模型位移边界条件，定义整体地下静水位，同时进行位移清零处理。

（2）既有地铁车站、隧道施作（b）

钝化既有地铁车站范围内的土体，激活既有地铁车站的梁板柱等结构单元，激活顶板上覆回填土属性，并改变既有隧道单元属性。

（3）新建地铁车站施作（c）

钝化新建地铁车站基坑开挖区范围内的土体，激活新建车站的梁板柱、地墙等结构单元，同时进行位移清零处理。

（4）左线隧道掘进 S1（d）

钝化第一步开挖区范围内的原状土，并激活第一步开挖土舱支护压力及该阶段对应的盾壳属性。

（5）左线隧道掘进 S2（e）（f）

钝化第二步开挖区范围内的原状土、第一步开挖土舱支护压力及第一步的盾壳属性，激活第二步开挖土舱支护压力、盾尾注浆压力，在该开挖步完成拼装管片并激活施加在管片上的顶推力，滞后一个阶段激活盾尾注浆层、二次注浆单元属性并将注浆压力钝化。

（6）左线开挖至加固区

当开挖到 S26 时，通过修改单元属性的方式激活左线即将到达端头井时水平冷冻法加固区的土体属性，直至完成左线隧道的掘进流程。

（7）右线掘进

左线开挖 S29 步时，右线开始掘进，掘进流程与左线相同，直至完成双线开挖。

5.3.2 超前导管注浆

1. 施工方式及作用机理

盾构超前注浆方案的主要原理是在盾构机前端设置注浆管，通过注浆管向地层注入浆液，从而形成一层坚固的注浆帷幕，从而增强地层的稳定性，依据外插角度的模拟，超前注浆杆的总长设计为 16m。其中，有效的注浆范围位于刀盘前方，约为 10m；因隧道开挖区与既有车站底板最小竖向净距 1.475m，加固的最高高度则在隧道拱顶上方 1.45m 处。根据以往经验，出浆口的高度未超过隧道上方 2m，盾构机掘进到该位置时上部土体的加固效果较为显著，超前注浆钻杆布置方式如图 5-19 所示。

为实现超前注浆，盾体上设计了直径为 100mm 的注浆孔，用直径 42mm 的钻头和钻杆钻进去，每节钻杆长 2.0m，钻杆内侧附有一个注浆通道，钻杆和盾体上的注浆口使用法兰盘连接，钻杆与盾体连接方式如图 5-20 所示。

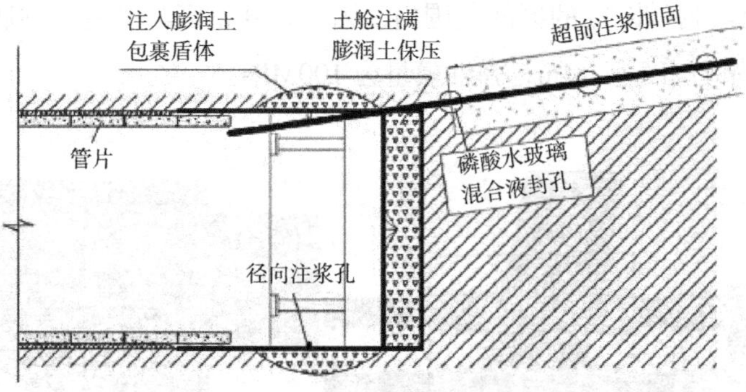

图 5-19　**超前注浆钻杆布置方式**

图 5-20　**钻杆与盾体连接方式**

分段后退式超前注浆是一种土体加固方法，其作用机理是：先用钻机在土体中钻出设计深度的孔洞，然后将 A 液和 B 液混合成浆液，通过管道和钻杆输送到孔底，按照一定的量和压力进行双液注浆，使土体产生裂缝和变形，从而填充浆液增强其稳定性。每注浆一段孔洞，就将钻杆向上提升一定距离，再进行下一段的注浆，注浆流程图如图 5-21 所示。

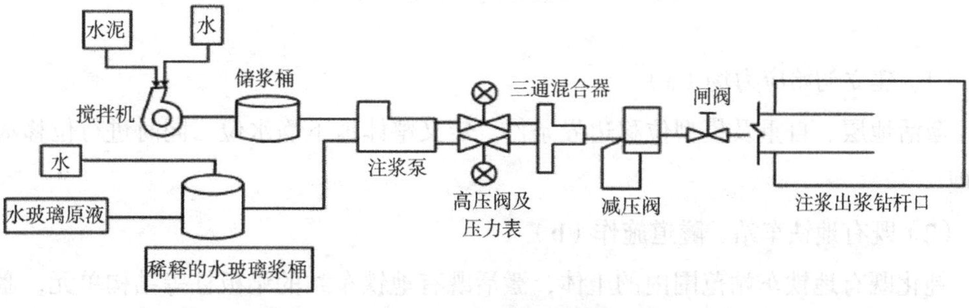

图 5-21　**注浆流程图**

2. 模型建立

模型整体与未加固工况大体相同，如图 5-22 所示为超前注浆加固区域示意图，为左右线开挖步 9 ~开挖步 23 的区间范围内，因隧道开挖区与既有车站底板最小竖向净距 1.475m，加固区厚度为 1.4m，弹性模量为 100MPa。

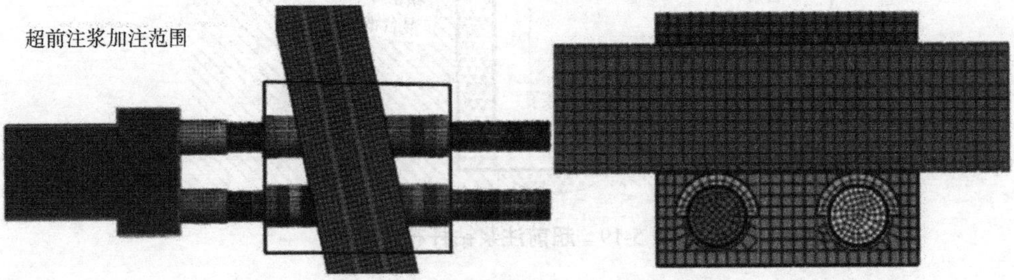

图 5-22 超前注浆加固区域示意图

3. 仿真计算流程

图 5-23 为超前注浆加固仿真计算步序。

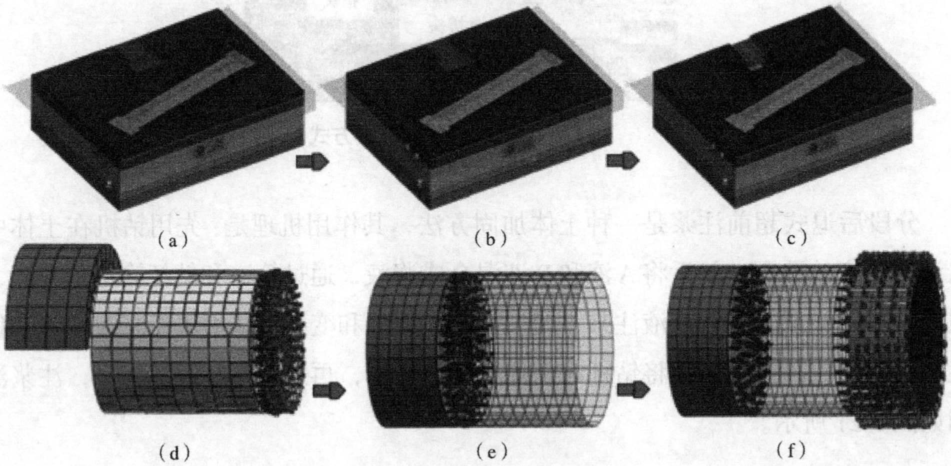

图 5-23 超前注浆加固仿真计算步序

（1）建立初始应力场（a）

激活地层、自重及模型位移边界条件，定义整体地下静水位，同时进行位移清零处理。

（2）既有地铁车站、隧道施作（b）

钝化既有地铁车站范围内的土体，激活既有地铁车站的梁板柱等结构单元，激活顶板上覆回填土属性，并改变既有隧道单元属性。

（3）新建地铁车站施作（c）

钝化新建地铁车站基坑开挖区范围内的土体，激活新建车站的梁板柱、地墙等结构单元，同时进行位移清零处理。

（4）左线掘进 S1（d）

钝化第一步开挖区范围内的原状土，并激活第一步开挖土舱支护压力及该阶段对应的盾壳属性，将下阶段开挖刀盘前上方超前加固土体修改为加固属性。

（5）左线掘进 S2（e）（f）

钝化第二步开挖区范围内的原状土、第一步开挖土舱支护压力及第一步的盾壳属性，激活第二步开挖土舱支护压力、盾尾注浆压力，在该开挖步完成拼装管片并激活施加在管片上的顶推力，滞后一个阶段激活盾尾注浆层属性且将注浆压力钝化。

（6）左线掘进至加固区

当开挖到 S26 时，通过修改单元属性的方式激活左线即将到达端头井时水平冷冻法加固区的土体属性，直至完成左线隧道的掘进流程。

（7）右线掘进

左线开挖 S29 步时，右线开始掘进，掘进流程与左线相同，直至完成双线开挖。

5.4　加固措施计算对比分析

5.4.1　底板累计沉降分析

补偿注浆加固下底板累计竖向位移分布云图如图 5-24 所示，左线盾构开挖至站前，由于土舱压力轻度欠压，既有地铁车站底板靠近刀盘一侧出现超前竖向位移，最大沉降值为 0.51mm，当下穿至车站底板中心处时，最大竖向沉降出现在左线中轴线在底板出的投影位置，值为 1.05mm，随着左线掘进完成，最大竖向沉降所在处随着左线的掘进而发生改变，值为 0.95mm。

随着右线盾构开挖至站前，底板最大竖向位移仍出现在左线中轴线至底板的投影线上，但由于右线开挖造成的超前竖向沉降，最大竖向位移变为 0.96mm，当右线掌子面掘进下穿至底板中部时，由于底纵梁的反弯作用，削弱了左线下穿对底板竖向变形的扰动，最大竖向位移变为 0.89mm，当右线掘进完成，底板最大竖向沉降稳定在 0.93mm。

超前注浆下底板累计竖向位移分布云图如图 5-25 所示，超前注浆加固工况下，由于掌子面前方上部土体形成注浆帷幕，左线下穿前所致的超前竖向沉降缩小至 0.23mm，随左线盾构下穿至底板中部，竖向沉降变为 1.39mm，左线掘进完成后，沉降位移增长至 1.46mm，右线掘进时，相较于二次注浆加固工况，由于双线中心处在底板投影处，也产生了竖向沉降，故对左线下穿造成的扰动相对增强，右线掘进完成时，底板最大竖向沉降稳定在 1.51mm。

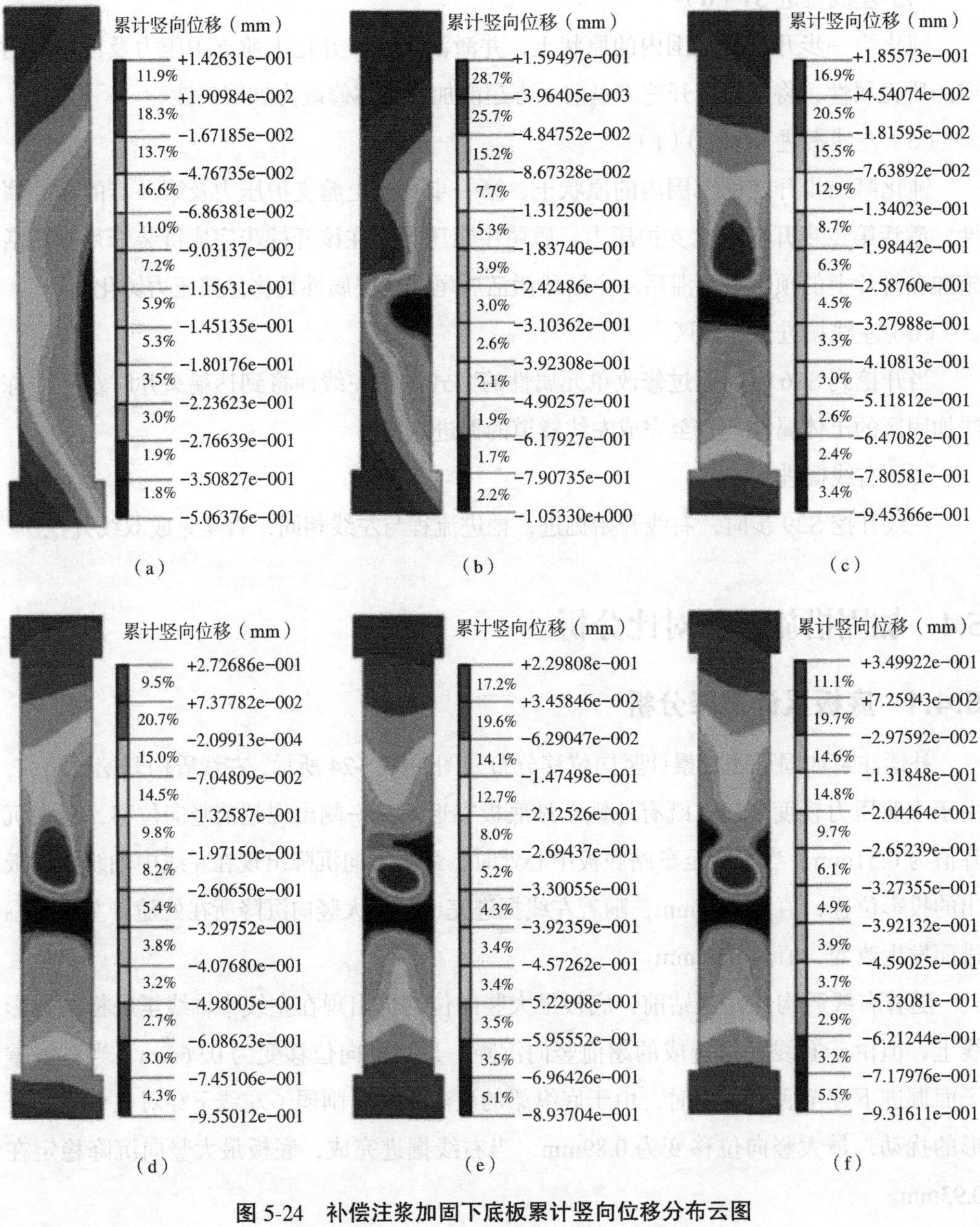

图 5-24　补偿注浆加固下底板累计竖向位移分布云图

（a）左线下穿前；（b）左线下穿至底板中部；（c）左线掘进完成；

（d）右线下穿前；（e）右线下穿至底板中部；（f）右线掘进完成

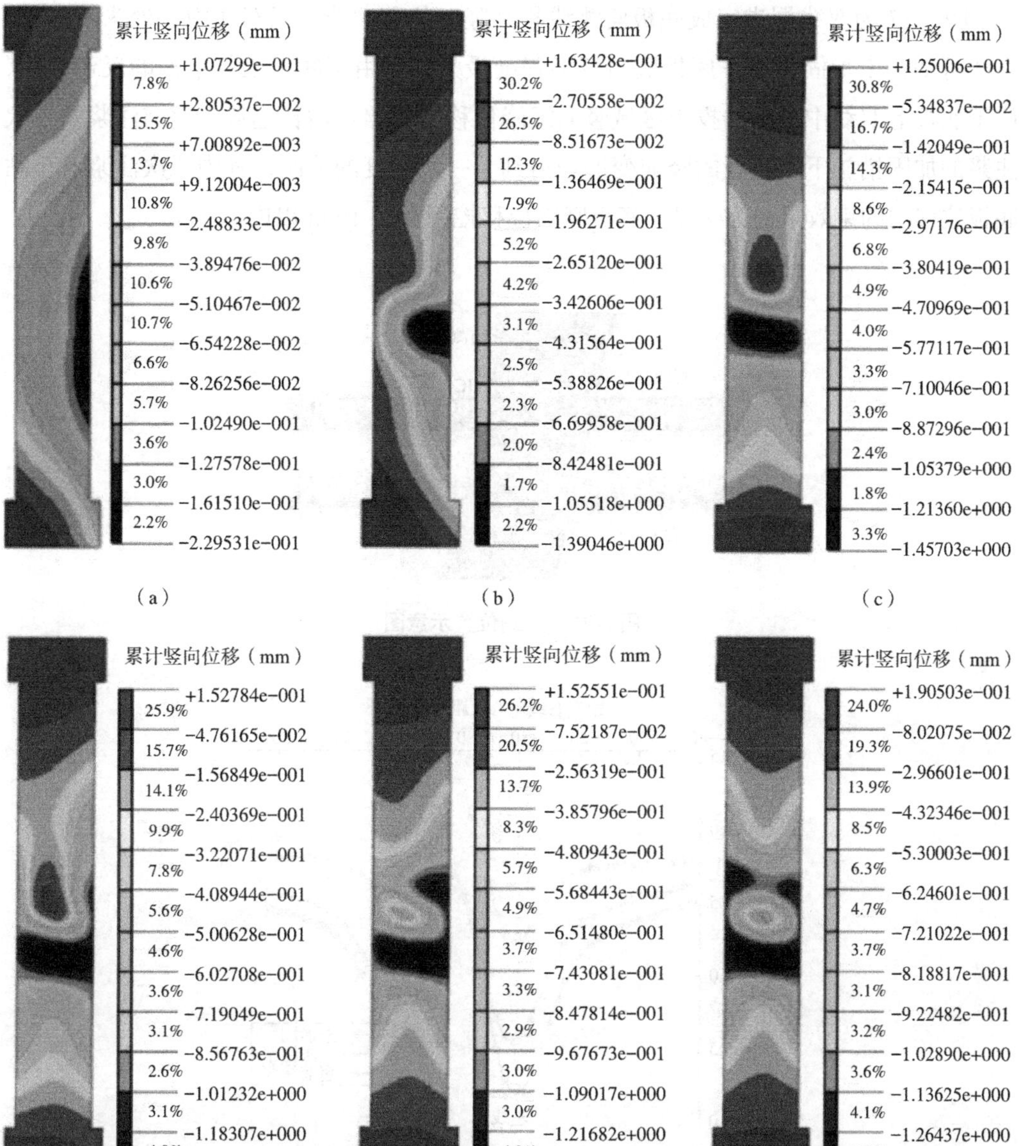

图 5-25　超前注浆下底板累计竖向位移分布云图

（a）左线下穿前；（b）左线下穿至底板中部；（c）左线掘进完成；
（d）右线下穿前；（e）右线下穿至底板中部；（f）右线掘进完成

5.4.2　监测点累计位移分析

为进行定量分析，在底板处设置监测线及监测点，监测线位于底板纵向中心处，测点位于两隧道中轴线在底板上投影位置的中心处，监测位置示意图如图 5-26 所示。

图 5-27 为双线掘进完成底板监测线累计竖向位移曲线，以双线中心处为对称轴，由图可知，未加固工况下底板竖向变形程度最大，且由于底板梁等结构的反弯作用，位于底板上双线中心处的投影区域竖向沉降位移呈现出负增长趋势。超前注浆及二次注浆的加固措施下，底板的竖向变形均得到了一定程度的抑制，其中二次注浆对车站底板位移的约束效果最为明显，底板竖向位移控制在 ±1mm 以内。

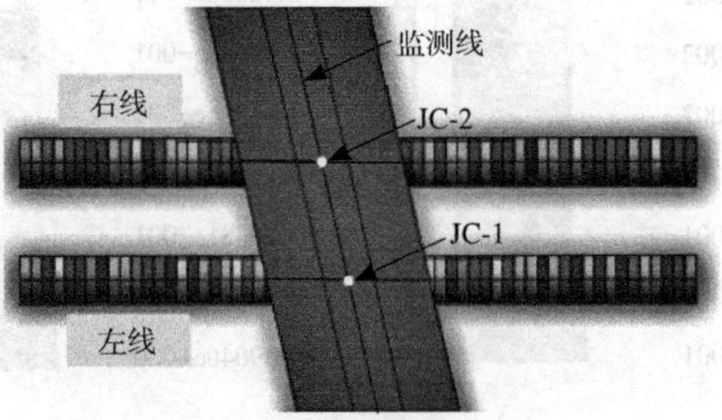

图 5-26 监测位置示意图

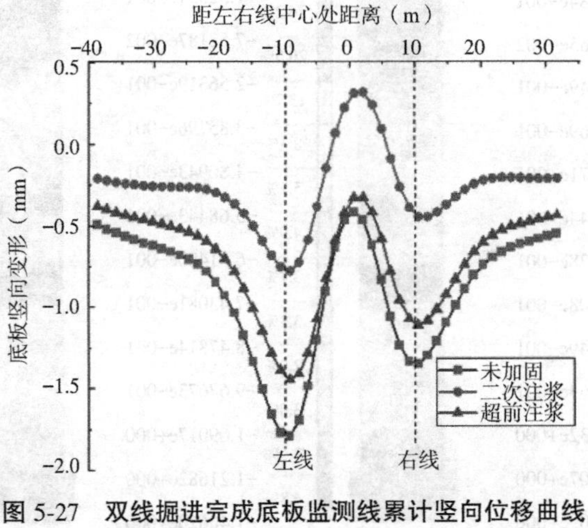

图 5-27 双线掘进完成底板监测线累计竖向位移曲线

如图 5-28 所示为测点累计竖向位移曲线（JC-1），随着盾构掘进，测点累计位移不断变化，不同工况位移演化趋势正相关，在 B 阶段时，不同工况下该测点处累计沉降均达到最大值，分别为 1.97mm、1.61mm、1.09mm，E 阶段后，由于车站整体结构的变形协调能力，测点位移趋势保持稳定。

如图 5-29 所示为测点累计竖向位移曲线（JC-2），在 A 阶段后，由于左线二次注浆加固，测点处因反弯作用出现隆起，D 阶段后逐渐变为沉降，E 阶段该测点处累计竖向位移达到最大值，不同工况下分别为 1.84mm、1.25mm、0.63mm，E 阶段后，由于车站整体结构的变形协调能力，该测点位移趋势保持稳定。

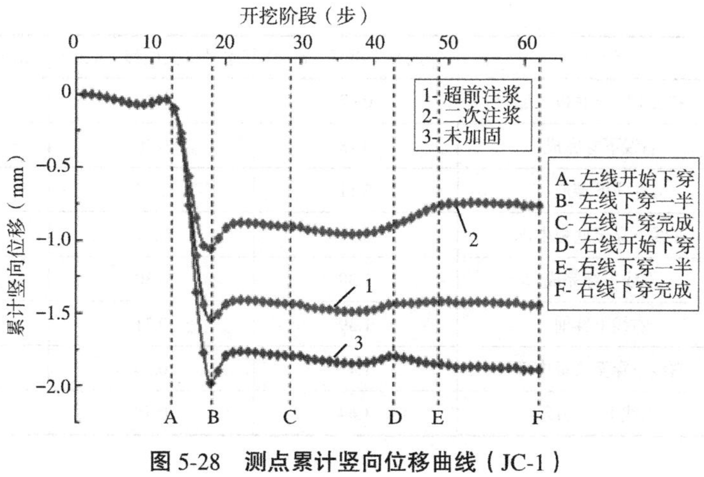

图 5-28　测点累计竖向位移曲线（JC-1）

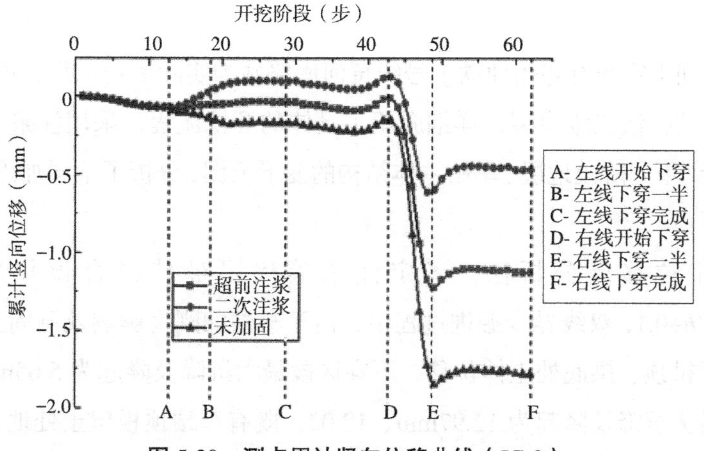

图 5-29　测点累计竖向位移曲线（JC-2）

5.4.3　底纵梁受力变形特征分析

底纵梁变形及受力情况如表 5-5 所示，洞内二次注浆加固下，底纵梁最大竖向沉降、水平位移分别为 0.93mm、0.4mm，最大弯矩为 2298.6kN · m，加固作用较好；而超前注浆加固下，底纵梁最大竖向沉降、水平位移分别为 1.44mm、0.45mm，发生在右线下穿完成时，最大弯矩为 2367.8kN · m，也起到了一定的加固作用。

底纵梁变形及受力情况　　表 5-5

工况	阶段	竖向最大沉降（mm）	水平最大位移（mm）	最大弯矩（kN · m）
二次注浆	左线下穿前	0.15	0.10	1828.3
	左线下穿至底板中部	0.78	0.02	1988.1
	左线下穿完成	0.88	0.23	2275.5
	右线下穿前	0.93	0.27	2278.5

续表

工况	阶段	竖向最大沉降（mm）	水平最大位移（mm）	最大弯矩（kN·m）
二次注浆	右线下穿至底板中部	0.87	0.29	2287.7
	右线下穿完成	0.78	0.40	2298.6
超前注浆	左线下穿前	0.11	0.09	1819.4
	左线下穿至底板中部	0.97	0.01	2018.1
	左线下穿完成	1.38	0.30	2345.1
	右线下穿前	1.39	0.31	2348.4
	右线下穿至底板中部	1.43	0.33	2359.5
	右线下穿完成	1.44	0.45	2367.8

5.5　本章小结

本章以区间下穿既有郑州地铁 1 号线黄河南路站为实际依托工程，根据工程概况，建立了地层 - 结构法三维模型，详细介绍了具体的开挖流程，采用注浆等代层法模拟地层损失，得到不同阶段地层、车站主体结构的变形云图，分析了不同加固措施的作用，主要结论如下：

（1）采用位移反分析法，确定注浆等代层最佳拟合模拟厚度函数为 $d=-(2/313)h+0.1$；双线异步掘进过程中，由于车站的刚度影响及洞周土体应力释放导致的开挖区拱顶、拱底处土体位移，下穿区段最大沉降及隆起为 5.65mm、8.61mm，未下穿区段最大沉降及隆起为 12.97mm、12.02，既有车站顶板覆土处地表最大沉降仅为 1.13mm；端前加固区域，拱顶处最大沉降为 7.94mm，而拱底最大隆起则为 6.29mm，车站刚度对地层位移有显著的约束作用。

（2）左右线掘进完成后，车站主体结构最大沉降分别为 1.99mm、1.84mm，隆起量可忽略不计；左线下穿至底板中心时，地板产生最大累计位移 2.06mm；右线下穿前，底纵梁最大沉降为 1.95mm，右线下穿完成，底纵梁最大水平位移为 0.59mm，右线下穿至底板中心时，底纵梁最大弯矩为 2405.9kN · m。

（3）超前注浆措施下，未下穿前，对由于开挖导致的超前沉降约束效应较好，右线掘进完成时，底板最大竖向累计沉降为 1.51mm，底板交会区域附近以沉降变形为主，最大位移基本控制在 ± 1.5mm 以内，不同掘进阶段底纵梁最大弯矩为 2367.8kN · m。

（4）洞内补偿注浆措施下，最大底板竖向沉降出现在左线下穿阶段，双线掘进完成后底板与双线中心交会区处会造成轻微程度的隆起变形，其对盾构施工造成的底板位移整体控制作用较好，在整个下穿阶段，能将底板竖向累计最大位移基本控制在 ± 1mm 以内，且最大底纵梁弯矩为 2298.6kN · m，可较好地满足施工控制要求。

第6章 侧穿具有高精密仪器的颐和医院门诊楼扰动分析

6.1 侧穿模型建立

6.1.1 数值计算基本假定

本次数值计算有如下假定：

（1）土层与管片衬砌采用实体单元模拟；

（2）建筑物梁、柱、桩采用1D梁单元模拟，楼板采用2D板单元模拟，桩土之间相互作用使用界面单元模拟；

（3）根据本区间工程实际勘察报告，对地层进行相应简化处理，假定地层均是各向同性材料，且呈层状均质水平分布；

（4）假定新建隧道在盾构施工时，既有建筑物长期使用其物理力学参数的影响不考虑；

（5）不考虑地表路面车载的影响；

（6）不考虑特殊情况的影响。

6.1.2 结构参数与网格划分

1. 结构参数

根据现场地质补充勘测报告，选取区间土层材料物理力学参数，如表6-1所示，区间结构材料物理力学参数如表6-2所示。

区间土层材料物理力学参数 表6-1

材料	厚度（m）	重力密度（kN/m^3）	弹性模量（MPa）	泊松比	黏聚力	内摩擦角（°）
人工填土	4.4	17.8	18.0	0.33	6.5	13
黏质粉土	4.8	18.4	30.0	0.35	16.8	24
粉质黏土	1.6	18.7	33.5	0.36	17.5	24

续表

材料	厚度（m）	重力密度（kN/m^3）	弹性模量（MPa）	泊松比	黏聚力	内摩擦角（°）
细砂	5.9	20.0	34.5	0.35	3.0	28
粉质黏土	17.2	19.5	34.8	0.36	28	19
黏质粉土	3.7	19.4	32.0	0.35	13	25
粉质黏土	13.1	19.9	35	0.34	26.8	26

区间结构材料物理力学参数 表 6-2

材料	厚度（m）	重力密度（kN/m^3）	弹性模量（MPa）	泊松比	模型类型
盾壳	0.06	78.5	2.08E5	0.2	弹性
注浆层	0.1	22.5	1000	0.3	弹性
管片	0.35	24	3.25E4	0.3	弹性
梁、板、桩	—	25	3E4	0.25	弹性
柱	—	25	3.15E4	0.25	弹性

2. 模型尺寸与网格划分

根据郑州地铁 12 号线儿童医院站—黄河南路站区间段侧穿具有高精密仪器的颐和医院门诊楼的实际工程、水文地质勘察情况，采用 Midas GTS NX 软件分别建立新建隧道的左、右线与颐和医院门诊楼框架结构相应有限元模型，根据圣维南原理，在盾构掘进开挖过程中，对周围的土体影响集中在 3 ~ 5 倍外径影响范围之内，此范围外土体由于受影响较小，一般不做研究。在隧道下穿盾构施工的过程中，模型的建立对于结果趋势、变化等有重要的影响。一般来说，隧道盾构施工对于新建隧道下方土层的变化并不需要过多关注，在施工中主要关注容易发生安全隐患的区域，这个区域往往是隧道上方的既有构筑物以及地层性质等，因此对于隧道下方的土层不必过多地保留，以节约计算时间。对隧道下穿车站的区间的土层简化成长方体，由于地铁隧道盾构施工对周边土体存在较大的影响，而在垂直于地表的方向上，地铁隧道对上方土体的影响大，对隧道下方的土体影响较小；已知两隧道外径均为 6.2m，为减少边界效应的影响，同时考虑模型计算速度，因此本模型尺寸为：210m（X 方向）× 290m（Y 方向）× 50m（Z 方向），模型共 302037 个节点，553411 个单元。根据区间隧道地勘报告及盾构选型等资料，确定管片外径为 6.2m，管片幅宽 1.5m，厚度为 0.35m，而由于盾构机内部管片拼装机之前盾体长度约为 6m，为精准模拟未衬砌管片区段长度与此同时减少模型运算消耗时间，因此在模拟盾构掘进过程中便设定左、右线同步掘进，并以 6m 作为开挖的循环进尺来进一步模拟隧道开挖、管片安装、盾尾注浆等具体施工步骤，图 6-1 为新建隧道与门诊楼框架结构正、侧立面关系，图 6-2 为模型整体结构示意图。

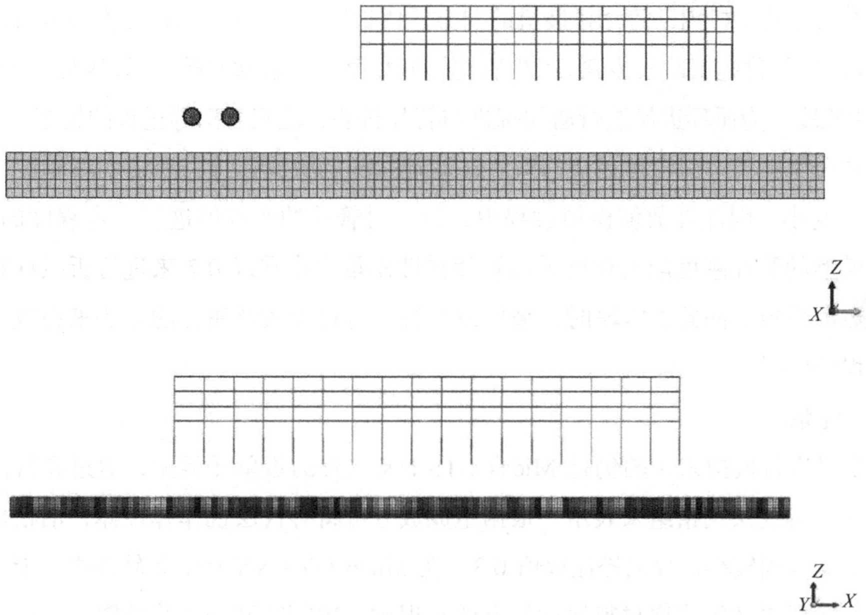

图 6-1　新建隧道与门诊楼框架结构正、侧立面关系

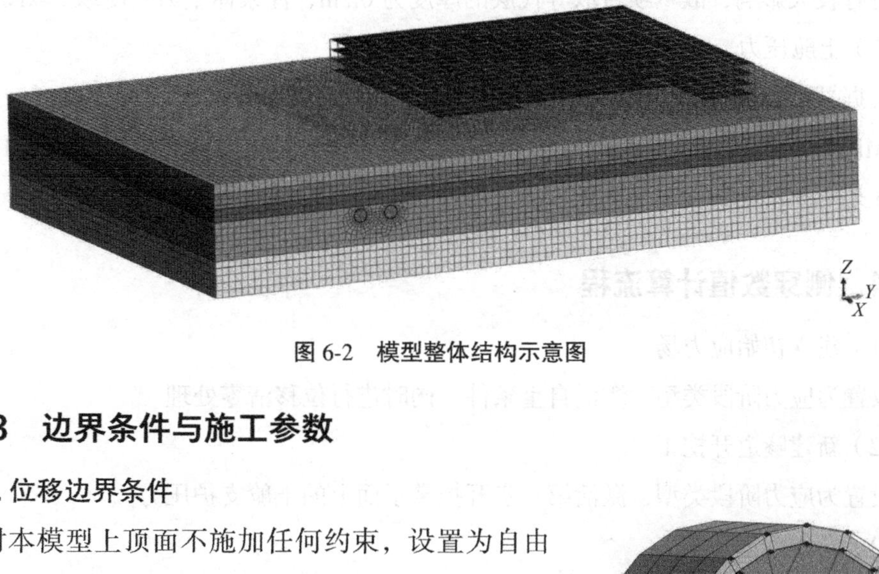

图 6-2　模型整体结构示意图

6.1.3　边界条件与施工参数

1. 位移边界条件

对本模型上顶面不施加任何约束，设置为自由表面；对于模型四周侧面，设置位移约束；对于模型下底面，则设置为固定铰约束。

2. 施工参数

（1）管片

管片模拟采用实体单元，如图 6-3 所示，管片外径为 6.2m，内径为 5.5m，厚度为 350mm，管片衬砌材料采用的是 C50 混凝土材料，每一环的长度为

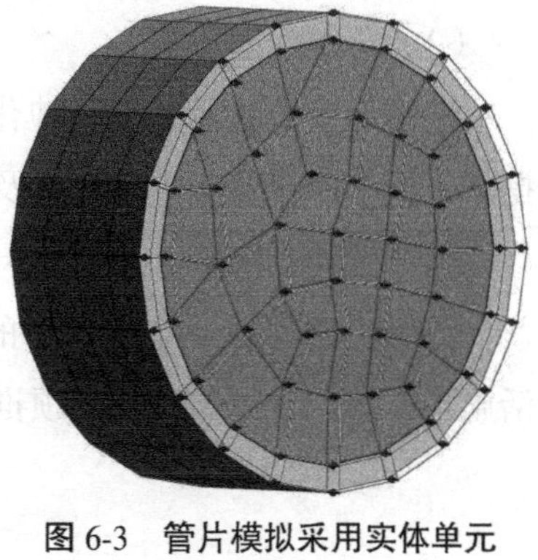

图 6-3　管片模拟采用实体单元

1.5m，但由于盾构机内部管片拼装机的前方盾体长度约为 6m，为精准模拟未衬砌管片区段的长度，简化施工阶段步骤，减少盾构模型数值模拟运算消耗时间，因此以 6m（即 4 环管片长度）为循环进尺进行盾构掘进与管片拼装、注浆衬砌等过程的模拟。

考虑管片拼接过程中存在块与块、环与环之间的螺栓连接，所以实际刚度会比理论刚度值变小，因此在数值模拟过程中，通常对管片的刚度值进行一定程度的折减。本计算模型的管片刚度削弱程度采用管片弹性模量大小乘以 0.7 来进行折减计算。此外，在数值模拟不同施工阶段时，采用改变管片材料参数及属性的方法来完成对管片拼装过程的模拟。

（2）注浆层

本项目进行模拟采用的仍是 Midas GTS NX 内置的板单元类型，通过在管片外表面析取生成等代层网格组来表示。根据组成成分可将等代层视作弹性体，泊松比对地层变形影响范围较小，故泊松比取值 0.3。在 Midas GTS NX 有限元软件中，能够在不同的施工阶段更替等代层材料属性的方法实现对盾尾间隙同步注浆的模拟，硬化后弹性模量取 1000MPa。注浆层的厚度往往根据盾构机直径与管片直径确定，同时土层性质对其也有较大影响，故本项目取等代层的厚度为 0.2m，注浆体重力密度取 24kN/m^3。

（3）土舱压力

根据式（4-2）和式（4-3）确定本次数值模拟的土舱中心轴线上压力大小为 0.175MPa，有限元软件 Midas GTS NX 中建立与土体深度 h 有关的线性函数 p=13.4h−12.283 来对掌子面所受土舱支护压力进行模拟。

6.1.4 侧穿数值计算流程

（1）建立初始应力场

设置为应力阶段类型，激活自重条件，同时进行位移清零处理

（2）新建隧道开挖 1

设置为应力阶段类型，激活第一步开挖掌子面上的土舱支护压力。

（3）新建隧道开挖 2

设置为应力阶段类型，钝化第一步开挖掌子面上的土舱支护压力，激活第二步开挖掌子面上的土舱支护压力以及施加在第一步拼装管片上的顶推力。

（4）循环开挖步 2、开挖步 3 直至完成模型隧道的开挖。

需要注意的是开挖步 2 中的管片顶推力需要在下一开挖步中进行钝化处理，并激活施加在第二步拼装管片上顶推力，依此类推。

6.2 地表及门诊楼扰动分析

6.2.1 初始计算模型求解

初始地应力求解。

选取在初始地层状态下左线待开挖掌子面围岩的拱顶、右侧拱腰、拱底三个位置的节点进行总应力和有效应力的标记，其中总应力在标记的三处分别为 207.543kPa、250.625kPa 和 293.445kPa。计算得，对应三个位置节点的总应力分别为 214.725kPa、256.685kPa 和 296.335kPa，对比发现计算结果与数值模拟结果基本吻合，证实了模拟软件计算的可靠性，同时由云图的分层状态可以看出总应力大小是随埋深增大而逐渐增大的，图 6-4 为初始应力分布云图。

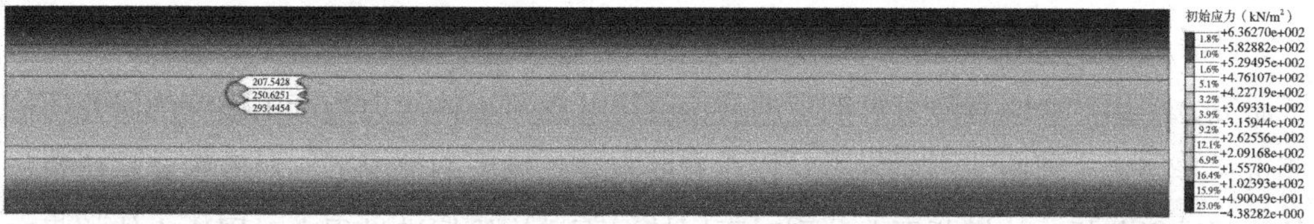

图 6-4　初始应力分布云图

6.2.2 土体应力变形场演化规律

1. 应力分布演化规律

为便于直观描述，特作出如图 6-5、图 6-6 所示分析横、纵断面位置的布置设定，设定与 Y 轴垂直的分析纵断面 A、B、C，分别位于左线中心、右线中心以及左右线中心连接线的中心处，另设置与 X 轴垂直的分析横断面 a、b、c、d、e，分别位于盾构穿越建筑物前 30m、盾构即将开始穿越建筑物、盾构穿越到建筑物纵向跨度的一半、盾构即将完成穿越建筑物和盾构穿越建筑物后 20m。

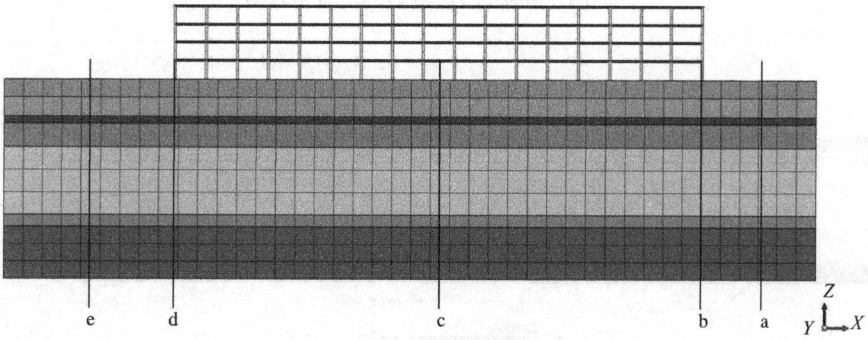

图 6-5　分析横断面位置

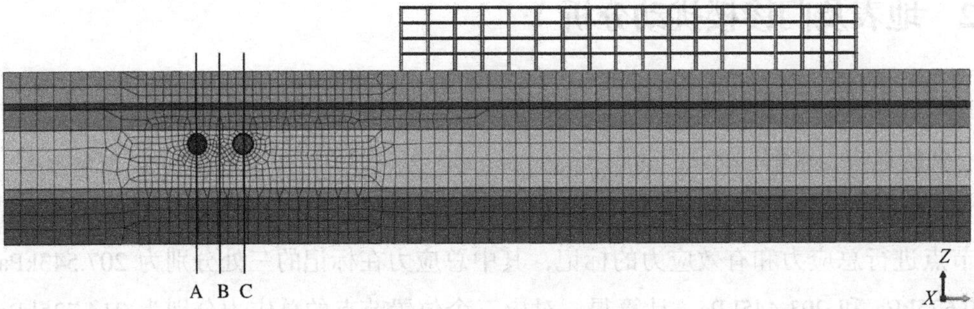

图 6-6　分析纵断面位置

盾构机掘进开挖改变了土体边界条件使土体产生扰动，进而土体稳定性改变产生位移，而位移的产生便源自应力场分布特征的改变，因而有必要对应力场分布规律作出分析。

目前，已经有诸多学者对盾构隧道开挖对土体各方向应力场分布规律的影响作出了研究，然而对在既有隧道影响下的盾构隧道开挖对土体应力场产生影响的研究还需要进一步探索。因此，本项目将对比在有既有建筑物影响情况下，对盾构穿越建筑物的过程进行分析，从横断面上分别对不同情况下盾构机掘进过程中对周边土体的竖向应力场及既有建筑物应力及扰动倾斜影响作出具体的分析与评价，初始应力（b 截面）、（c 截面）、（d 截面）分布云图如图 6-7 ~ 图 6-9 所示。

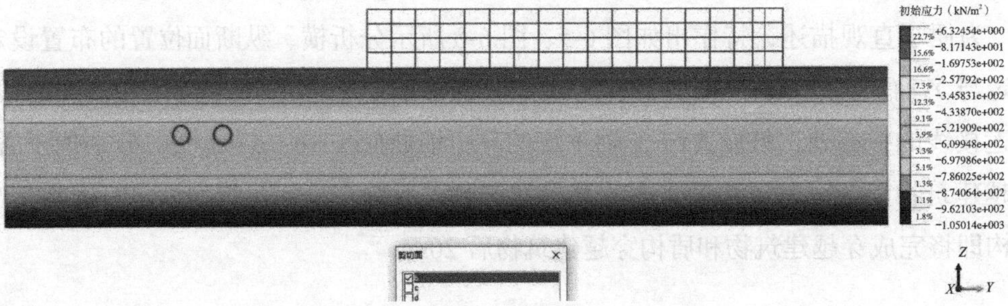

图 6-7　初始应力（b 截面）分布云图

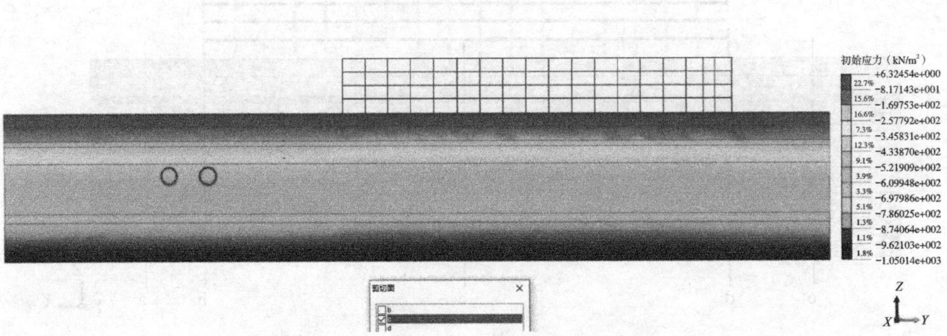

图 6-8　初始应力（c 截面）分布云图

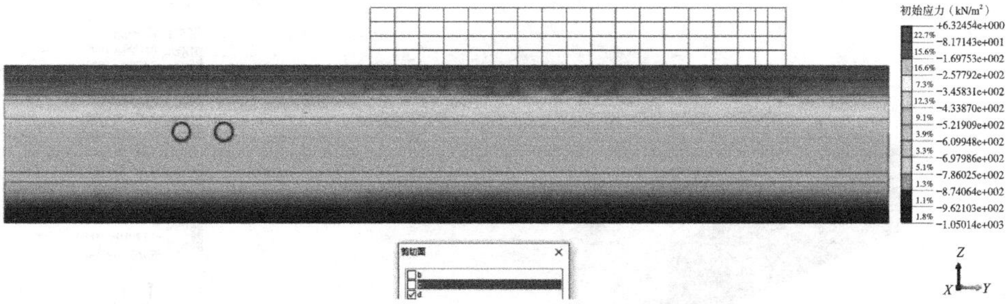

图 6-9　初始应力（d 截面）分布云图

2. 竖向变形分布演化规律

根据实际的工程背景，此次模拟的是隧道侧穿颐和医院门诊楼，模型中的隧道长度为 210m，从初始位置 0 开始开挖，选取的横断面分别为左线开挖至建筑物前 10m、左线即将侧穿建筑物时、左线穿越建筑物纵跨的一半时、左线完全穿越建筑物时、左线开挖完成时以及右线开挖至建筑物前 10m、右线即将侧穿建筑物时、右线穿越建筑物纵跨的一半时、右线完全穿越建筑物时、右线开挖完成时共八个阶段的地表位移云图，不同开挖阶段整体竖向位移分布云图如图 6-10 ~ 图 6-19 所示。

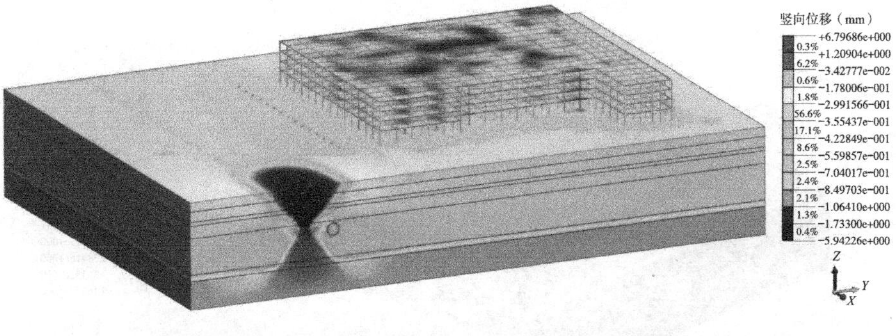

图 6-10　左线开挖至建筑物前 30m 时模型竖向位移分布云图

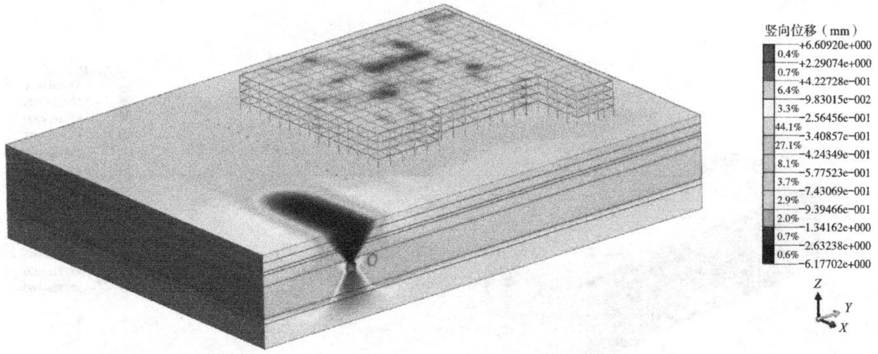

图 6-11　左线开挖至即将侧穿建筑物时模型竖向位移分布云图

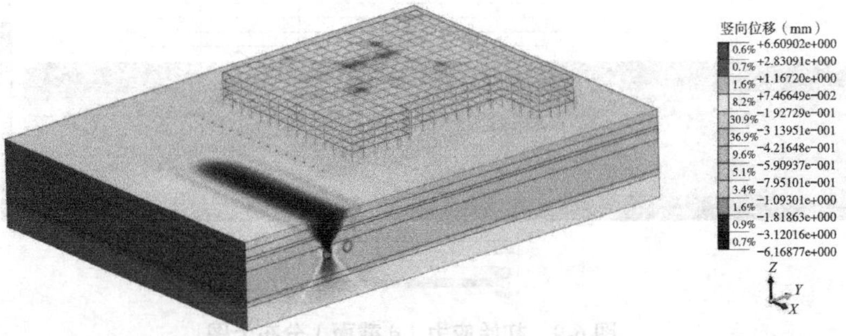

图 6-12　左线开挖至穿越建筑物纵向跨度一半时模型竖向位移分布云图

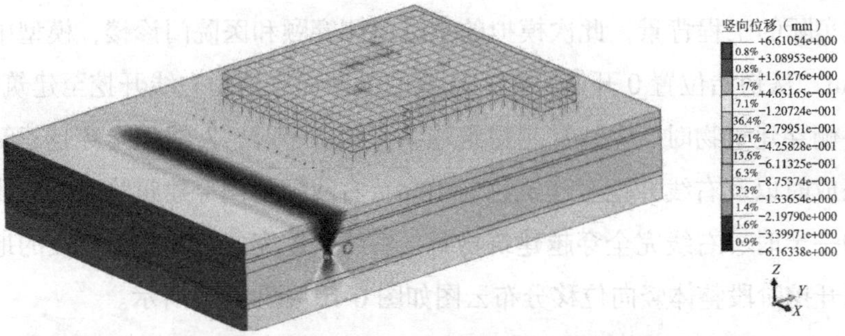

图 6-13　左线开挖至完全穿越建筑物时模型竖向位移分布云图

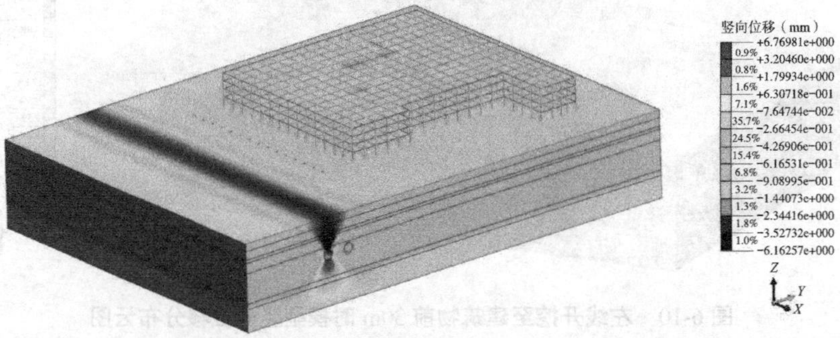

图 6-14　左线开挖完成时地表模型竖向位移分布云图

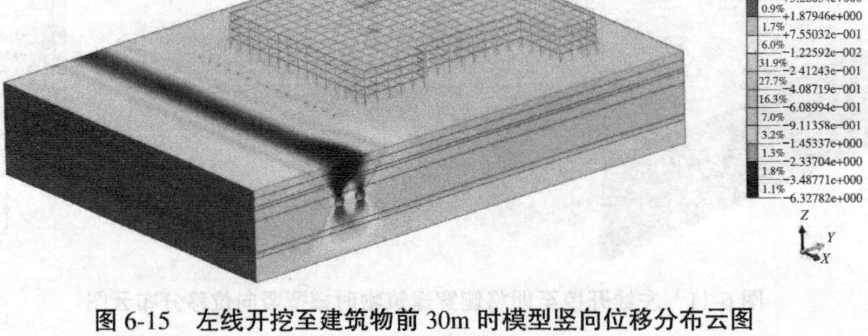

图 6-15　左线开挖至建筑物前 30m 时模型竖向位移分布云图

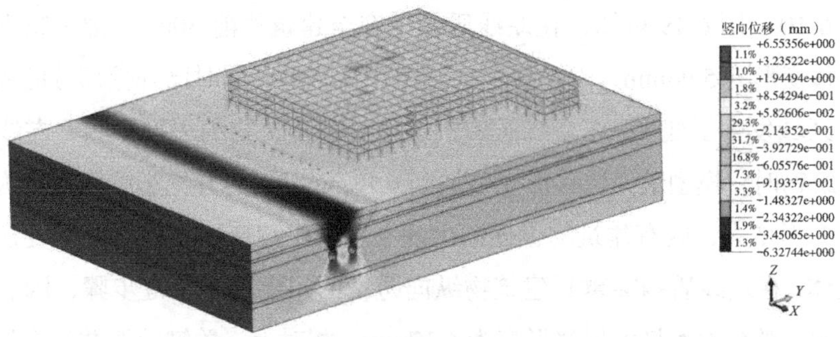

图 6-16　左线开挖至即将侧穿建筑物时模型竖向位移分布云图

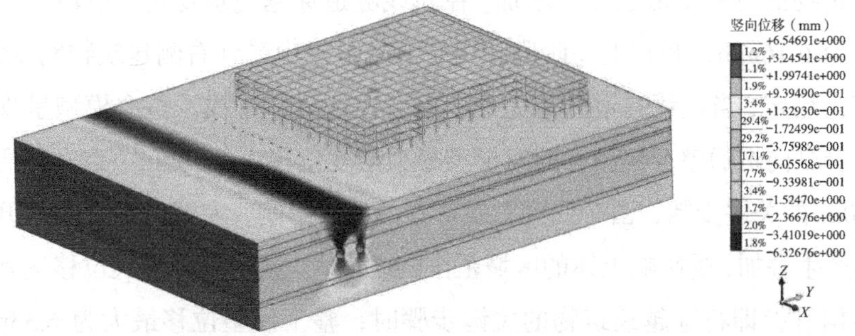

图 6-17　右线开挖至穿越建筑物纵向跨度一半时模型竖向位移分布云图

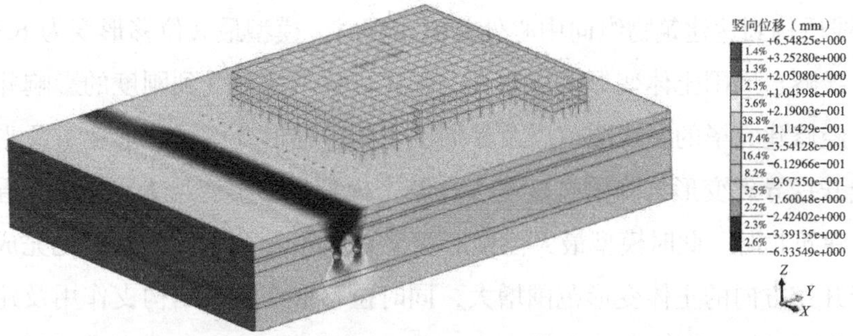

图 6-18　右线开挖至完全穿越建筑物时模型竖向位移分布云图

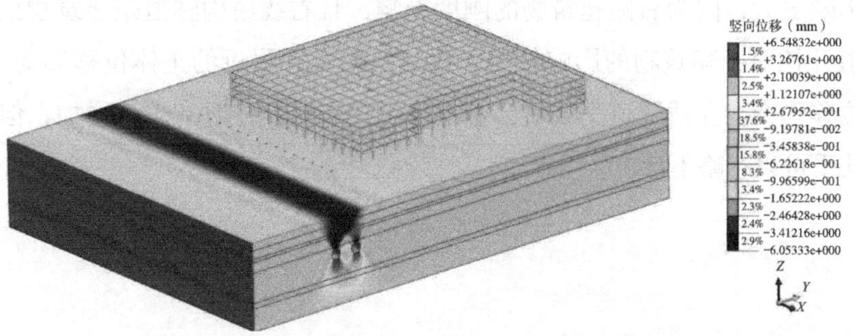

图 6-19　右线开挖完成时模型竖向位移分布云图

由图 6-10 ~ 图 6-19 可知，在左线盾构下穿至建筑物前 30m 关键步骤中，整个模型最大位移变形为 5.94mm，发生在左线隧道拱顶附近，同时已开挖部分的周围土体也有小部分区域发生了变形；在左线盾构机即将穿越建筑物的关键步骤，左线盾构机刀盘邻近建筑物时，模型最大位移形变增加到 6.18mm，同时开挖影响区域增大，上部土体的位移变形增大，既有建筑物也逐渐出现了轻微位移变形，但主要形变还集中在隧道周围土体；在左线盾构穿越到建筑物纵向跨度的一半这个关键步骤，因右侧建筑物的刚度影响，整个模型最大位移形变为 6.17mm，相对上一关键阶段并没有发生较大改变，且变形依旧主要集中在左线隧道拱顶处及周围土体，并且土体两边的位移形变较小，而建筑物的位移变形也有所增加；在左线隧道穿越建筑物这一阶段，整体模型最大位移变为 6.16mm，相较上一阶段，由于开挖过程中受到右侧建筑物刚度约束影响，其趋势较为稳定；当左线隧道开挖完成，沿着左线隧道中线，整个模型呈现出一条形变带，沿着纵向贯通整个模型，此时模型最大形变位移为 6.16mm；在右线盾构到达建筑物前 30m 的关键步骤，由于受到右线隧道的施工影响，左线开挖及右线开挖造成的沉降区域产生叠加，受影响土体的区域范围随之增大，整个模型最大位移达到 6.33mm；当右线盾构开挖即将穿越建筑物的关键步骤时，整个模型位移最大为 6.33mm，因右侧存在刚度较大的建筑物，相对于上一阶段没有明显变化，但是由于土体的扰动影响，随着右线隧道的掘进开挖，建筑物的位移形变区域有所增大，土体变形区域也随之增大；在右线盾构到达建筑物纵向中心处关键步骤时，模型最大位移形变为 6.33mm，建筑物及右线隧道周围土体变形区域增大，土体位移形变量受到刚度的影响并无较大改变，而已经修建完毕的左线隧道以及其周围土体位移形变区域和形变量几乎没有再改变，右线开挖导致变形沉降槽宽度增大，整个模型位移形变增大；当右线盾构施工到完全穿越建筑物时，此时模型最大位移形变量 6.34mm；当有限盾构开挖完成时，建筑物和沿着开挖方向的土体变形范围增大，同时位移形变量因结构支作用及建筑物和土体的相互作用下也有所减小，达到 6.05mm，而整个模型的形变带增宽并贯穿模型，由隧道开挖始发点，沿着隧道开挖方向，形成一条宽而长的位移形变带。可以看出，左线施工影响更大，因为右侧建筑物的刚度影响，且右线盾构隧道距建筑物接近，因此右线隧道开挖对于建筑物的影响较小，由建筑物及其附近的土体位移形变对比可知，此区域位移形变在左线隧道完成后已基本稳定，右线开挖时有少许增加，但增加的量和范围几乎可以忽略不计。

6.3　管片受力变形特征分析

6.3.1 管片变形分析

针对盾构隧道开挖时衬砌管片不同方向上变形规律的分析，因新建盾构隧道右线第 24 环管片位于与位于既有建筑物纵向跨 Y 方向截面最近位置，与既有建筑物间距最短，故选取该环衬砌管片作为研究对象来进一步分析管片随盾构隧道开挖所呈现出来的横向（X 方向）与竖向（Z 方向）位移分布规律。由于盾构右线的第 24 环管片是在开挖步 53 完成后才安装完成的，故只对开挖步 53 ~ 开挖步 56 过程呈现的变形规律进行分析评价。

在盾构右线第 24 环衬砌管片拼装完成后，因管片前端与前方第 23 环管片的后端相抵，第 24 环管片前端的竖向挤压变形相对后端较小，同时第 24 环管片整体呈抬升状态，因此在管片拱顶的前端竖向表现为隆起，后端表现发生沉降，最大沉降值 2.769mm，拱底则均表现为隆起，隆起值由管片前端向后端逐渐增大，后端最大值 3.112mm，而两侧拱腰也在 Z 方向上均呈现向上的隆起，数值约在 0.7 ~ 2mm 范围内。在 Y 方向上主要发生在拱腰，两侧拱腰均向外凸起，凸起程度由管片前端向后端递增，左、右两侧拱腰的最大水平位移分别是 0.13mm 与 3.949mm，相差较大，这是由于右线开挖距离右侧整体刚度较大的建筑物较为接近，开挖过程中受到刚度的影响。随着盾构机继续向前掘进，不同开挖阶段管片变形分布云图如图 6-20 所示，管片在 Z 方向开始呈现整体隆起状态，且隆起逐渐增大，为避免竖向挤压变形干扰，可以从两侧拱腰 Z 向位移变化规律中发现竖向隆起程度明显增大，拱腰处由最初约为 0.9mm 至开挖完成后已达 3mm，而由拱顶、拱底 Z 向最大位移值也能看出竖向挤压变形始终约为 5.7mm。同时，管片在 Y 方向上挤压变形也始终约 5.94mm，无明显变化，但管片在 Y 方向上始终存在左侧微量偏移，开挖步 12 完成时约为 0.4mm，开挖完成后达到 2.3mm 左右，呈微量递增。

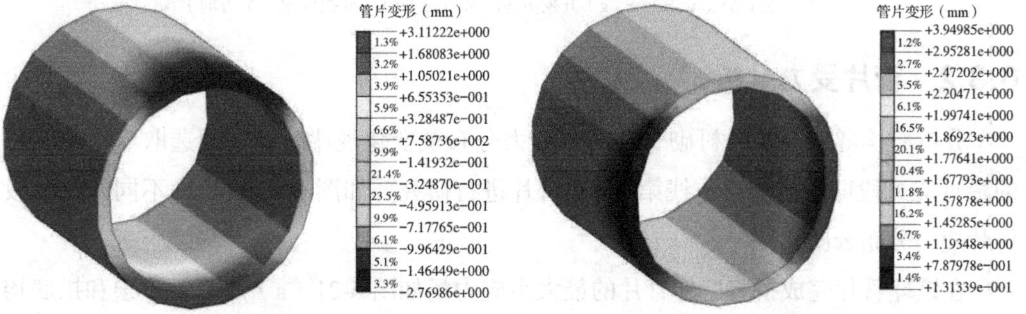

（a）　　　　　　　　　　（b）

图 6-20　不同开挖阶段管片变形分布云图（一）

（a）开挖步 53（Z 方向）;（b）开挖步 53（Y 方向）;

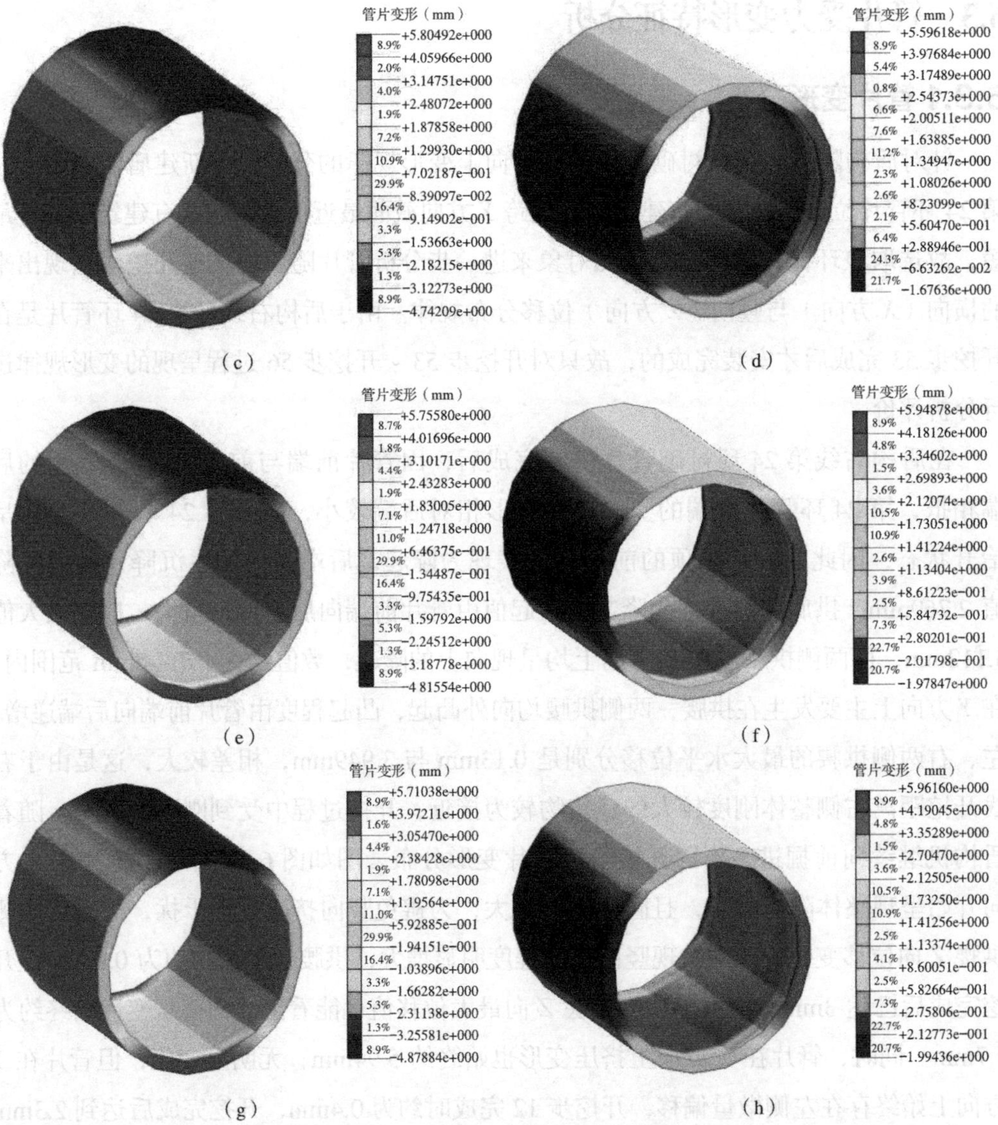

图 6-20　不同开挖阶段管片变形分布云图（二）

（c）开挖步 54（Z 方向）；（d）开挖步 54（Y 方向）；（e）开挖步 55（Z 方向）；
（f）开挖步 55（Y 方向）；（g）开挖步 56（Z 方向）；（h）开挖步 56（Y 方向）

6.3.2　管片受力分析

分析盾构隧道开挖时衬砌管片的主应力分布及变化规律时，同理选取与既有隧道的最近交叉段即盾构隧道右线第 24 环管片进行研究，如图 6-21 所示为不同开挖阶段管片应力分布云图。

在该环管片完成拼装后，管片的最大主应力场如图 6-21（a）所示，拱顶和拱底均在内侧为拉应力区域，外侧为压应力区域，而两侧拱腰相反，拉应力区域位于管片外侧。最大拉应力与最大压应力都在管片后端底部取得，分别为 2.99MPa 和 0.43MPa。

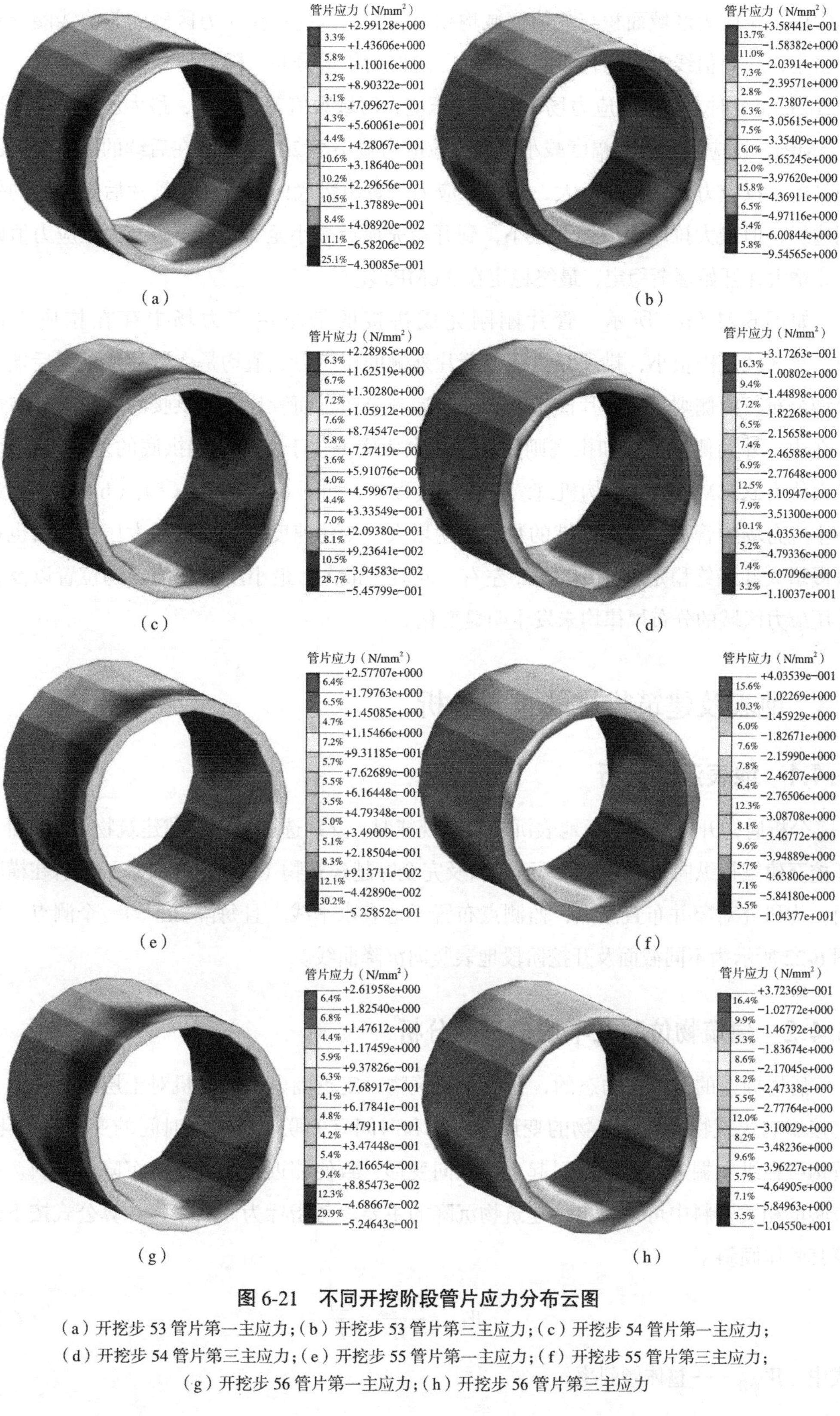

图 6-21　不同开挖阶段管片应力分布云图

（a）开挖步 53 管片第一主应力；（b）开挖步 53 管片第三主应力；（c）开挖步 54 管片第一主应力；
（d）开挖步 54 管片第三主应力；（e）开挖步 55 管片第一主应力；（f）开挖步 55 管片第三主应力；
（g）开挖步 56 管片第一主应力；（h）开挖步 56 管片第三主应力

其中由于拉应力区域面积与数值值域均相对较大，因此在拉应力区域的等值线圈分布较密集，且等值线中心均位于管片后端，向四周扩散分布。随着盾构机继续开挖，到图 6-21（c）时，最大主应力场中管片的压应力区域数值普遍增加，最大压应力增大至 0.55MPa，拉应力数值小幅度减小，最大拉应力减小至 2.29MPa。在后续的图 6-21（e）（g）中，拉应力区域持续扩大，最大拉应力位置由拱底内侧变化至管片后端拱底的外侧边缘，但最大拉应力值逐渐减小，到开挖完成后减小至 2.62MPa，最大压应力值则停止增大并开始逐渐稳定，最终稳定在 2.6MPa 左右。

如图 6-21（b）所示，管片刚刚完成拼接的最小主应力场中存在拉应力区域，且区域范围很小，拱顶与拱底处管片外侧的压应力数值均是由管片前端至后端呈递增分布，内侧则是由管片前端至后端呈递减分布，而管片两侧拱腰的压应力分布规律在内、外两侧与拱顶和拱底则相反。最大压应力位于管片后端拱底的外侧边缘处，最大值为 9.55MPa。在盾构机继续开挖的过程中，如图 6-21（d）、（f）、（h）所示，最小主应力场中管片压应力区域的数值普遍增大，变化速度缓慢，且最大压应力值也在缓慢增大并最终稳定在 10.45MPa 左右。同时，最大、最小压应力值点的位置以及管片压应力区域的分布规律均未发生明显变化。

6.4 地表及建筑物扰动过程分析

6.4.1 地表沉降分析

分析盾构开挖时横断面地表沉降分布规律时，分别选取即将穿越建筑物（b 断面）、开挖至建筑物纵向中心处（c 断面）以及完全穿越建筑物（d 断面）时掌子面所在横断面作为研究对象并布置测点，监测点布置于地表水平线上且每隔 2m 为一个测点。如图 6-22 所示为不同截面及开挖阶段地表竖向沉降曲线。

6.4.2 建筑物位移及不均匀沉降分析

盾构掘进的过程是动态的，在距离建筑物一定范围内，盾构机对土层的扰动也会间接影响建筑物，且建筑物的变形沉降是和时间有关联，会随着时间的变化而变化。盾构机在纵向掘进的时候，引起土层纵向变形，致使邻近建筑物发生沉降或倾斜。从查阅的相关资料中可以得出，建筑物沉降的主要参考指标为倾斜率，计算公式按下式算其整体倾斜率：

$$W_{整体} = \frac{\Delta D_{\max}}{H} = \frac{\Delta S}{L} \tag{6-1}$$

式中 $W_{整体}$——整体倾斜率；

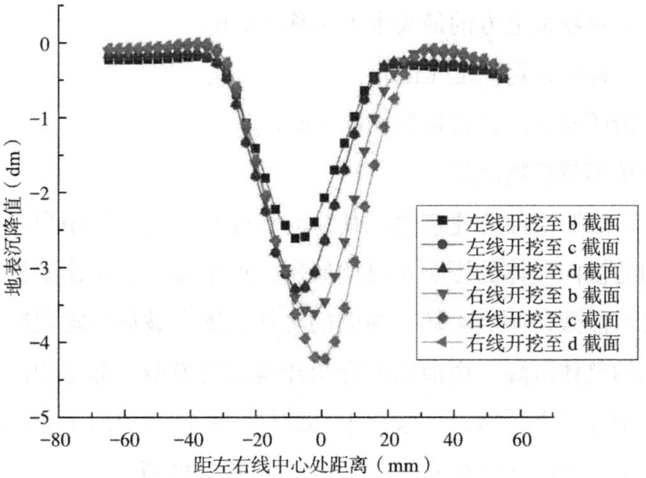

（a）

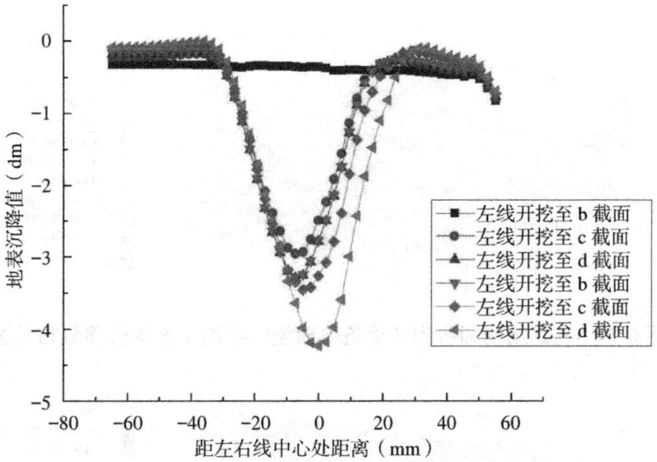

（b）

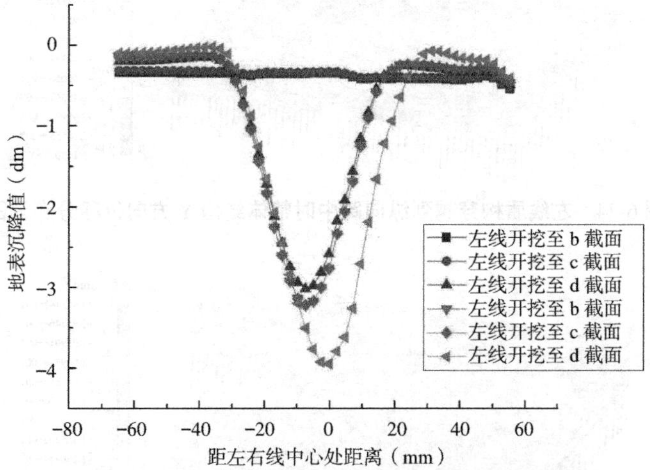

（c）

图 6-22　不同截面及开挖阶段地表竖向沉降曲线

（a）b 断面处不同开挖步地表沉降曲线；（b）c 断面处不同开挖步地表沉降曲线；（c）d 断面处不同开挖步地表沉降曲线

ΔD_{max}——建筑物最上方的最大水平位移（mm）;

H——目标建筑物高度（m）;

L——沿倾斜方向建筑物的长度（mm）;

ΔS——单侧建筑物沉降。

本节模拟的是框架结构的建筑物，其纵向长度与横向长度相当，盾构隧道的纵向施工，对建筑物的横向墙体的影响是纵向倾斜，产生裂缝，对建筑物纵向墙体的影响是发生横向倾斜可能致使倾倒破坏，横向的破坏比纵向破坏影响程度更大，所以模拟只考虑分析横向的整体沉降。由前面的介绍建筑物的模型上部结构产生的荷载简化为集中力加在每一根柱子上，所以，选取上部结构物总体的变形来分析沉降规律，不同掘进阶段建筑物 Y 方向位移分布云图如图 6-23 ~ 图 6-28 所示。

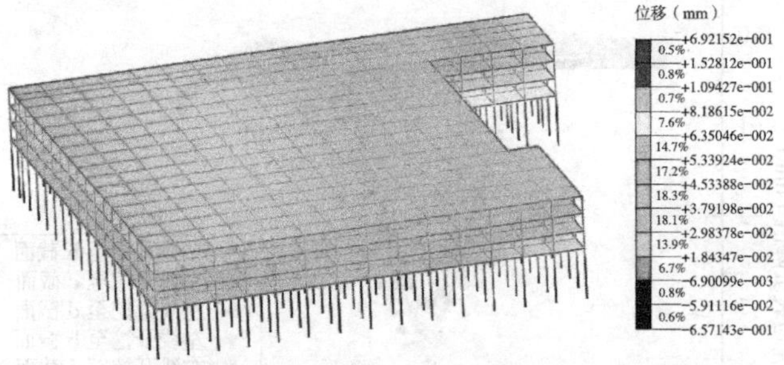

图 6-23　左线盾构即将到达建筑物时整体结构 Y 方向位移分布云图

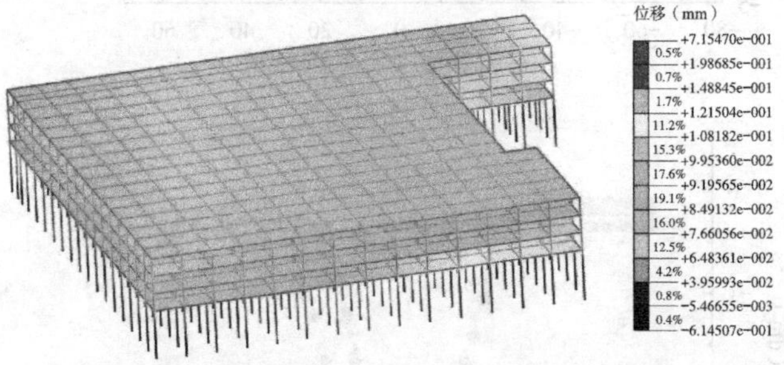

图 6-24　左线盾构穿越到纵向跨中时整体结构 Y 方向位移分布云图

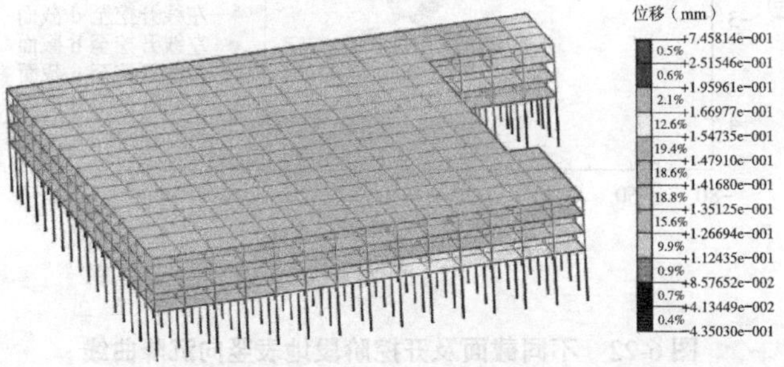

图 6-25　左线盾构完全穿越建筑物时整体结构 Y 方向位移分布云图

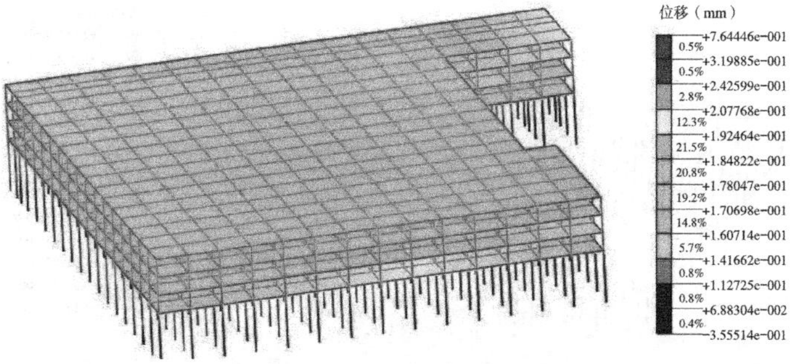

图 6-26　右线盾构即将到达建筑物时整体结构 Y 方向位移分布云图

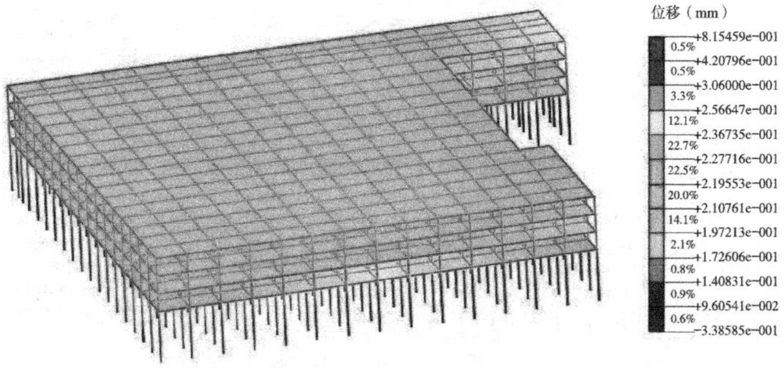

图 6-27　右线盾构穿越到纵向跨中时整体结构 Y 方向位移分布云图

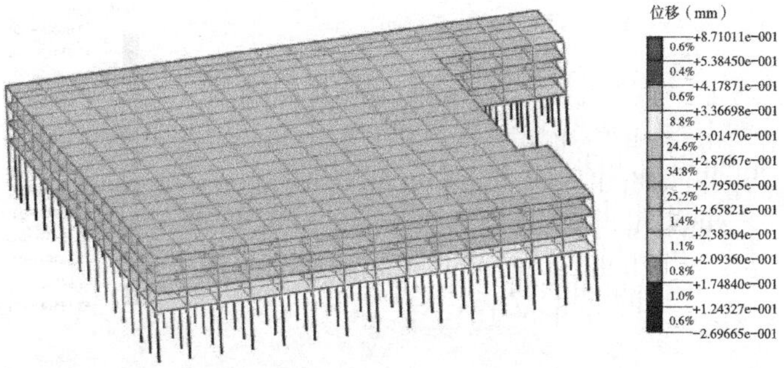

图 6-28　右线盾构完全穿越建筑物时整体结构 Y 方向位移分布云图

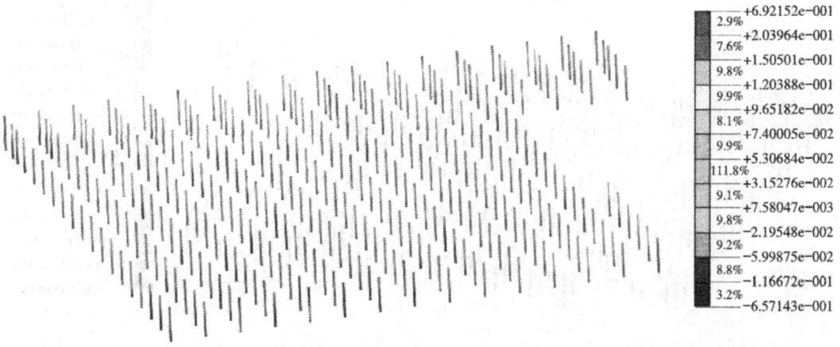

图 6-29　左线盾构即将到达建筑物时桩结构 Y 方向位移分布云图

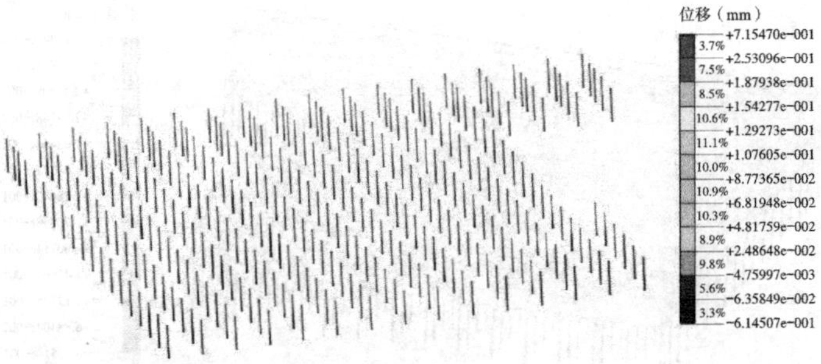

图 6-30　左线盾构到达建筑物跨中时桩结构 Y 方向位移分布云图

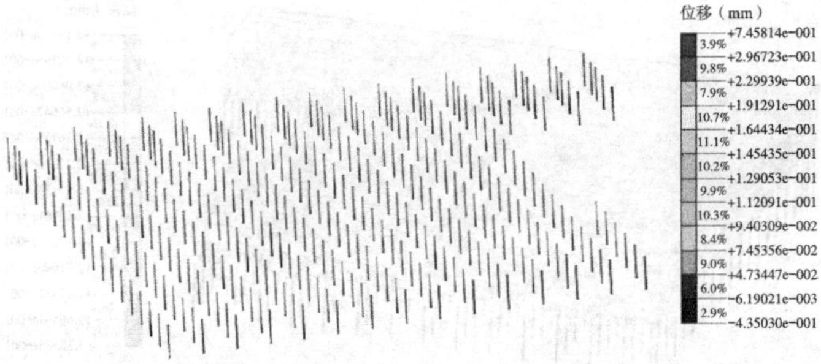

图 6-31　左线盾构完全穿越建筑物时桩结构 Y 方向位移分布云图

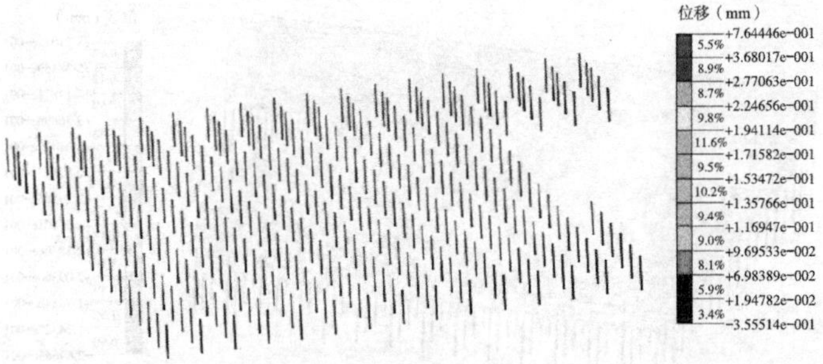

图 6-32　右线盾构即将到达建筑物时桩结构 Y 方向位移分布云图

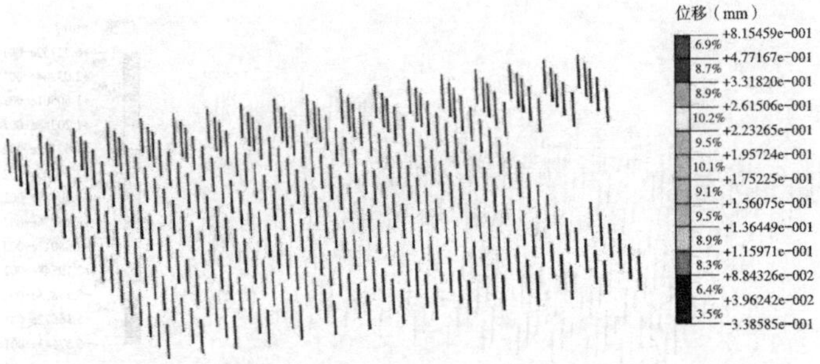

图 6-33　右线盾构到达建筑物跨中时桩结构 Y 方向位移分布云图

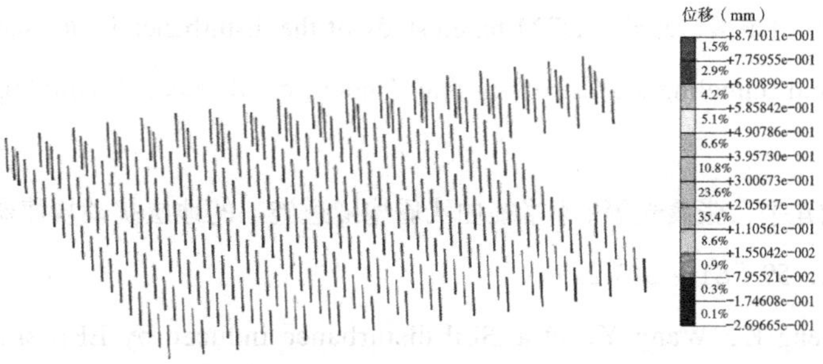

图 6-34　右线盾构完全穿越建筑物时桩结构 Y 方向位移分布云图

不同掘进阶段群桩 *Y* 方向位移云图如图 6-29 ~ 图 6-34 所示，由图 6-29 ~ 图 6-34 计算结果可知，建筑物倾斜的方向为靠近隧道的一边。桩基础与整体结构沉降量及 *Y* 方向位移均未达到 1mm，一般实际工程的沉降控制值最大值不超过 10mm，由式（6-1）计算可得建筑物最大倾斜率为 0.0154%，因此此次模拟的结果满足实际控制要求。

6.5　本章小结

本章通过对侧穿具有高精密仪器的颐和医院门诊楼扰动分析研究得到了以下结论：

（1）分析了初始状态下左线待开挖掌子面围岩的拱顶、右侧拱腰、拱底三个位置节点的总应力和有效应力，分别为 207.543kPa、250.625kPa 和 293.445kPa；分析了管片受力变形情况，最大拉应力与最大压应力都在管片后端底部取得，分别为 2.99MPa 和 0.43MPa。

（2）其中由于拉应力区域面积与数值值域均相对较大，因此在拉应力区域的等值线圈分布较密集，且等值线中心均位于管片后端，向四周扩散分布，管片在 *Y* 方向上挤压变形最终约 5.94mm，且在 *Y* 方向上始终存在左侧微量偏移，开挖步 12 完成时约为 0.4mm，开挖完成后达到 2.3mm 左右，呈微量递增；分析了既有建筑物的倾斜及沉降，桩基础与整体结构沉降量及 *Y* 方向位移均未达到 1mm，一般实际工程的沉降控制值最大值不超过 10mm 由式（6-1）计算可得建筑物最大倾斜率为 0.0154%，因此，此次模拟的结果满足实际控制要求。

参考文献

[1] 张治国，杨轩，赵其华等 . 盾构隧道开挖引起地层位移计算理论的对比与修正 [J]. 岩土工程学报，2016，38（S2）：272-279.

[2] 刘建航，侯学渊 . 盾构法隧道 [M]. 北京：中国铁道出版社，1991.

[3] Hu X，He C，Lai X，et al.A DEM-based study of the disturbance in dry sandy ground caused by EPB shield tunneling[J].Tunnelling And Underground Space Technology，2020（101）：103410.

[4] 赵翌川，颜建平，张晨光等．小半径曲线盾构隧道施工的地层扰动规律研究 [J]. 现代隧道技术，2022，59（S1）：243-250.

[5] Wang J，Feng K，Wang Y，et al.Soil disturbance induced by EPB shield tunnelling in multilayered ground with soft sand lying on hard rock：A model test and DEM study[J]. Tunnelling and Underground Space Technology，2022（130）：104738.

[6] Dalong J，Xiang S，Dajun Y.Theoretical analysis of three-dimensional ground displacements induced by shield tunneling[J].Applied Mathematical Modelling，2020（79）：85-105.

[7] Moussaei N，Khosravi M H，Hossaini M F.Physical modeling of tunnel induced displacement in sandy grounds[J].Tunnelling and Underground Space Technology，2019（90）：19-27.

[8] 王长虹，柳伟．盾构隧道施工对地表沉降及临近建筑物的影响 [J]. 地下空间与工程学报，2011，7（2）：354-360.

[9] 耿大新，谭成，王宁．盾构隧道下穿对既有高铁桥梁的影响及其加固方案 [J]. 城市轨道交通研究，2023，26（8）：30-35.

[10] Goh K H，Mair R J.Response of framed buildings to excavation-induced movements[J].Soils and Foundations，2014，54（3）：250-268.

[11] 姚晓明，舒波，李波．新建盾构隧道近距离下穿既有地铁线的安全控制技术 [J]. 现代隧道技术，2020，57（5）：243-250.

[12] Skempton A W，MacDonald D H.The allowable settlements of buildings[J].Proceedings of the Institution of Civil Engineers，1956，5（6）：727-768.

[13] Sirivachiraporn A，Phienwej N.Ground movements in EPB shield tunneling of Bangkok subway project and impacts on adjacent buildings[J].Tunnelling and underground space technology，2012（30）：10-24.

[14] 汪洋，何川，曾东洋等．盾构隧道正交下穿施工对既有隧道影响的模型试验与数值模拟 [J]. 铁道学报，2010，32（2）：79-85.

[15] Shahin H M，Nakai T，Ishii K，et al.Investigation of influence of tunneling on existing building and tunnel：model tests and numerical simulations[J].Acta Geotechnica，2016（11）：679-692.

[16] 刘勇，周怡晟，索晓明等．盾构下穿高铁路基变形规律模型试验研究 [J]. 岩土力学，2023，44（4）：941-951.

[17] 刘勇，曹毅泽，吴薪柳等．地铁盾构施工下穿既有明挖隧道模型试验研究 [J]. 中国铁道科学，

2024，45（1）：110-121.

[18] 杨天亮，严学新，王寒梅等 . 地铁隧道盾构施工引起的工程性地面沉降研究 [J]. 上海地质，2010，31（S1）：7-11.

[19] 徐永福，陈建山，傅德明 . 盾构掘进对周围土体力学性质的影响 [J]. 岩石力学与工程学报，2003，（7）：1174-1179.

[20] 周顺华 . 地铁盾构法隧道下穿工程 [M]. 北京：科学出版社，2017.

[21] 张义同 . 隧道盾构掘进土力学 [M]. 天津：天津大学出版社，2010.

[22] 关宝树 . 隧道力学概论 [M]. 成都：西南交通大学出版社，1993.

[23] 杨其新，王明年 . 地下工程施工与管理 [M].3 版 . 成都：西南交通大学出版社，2015.

[24] 于宁，朱合华 . 盾构施工仿真及其相邻影响的数值分析 [J]. 岩土力学，2004（2）：292-296.

[25] Hardin B O，Drnevich V P.Shear modulus and damping in soils：design equations and curves[J].Journal of the Soil mechanics and Foundations Division，1972，98（7）：667-692.

[26] 张云，殷宗泽，徐永福 . 盾构法隧道引起的地表变形分析 [J]. 岩石力学与工程学报，2002（3）：388-392.

[27] 段文峰，王蕾笑，廖雄华 . 岩土工程施工力学问题数值模拟方法探讨 [J]. 吉林建筑工程学院学报，2003（2）：16-22.

[28] 赵德安，蔡小林，陈志敏等 . 侧压力系数对隧道衬砌力学行为的影响分析 [J]. 岩石力学与工程学报，2003（S2）：2857-2860.

[29] 郝哲，李伟，刘斌 . 韩家岭大跨度隧道开挖过程数值模拟研究 [J]. 西部探矿工程，2005（2）：96-99.

[30] 胡庆安，崔刚，蒋丽君 . 空间反向荷载法模拟隧道开挖 [J]. 隧道建设，2006（4）：3-5.

[31] 王成华，刘庆晨 . 考虑基坑开挖影响的群桩基础竖向承载性状数值分析 [J]. 岩土力学，2012，33（6）：1851-1856.

[32] 中华人民共和国住房和城乡建设部 . 地铁设计规范：GB 50157-2013 [S]. 北京：中国建筑工业出版社，2014.

[33] 宫亚峰，王博，魏海斌等 . 基于 Peck 公式的双线盾构隧道地表沉降规律 [J]. 吉林大学学报（工学版），2018，48（5）：1411-1417.

[34] 姚爱军，向瑞德，侯世伟 . 地铁盾构施工引起邻近建筑物变形实测与数值模拟分析 [J]. 北京工业大学学报，2009，35（7）：910-914.

[35] 中华人民共和国住房和城乡建设部 . 建筑地基基础设计规范：GB 50007-2011[S]. 北京：中国计划出版社，2012.

[36] 张健 . 地铁盾构区间下穿城际铁路桥梁结构及轨道变形分析和控制措施研究 [D]. 北京：北京交通大学，2015.

[37] 欧阳鸿志，陈淼，郝结平等 . 复合地层盾构侧穿邻近桩基隔离桩防护效果分析 [J]. 西部交通科技，2023（4）: 139-144.
[38] 寇晓强，杨京方，叶国良，等 . 盾构近距离穿越群桩旋喷加固效果分析 [J]. 铁道工程学报，2011，28（11）: 98-103.
[39] 藤田圭一 . 从基础工程角度看盾构掘进法 - 地层的沉降与松动 [J]. 隧道译丛，1985（5）: 49-63.
[40] 吴笑伟 . 国内外盾构技术现状与展望 [J]. 建筑机械，2008（15）: 69-73.
[41] 宫秀滨，徐永杰，韩静玉 . 隧道盾构法施工土压力的计算与选择 [J]. 筑路机械与施工机械化，2007（11）: 46-48.
[42] 宋曙光 . 渗流作用下复合地层盾构隧道施工开挖面稳定性及控制研究 [D]. 济南：山东大学，2016.
[43] 金大龙 . 盾构隧道群下穿既有地铁运营隧道变形机理及控制研究 [D]. 北京：北京交通大学，2018.
[44] 蒋彪，皮圣，阳军生，等 . 长沙地铁典型地层盾构施工地表沉降分析与预测 [J]. 地下空间与工程学报，2016，12（1）: 181-187.
[45] 钱瑾玉 . 地铁项目施工安全风险评价研究 [D]. 青岛：青岛理工大学，2018.
[46] 何花 . 地铁施工安全事故致因研究 [D]. 兰州：兰州大学，2018.
[47] 赵鹏丽 . 地铁 TBM 施工安全风险评估 [D]. 兰州交通大学，2020.
[48] 谷昀 . 基于模糊综合评判法的地铁施工风险评估研究 [D]. 北京：中国铁道科学研究院，2013.
[49] 尹远 . 基于 SNA 的地铁隧道盾构法施工安全风险识别研究 [D]. 武汉：武汉理工大学，2020.
[50] 易花 . 南昌地铁施工安全风险研究及应对措施 [D]. 南昌：南昌大学，2010.
[51] 王慧 . 地铁施工中人 - 环安全风险因素耦合作用研究 [D]. 西安：西安工业大学，2018.
[52] 汤彦宁 . 基于系统动力学的装配式住宅施工安全风险研究 [D]. 西安：西安建筑科技大学，2015.
[53] 李小浩 . 地铁工程施工安全风险评价研究 [D]. 大连：大连理工大学，2010.
[54] 解涛 . 地铁建设项目施工安全风险综合评价方法与案例研究 [D]. 北京：华北电力大学，2011.
[55] 焦海霞 . 基于本体的地铁施工安全风险知识库构建与应用 [D]. 南京：东南大学，2015.
[56] 李雪梅 . 地铁工程施工安全风险预警指标体系研究 [D]. 武汉：华中科技大学，2011.
[57] 张方 . 邻近既有地铁的深基坑施工安全风险评估与预测研究 [D]. 西安：西安建筑科技大学，2017.
[58] 吴贤国 . 基于 N-K 模型的地铁施工安全风险耦合研究 [J]. 中国安全科学学报，2016（4）: 96-101.

[59] 张宝森 . 地铁车站盖挖逆作施工安全风险分析与控制研究 [D]. 北京：中国矿业大学（北京），2016.

[60] 宋平 . 铁路隧道施工安全风险管理研究 [D]. 长沙：中南大学，2009.

[61] 刘仁辉，于渤，金真 . 基于区间估计的地铁施工安全风险评价指标筛选 [J]. 预测，2012（2）：62-66.

[62] 江新 . 地铁隧道施工安全风险演化的 BP-SD 模型研究 [J]. 中国安全生产科学技术，2017（12）：67-72.

[63] 梁宏浩 . 地铁隧道施工安全风险评估及其应用研究 [D]. 成都：西南交通大学，2017.

[64] 孙海员 . 北京地铁车站项目施工安全风险评价与控制研究 [D]. 沈阳：沈阳建筑大学，2017.

[65] 赵雅云 . 地铁盾构施工安全风险评价研究 [D]. 石家庄：石家庄铁道大学，2017.

[66] 姚雪梅 . 地下工程施工安全风险管理系统研究 [D]. 武汉：武汉理工大学，2010.

[67] 李梦 . 基于组合赋权法和云模型的地铁施工风险评价 [D]. 青岛：青岛理工大学，2020.

[68] 李兵 . 钻爆法海底隧道建设期工程安全风险分析及控制 [D]. 北京：北京交通大学，2010.

[69] 闫秀芳 . 地铁工程施工现场安全风险管理研究 [D]. 北京：北京交通大学，2010.

[70] 周洁静 . 地铁施工项目风险评价研究 [D]. 大连：大连理工大学，2009.

[71] 王俊人 . 基于贝叶斯网络的地铁隧道施工风险分析 [J]. 交通科技与经济，2016（1）：61-64.

[72] 张庆峰 . 基于模糊网络分析的隧道施工风险评价 [D]. 重庆：重庆交通大学，2008.

下篇

盾构隧道衬砌背后空洞智能识别关键技术与工程应用

第7章 概述

7.1 研究背景及意义

7.1.1 研究背景

我国地铁建设正由“建设为主”向“建养并重”转变，盾构隧道衬砌背后空洞已成为威胁地铁运营安全与耐久性的重要风险源。地铁隧道施工中盾构法以其适用范围广、对周围环境影响小、安全高效等优势已成为地下铁道建设中的主流施工方法，截至2023年底，中国大陆地区（不含香港、澳门、台湾地区）城市轨道交通运营线路338条，运营线路总长度11224.54km，其中地铁运营总线路8543.11km，盾构隧道比例超过90%。地铁隧道采用盾构法施工时，由于盾构机掘进姿态不佳、背后注浆压力不足、注浆液流动性差等原因，极易在衬砌管片背后留下空洞。空洞的存在通常会降低地层抗力，导致盾构隧道衬砌结构所受荷载的空间及量值分布发生变化，造成衬砌裂损、变形、掉块和隧道渗漏水等不同程度的病害，严重情况下可能引发隧道衬砌结构局部破坏甚至整体失稳。空洞缺陷已经严重威胁到隧道结构耐久性和地铁运营安全，引起的事故影响令人深思，例如西安地铁某区间隧道施工过程中因施工不当及各种外部因素，导致附近地下管线破损，致使区间1号联络通道东侧管片背后出现涌水、涌砂现象，管片周围在涌水初期即形成空洞，管片受力不均，导致481 ~ 511环管片产生裂缝和错台等现象；成都地铁某区间隧道盾构掘进过程中由于未合理控制施工掘进速率，导致地层出现空洞，致使地表发生沉降，甚至出现地表塌陷。诸多事故表明，地铁盾构隧道衬砌背后空洞缺陷急需要快速精准的识别诊断，以提高隧道养护技术水平，保障地铁隧道运营安全。

目前，针对隧道衬砌结构背后空洞主要采用探地雷达（Ground Penetrating Radar，GPR）探测，GPR是利用高频脉冲电磁波探测地下浅层与超浅层介质分布的一种地球物理勘探方法，具有无损、高效、抗干扰能力强、操作方便、成本低、受检测条件限制小等优点，其应用于隧道衬砌缺陷探测具有良好的效果，能为病害治理提供有效参考依据。GPR 探测分为信号采集、信号处理、反演和解释三个环节，依据采集到的电磁波波形图像特征识别空洞，主要涉及 GPR 的信号处理、反演和解释两个环节。

然而，GPR 在信号处理方面，基本上是基于傅里叶变换的滤波技术，使得经常规滤波处理后边缘信息较模糊；在反演和解释方面，主要依靠经验判断，由于实际地铁隧道环境复杂且空洞周围存在其他复杂介质如衬砌内部钢筋、积水等，从而给 GPR 波形图像处理和解释带来了困难，极易造成错误解释。总的说来，GPR 在正反演理论、数据处理、图像解释和判断方面还未达到系统和成熟的阶段，特别是在图像解释上还主要依靠经验判断，使得空洞的识别和定量更加困难，如何从 GPR 获得的电磁波波形图像中快速且精准提取空洞缺陷信息，分析空洞的演化发展成为实际隧道工程的迫切需求。因此迫切需要新的方法能准确识别空洞的 GPR 波形图像，提高识别精度，定量提取空洞缺陷信息，并能对空洞的演化发展进行预测。

《国家中长期科学和技术发展规划纲要（2006-2020 年）》重点领域及其优先主题 6 交通运输业（34）交通运输基础设施建设与养护技术及装备中指出“重点研究开发轨道交通、跨海湾通道、离岸深水港、大型航空港、大型桥梁和隧道、综合立体交通枢纽、深海油气管线等高难度交通运输基础设施建设和养护关键技术及装备”。2006 年美国土木工程师学会召开了 2025 年土木工程未来峰会，提出了很重要的转变：建造设计者向工程全寿命周期的维护者转变。美国学者 Desitter 于 1984 年针对混凝土结构提出了“五倍定律”，为地铁隧道结构的养护提出了越延迟检测识别病害，养护经济投入就以 5 倍的定律上升，这已经成为工程结构养护领域需要尽早识别病害的基本理论依据。作为 2013 年《麻省理工科技评论》“全球十大突破技术”中之一的深度学习技术（Deep Learning Technology），说明如何通过深度学习使得识别更为智能、快速、精准成为学界研究的热点，目前，深度学习技术在图像与信号处理领域已经开始有了初步应用。在大的学科发展背景下，通过计算机图像信号深度学习技术，实现隧道衬砌背后空洞缺陷波形图像的自动识别与快速精准提取，结合力学分析预测空洞演化发展，可为地铁隧道结构养护提供可靠的科学依据，将成为隧道工程学科发展的前沿。

7.1.2　研究意义

从地铁盾构隧道运营安全和科学养护理念实际需求出发，考虑隧道工程学科的前沿发展，本书提出地铁盾构隧道衬砌背后空洞 GPR 深度学习识别方法与演化预测。（1）针对地铁盾构隧道衬砌背后空洞缺陷特征及复杂介质环境，基于概率统计分析方法和物理模型试验，研究分析大量空洞的空间分布规律及其 GPR 波形图像特征；（2）采用先进的深度学习中全卷积网络和条件随机场相结合方法，提出空洞的深度学习识别方法；（3）利用得到的空洞缺陷定量化信息，采用有限元数值模拟方法，分析空洞对隧道衬砌结构安全的影响，并基于多尺度理论，从时间尺度和空间尺度两方面开展空洞演化发展规律的预测。本书可对复杂地铁盾构隧道衬砌背后空洞实现精准识别和演化预测，为地铁盾构隧道结构养护提供科学依据，确保地铁隧道结构的运营安全，为地铁运营安全提供技术保障。

7.2 国内外研究现状

7.2.1 关于盾构隧道衬砌背后空洞的 GPR 识别

探地雷达又名地质雷达，是利用高频脉冲电磁波在地下介质中的传播特性及遇到异常介质时的反射和绕射等波动规律，来探测地下目标体分布形态与特征的一种技术，是根据接收到波的旅行时间、幅度与波形资料对探测体内不可见的目标体或界面进行探测的电磁技术，由于 GPR 具有快速、无损、高效等特点，近年来在隧道检测领域得到了广泛应用与研究。

国内外关于盾构隧道衬砌背后空洞缺陷的 GPR 识别研究主要集中在空洞的雷达反射波形特征正演模拟和空洞的反演解释两个方面。Siggins 等用 1400MHz 高频天线对隧道衬砌中严重的离析、空洞和锈蚀的加固进行了物理模型试验，设计的衬砌厚度小于 0.5m，异常体的尺寸也较小，达到了 2cm 分辨率。Park 等通过在砂中埋设空洞进行了钢筋网定位和空洞形状探测试验，并在砂堆上方加设 20cm 的钢筋混凝土板，探索了探地雷达检测的应用能力。Ruili 等研究了 FM-CW 雷达波在 1D 和 2D 有耗和无耗介质中的传播规律，得出在扫描周期为 10ms 和 2ms、天线中心频率为 1 ~ 2GHz 之间的雷达波在有耗介质中的电导率不大于 30mS/m，反演了有耗介质的介电常数。Bungey 等采用与混凝土特性相似的水乳胶体来代替混凝土，用 1GHz 的探地雷达天线测试了不同直径、不同间距及不同埋深钢筋的响应特征，并给出了能分开两根钢筋的最小间距。Michael 等进行了一系列不同厚度的水平裂缝、不同直径的塑料管、同一埋深下不同直径的钢筋和同一直径不同埋深的钢筋测试试验，得出了不同直径塑料管或钢筋的雷达波形图像、反射波幅特征。Tsili 采用改进的完全匹配层（Perfectly Matched Layer，PML）吸收边界模拟探地雷达在色散土壤介质中传播，在深度为 2m 的不同含水量的泥中埋设金属和塑料管，用 200MHz 天线模拟了其反射响应，研究了色散介质中塑料管的响应规律。Tayor 等用 FDTD 分析了非均匀介质体的电磁散射，提出了用简单插值方法吸收边界来吸收外向行波，在 FDTD 的正演模拟中吸收边界的吸收效果可以直接影响到 FDTD 的精确度、图像质量和减少边界反射回波干扰。Mur 提出了在计算区域截断边界处的一阶和二阶吸收边界条件及其在 FDTD 的离散形式。Berenger 提出了将麦克斯韦方程扩展为场分量分裂形式，并构成了完全匹配层（PML）吸收边界条件。

Sacks 等和 Gedney 提出了各向异性介质的 UPML，其支配方程是各向异性介质麦克斯韦方程，这种吸收边界不仅能够吸收传播波，也能同时吸收凋落波，具有很好的吸收效果。

吴丰收等采用高阶时域有限差分法分别对 400MHz 天线和 900MHz 天线时隧道衬砌矩形空洞和三角形空洞进行正演模拟，出高阶时域有限差分法能高精度模拟雷达波在衬砌中的传播特性，展示了衬砌中钢筋、空洞、工字钢的反射波、绕射波的能量、振幅、相位特征。梁国卿等运用配有 600MHz 屏蔽天线的地质雷达检测隧道衬砌素混凝土区空洞状况，研究了空洞的形状、尺寸、埋深及积水对空洞反射波组特征的影响，基于时间域有限差分法（FDTD）对试验模型进行了数值模拟分析。李兴等建立空洞和不同电导率的空洞积水数值模型，用时域有限差分法（FDTD）进行探地雷达二维正演模拟，通过分析正演图谱和单道波形，得出了空洞及积水的响应规律，空洞积水时其大小难以定量识别。舒志乐等对隧道衬砌内空洞病害进行了探地雷达三维探测物理模型试验研究，分析了空洞三维雷达探测图谱反射响应特征，并用 CL4 平衡多小波对探地雷达信号进行滤波，确定了空洞的大小、形态和位置。刘新荣等用时域有限差分法（FDTD），并用单轴各向异性理想匹配层（UPML）吸收边界对衬砌内空洞进行数值模拟，用空洞的物理模型试验探测结果与数值模拟结果进行验证，得到了空洞三维雷达探测图谱反射响应特征。张鸿飞等通过不同环境的试验得到空洞雷达图谱特征，并利用二维时域有限差分法对衬砌空洞雷达图谱进行正演模拟，对隧道衬砌检测中常见的几种空洞模型进行正演模拟，得出了模拟波形和图谱。杨成忠等基于时域有限差分（FDTD）法，对探地雷达电磁波在空洞缺陷衬砌内的传播过程进行正演模拟，分析空洞横向直径变化对电磁波反射响应特征影响，进而设计两类不同尺寸的空洞模型，测试了探地雷达在规则空洞的反射响应特征。赵峰等通过基于时域有限差分的数值模拟方法，正演模拟探地雷达波形在隧道衬砌空洞中的传播规律，分析了探地雷达在探测隧道衬砌空洞的雷达波反射特征。徐辉研究了基于深度学习的探地雷达智能反演与隧道衬砌病害识别，提出了基于深度神经网络的探地雷达数据智能反演方法，实现了隧道衬砌结构病害介电模型的反演，并基于卷积神经网络实现了隧道结构异常识别与病害自动分类。

深度学习技术由加拿大多伦多大学 Geoff Hinton 教授于 2006 年提出，其中卷积神经网络（Convolutional Neural Network，CNN）因其特有的卷积运算而善于对图像数据进行分类、识别。加州伯克利大学的 Long 教授于 2015 年提出全卷积网络（Fully Convolutional Networks，FCN）专门用于图像分割，并与条件随机场（Conditional Random Field，CRF）相结合，显著提升了图像识别准确率和效率。深度学习技术已经开始应用于结构病害识别，如道路路面裂缝识别、隧道衬砌裂缝识别、隧道衬砌渗漏水识别等。

以上国内外研究现状表明，深度学习技术应用于隧道衬砌背后空洞识别的研究还比较少，在国际上也刚开始应用于图像与信号领域的识别。由于盾构隧道衬砌周围环境介质复杂，传统的图像解释方法很难实现空洞的精准识别和定量化，采用深度学习中的全卷积网络（FCN）结合条件随机场（CRF）方法应用于盾构隧道衬砌背后空洞的 GPR 识别，可显著提升识别精准度和效率。

7.2.2 关于盾构隧道衬砌背后空洞的演化预测

国内外关于盾构隧道衬砌背后空洞缺陷的演化预测研究主要集中在空洞对衬砌结构安全影响的模型试验和数值模拟两个方面。Wang 等和 Hsiao 等研究了空洞对隧道衬砌结构变形和应力分布的影响，指出空洞的存在将严重影响衬砌与岩土间的相互作用，导致衬砌结构承载不均匀并产生应力集中，致使衬砌极易开裂，进而引起渗漏水等一系列危害，还可诱发岩土松弛或失稳脱落，严重时发生突发性崩塌事故。Meguid 等、Leung 等通过数值模拟及室内模型试验研究了空洞对作用在盾构隧道管片衬砌结构上的地层压力荷载的影响，得到了盾构管片背后存在空洞时衬砌结构上地层压力的变化特征规律。Gao 等基于微震法和数值模拟分析了空洞对于山岭隧道动力响应的影响。

凌同华等基于扩展有限元，采用载荷 - 结构计算方法，建立盾构隧道衬砌三维计算模型，对衬砌结构背后存在空洞时衬砌结构空间受力特征进行分析比较，得出空洞处衬砌应力集中明显，随着荷载增大，管片表现为内侧纵向开裂或外侧环向开裂，空洞的存在明显降低了衬砌结构的极限承载力。王士民等采用相似模型试验方法，分析了地层空洞缺陷对盾构隧道管片破坏失稳过程的影响，得出空洞缺陷的存在对衬砌结构的极限承载能力及破坏模式具有显著影响，空洞会改变衬砌结构失稳起始位置的分布。张成平等利用数值模拟和相似模型试验研究了山岭隧道衬砌背后存在双空洞时衬砌结构内力和安全系数的变化规律，得出衬砌背后双空洞的存在会导致隧道结构内力分布的显著改变和结构受力状态的恶化。方勇等通过室内模型加载试验，全面研究了不同位置空洞与不同外水压荷载共同作用下衬砌的受力分布规律及开裂特征。赖金星等以西安地铁某区间隧道涌水导致衬砌背后空洞事故为依托，利用 ANSYS 有限元数值方法，分析了空洞位置和大小对盾构隧道衬砌结构的影响。张旭等通过室内模型试验，研究了拱顶与拱肩背后存在双空洞条件下隧道衬砌结构裂损演化过程及衬砌结构轴力和弯矩的变化规律。张顶立等通过对国内 100 余座铁路隧道衬砌背后接触状况的检测及统计分析研究了隧道衬砌背后接触状态及其分布规律。何川等通过相似模型试验探讨了注浆空洞在不同位置对盾构隧道管片衬砌结构的力学影响。刘炽采用数值模拟方法分析了空洞大小及在不同位置对盾构隧道管片衬砌结构的力学影响。

由于隧道衬砌背后空洞具有明显的时间效应和空间效应，以上国内外研究很少考虑空洞的时间效应和空间效应，而多尺度方法作为科技发展中的前沿研究方向之一，是研究各种不同空间或时间尺度重要特征之间相互耦合现象建模和求解方法的一门科学，通过不同尺度模型之间的耦合，以更加高效和精确的获得所需求的信息，目前在计算数学、结构力学、气象学、流体力学、复合材料力学等领域得到了广泛应用。为此，采用扩展有限元结合多尺度方法从时间尺度和空间尺度两方面预测空洞的演化发展规律，可精准确定空洞对盾构隧道衬砌结构安全的影响。

由此可以看出，本研究从揭示盾构隧道衬砌背后空洞缺陷分布的特征规律入手，提出适用于盾构隧道复杂介质环境的全卷积网络结合条件随机场的衬砌背后空洞 GPR 深度学习识别方法，提高空洞缺陷识别的效率和准确性，得出空洞缺陷的定量化信息；再通过有限元数值模拟分析方法，同时基于多尺度理论，从时间尺度和空间尺度两方面开展空洞缺陷的演化发展预测；最后集成盾构隧道衬砌背后空洞识别和演化预测的软件系统，直接服务于地铁隧道养护，确保地铁隧道运营安全。

7.3　主要研究内容

7.3.1　盾构隧道衬砌背后空洞 GPR 探测模型试验

针对复杂地铁盾构隧道环境、衬砌管片拼装方式、水文地质条件及各种复杂介质，开展空洞的空间分布规律及其 GPR 波形图像特征研究，主要包括：

（1）空洞的空间分布特征规律研究：考虑复杂地铁隧道环境、衬砌管片拼装方式、周围水文地质条件等因素，建立空洞的空间分布及几何特征规律。

（2）空洞的 GPR 波形图像特征分析：开展空洞的 GPR 波形图像特征研究，分析空洞尺寸、空洞位置、空洞形态、不同介质等因素对空洞 GPR 波形图像特征的影响规律。

7.3.2　盾构隧道衬砌背后空洞 GPR 深度学习识别

基于 GPR 获取的空洞波形图像，采用深度学习方法，研究基于全卷积网络和条件随机场相结合的空洞精准、快速识别，主要包括：

（1）盾构隧道衬砌背后空洞样本集分析：建立空洞特征波形图像分类样本库、空洞探测样本库及空洞分割样本库等多个数据集组成的空洞样本集。

（2）全卷积网络波形图像精准识别方法研究：建立适用于空洞特征学习的全卷积网络流程，结合条件随机场，提出衬砌背后空洞波形图像精准识别方法。

（3）高效定量化空洞缺陷特征获取研究：开展条件随机场的迭代求解，改进端对端的网络结构和分割训练，快速定量化获取空洞缺陷信息。

（4）识别方法的对比实验研究：开展现有典型空洞波形图像识别方法与全卷积网络识别方法效果的对比研究。

7.3.3 盾构隧道衬砌背后空洞数值模拟分析

通过盾构隧道衬砌结构有限元数值模拟分析，开展空洞缺陷对盾构隧道衬砌结构安全的影响研究，主要包括：

（1）空洞对隧道衬砌结构破坏模式研究：通过有限元建立隧道衬砌结构数值计算模型，模拟空洞的演化发展规律，研究空洞对盾构隧道衬砌承载力和破坏模式的影响。

（2）空洞对隧道衬砌结构稳定性研究：基于有限元建立盾构隧道结构整环精细化数值模型，基于空洞的空间分布规律及几何特征，构建带空洞的隧道数值模型，分析空洞对盾构隧道衬砌结构稳定性的影响。

7.3.4 盾构隧道衬砌背后空洞多尺度演化预测

通过数值模拟分析，开展盾构隧道衬砌背后空洞缺陷的多尺度演化预测模型研究，主要包括：

（1）空洞发展多尺度演化预测研究：采用有限元数值模拟方法，基于多尺度方法，从时间尺度和空间尺度两方面研究空洞的演化发展规律。

（2）空洞缺陷演化预测模型检验：基于盾构隧道衬砌背后空洞识别，检验并修正空洞演化预测模型，提出模型适用范围与使用误差。

7.3.5 研究成果的现场检验及工程应用

基于本研究提出的地铁盾构隧道衬砌背后空洞识别与演化预测模型，研发相应的软件系统，并开展工程检验及应用研究，主要包括：

（1）空洞识别与演化预测软件研发：在全卷积网络和条件随机场识别方法基础上，研究与空洞演化预测模型的接口，研发精准、快速的空洞缺陷识别与演化预测软件系统。

（2）典型盾构隧道工程应用研究：针对运营的郑州地铁隧道区间，开展空洞缺陷的精准识别和演化预测，进行地铁隧道的养护检验及应用研究。

第 8 章

盾构隧道衬砌背后空洞 GPR 探测模型试验

8.1 GPR 探测基本原理

GPR 是一种利用高频电磁波进行无损检测的地球物理方法，相较于传统的超声法或敲击法具有效率高、易操作、成本低、分辨率高等优点，近年来已在我国隧道超前地质预报和隐蔽缺陷探测等领域得到实际应用。地质雷达利用宽带高频电磁波信号在物体内不同介质间传播使得电磁波信号发生不同方向的反射、折射、绕射和能量变化等，这是利用接收到的回波信号进行数据解释的理论基础，得到电磁波不同回波波形及振幅，由此推断被测物内部结构情况、空间位置、埋藏深度等。地质雷达系统主要由控制单元、发射机、接收机组成，GPR 系统组成示意图如图 8-1 所示。

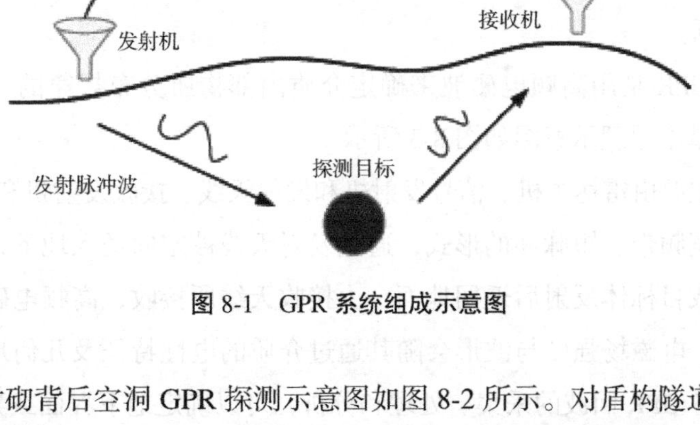

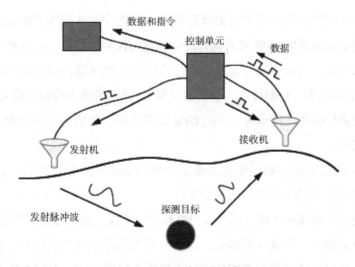

图 8-1　GPR 系统组成示意图

盾构隧道衬砌背后空洞 GPR 探测示意图如图 8-2 所示。对盾构隧道衬砌背后空洞的发展进行演化预测，要先对空洞进行 GPR 探测，在掌握了衬砌背后空洞的特征之后才能对其进行演化预测分析。GPR 探测特性会受到地层性质和地下媒质中异常体的影响，地层性质对 GPR 探测性能影响较大的因素主要是介电常数和电导率；同时地层中会存在各种各样的异常体，其中金属对 GPR 探测的影响最大，因此需要分析这些因素对 GPR 探测性能的影响。此外，由于隧道环境复杂，探测的精度受到操作方法的影响，且现有的雷达数据仍然以人工解译为主，无法精确判断隐蔽缺陷，故容易造成漏检。尽管通过对探地雷达原始数据进行数据预处理能够突显缺陷目标的反射信号，但这些传统的数据处理方法只能提高雷达数据的信噪比，无法准确表征空洞的几何信息，限制了雷达图像解译的速度和准确性。因此，分析与总结盾构隧道壁后隐蔽缺陷的探地雷达图像特征，提高缺陷的检测效率，降低缺陷漏检率尤为重要。

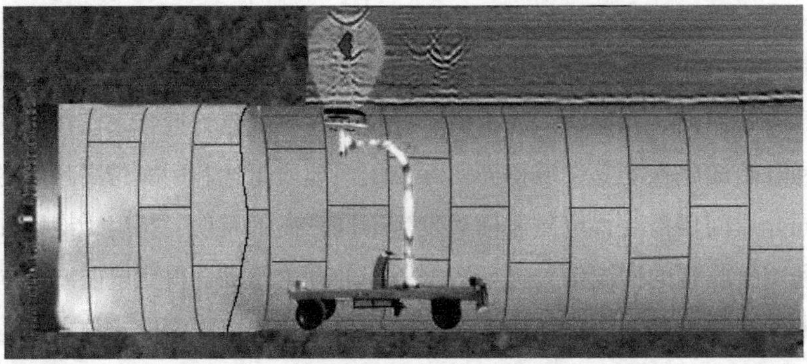

图 8-2　盾构隧道衬砌背后空洞 GPR 探测示意图

为了能精准识别出盾构隧道衬砌背后空洞，需要首先掌握空洞的 GPR 图像特征，因此可通过模型试验采用 GPR 对衬砌背后空洞进行探测，获取大量的数据并对数据进行处理以获取所需的特征图像。通过模型试验模拟盾构隧道衬砌背后空洞的各种工况（空洞位置、空洞大小、空洞深度、空洞数目等），采用不同天线频率的 GPR 对预设的各种空洞工况进行探测，以掌握空洞的 GPR 图像特征，为盾构隧道衬砌背后空洞的图像识别提供依据。

探地雷达 GPR 是用高频电磁波来确定介质内部物质分布规律的一种地球物理方法。GPR 探测基本原理示意图如图 8-3 所示。

GPR 系统主要由雷达主机、信号发射机和发射天线、接收发射机和接收天线组成。高频电磁波以宽频带、短脉冲的形式，通过发射天线被定向送入地下，经存在电性差异的地下地层或目标体反射后返回地面，由接收天线所接收，高频电磁波在介质中传播时，其路径、电磁场强度与波形会随其通过介质的电性特征及几何形态不同而发生变化，故通过对 GPR 回波的采集、处理和分析，可以确定地下界面或异常体的结构及空间位置。

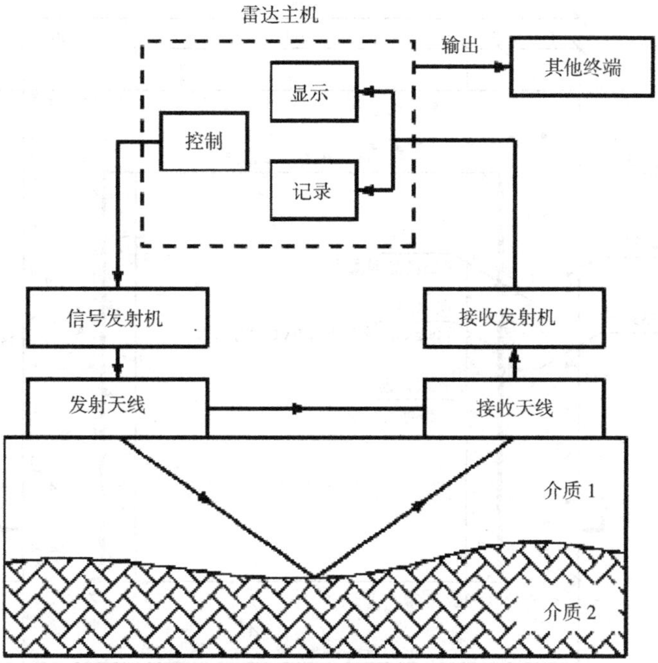

图 8-3　GPR 探测基本原理示意图

8.2　GPR 探测模型试验

8.2.1　模型试验目的

（1）模拟盾构隧道衬砌背后不同类型的空洞，采用 GPR 进行探测，获取不同类型空洞的相应 GPR 图像，分析并总结盾构隧道衬砌背后空洞的 GPR 图像特征，提高空洞的检测效率，降低空洞的漏检率。

（2）为实际 GPR 探测时能够准确识别出空洞提供足够的数据支持，分析可能对实际检测造成干扰的各种不利因素，并提供解决方案。

8.2.2　模型试验设计

为了解各种不同的隧道衬砌背后空洞的 GPR 图像特征，以郑州地铁某典型区间盾构隧道为依据，制作了一个试验模型来模拟衬砌内及背后不同类型的空洞。由于 GPR 探测是通过发射的电磁波穿透衬砌管片以及岩土层，只需制作与衬砌管片厚度相同的混凝土墙即可。试验模型平面图、剖面图如图 8-4 ~ 图 8-6 所示。

对岩土层的模拟采用砂土来进行替代，这是因为影响探地雷达探测效果的主要是物质的电性能（主要是介电常数），而砂土的介电常数与实际的比较接近，通过改变砂土的含水率来改变其介电常数还可以模拟不同性质的岩土层。

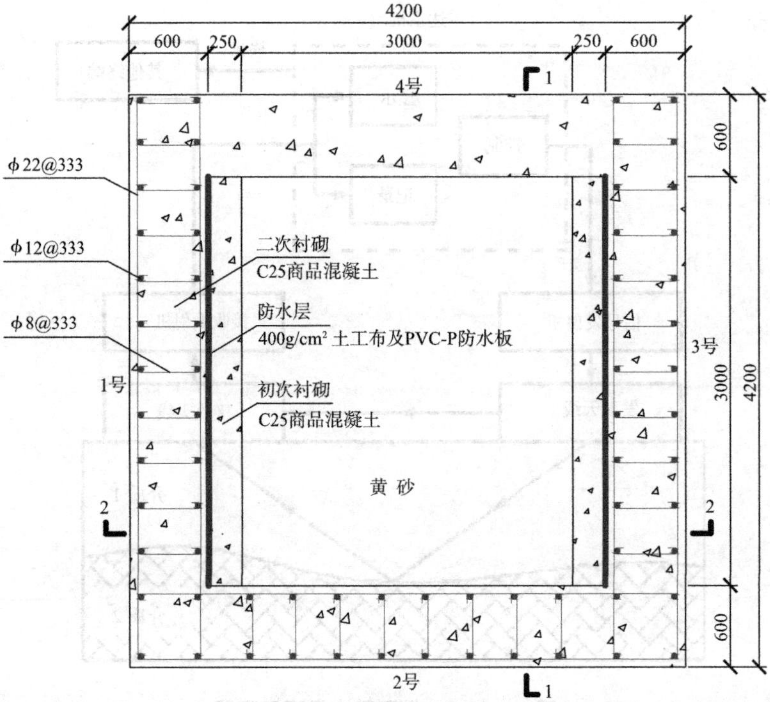

图 8-4 试验模型平面图

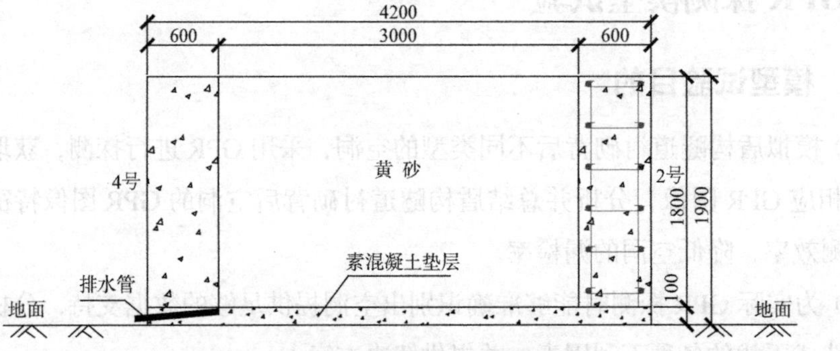

图 8-5 试验模型 1-1 剖面图

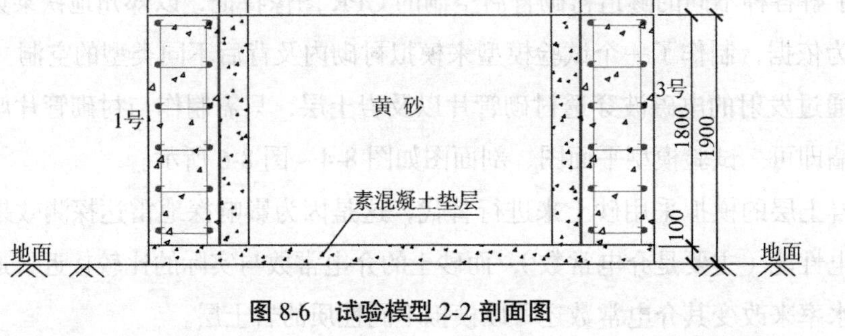

图 8-6 试验模型 2-2 剖面图

试验模型平面尺寸为 4.2m × 4.2m，高 1.9m，其中底板（素混凝土垫层）厚度 0.1m，模型净高 1.8m；模型平面形状为“口”字形，共由 4 堵混凝土墙组成，编号分别为 1 号、2 号、3 号和 4 号，如图 8-4 所示。模型衬砌采用 C30 商品混凝土浇筑，衬砌配筋包括水平钢筋、竖向钢筋以及连接钢筋，钢筋型号分别为 ϕ22、ϕ12 和 ϕ8，钢筋间距均为 33cm；衬砌后为防水层（设置防水层主要是为了验证防水层是否会对探地雷达的检测效果产生影响），防水层后为注浆层，注浆层后填筑黄砂来模拟衬砌后的岩土层。空洞采用木模板钉制方盒来模拟。

其中 1 号墙组成为 60cm 钢筋混凝土衬砌 + 防水层 +25cm 素混凝土层，且衬砌内部埋设不同大小空洞，主要用于模拟衬砌内部空洞、衬砌与注浆层之间脱空以及注浆层与岩土层之间脱空的情况；3 号墙组成为 60cm 钢筋混凝土衬砌 + 防水层 +25cm 素混凝土层，衬砌内部不设置空洞，注浆层后设置不同厚度的空洞，主要用来模拟注浆层后方岩土层内存在空洞的情况；2 号墙为 60cm 钢筋混凝土；4 号墙为 60cm 素混凝土，用来进行探测结果的对比。

空洞探测主要在 1 号墙和 3 号墙完成。其中，衬砌内空洞探测在 1 号墙进行，衬砌背后空洞在 3 号墙进行，主要探测衬砌背后 1m 处和背后 2m 处的空洞。

8.2.3 试验模型制作

1. 制作垫层

试验模型制作之前，首先在地面浇筑 100mm 厚素混凝土垫层，垫层平面尺寸与试验模型平面尺寸相同，为 4.2m × 4.2m。垫层的作用首先是使试验模型基底平整，便于试验模型施工；另外垫层可将地面与黄砂隔开，垫层内留有排水沟，可排出积水。试验模型垫层图如图 8-7 所示。

2. 绑扎钢筋网

试验模型在 1 号、2 号、3 号墙内设置双排钢筋网，作为钢筋混凝土结构，4 号墙内不设置钢筋，作为素混凝土结构，模型垫层及钢筋网布置如图 8-8 所示。

3. 预埋衬砌内部空洞

衬砌内部埋设空洞须在混凝土浇筑之前进行，衬砌内部空洞设置在 1 号墙内部。在衬砌内部、衬砌与注浆层界面以及注浆层与岩土层界面各设置一组空洞，每组空洞由一个 100mm × 100mm × 200mm 空洞和一个 200mm × 200mm × 200mm 空洞组成。空洞采用干燥木模板制作，并在木模板两侧刷防水漆以防止水分进入。制作好之后在空洞上下表面设置进水管和出水管，用来向空洞内注水和排水，模拟空洞内有水和无水的情况；空洞 V1、V2 位于衬砌内部，V3、V4 位于衬砌与注浆层界面，V5、V6 位于注浆层与岩土层界面，1 号墙内空洞埋设位置如图 8-9 所示。

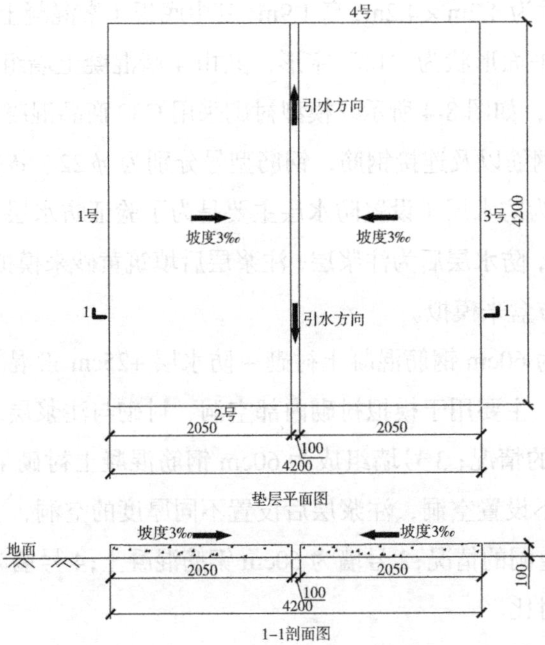

图 8-7　试验模型垫层图

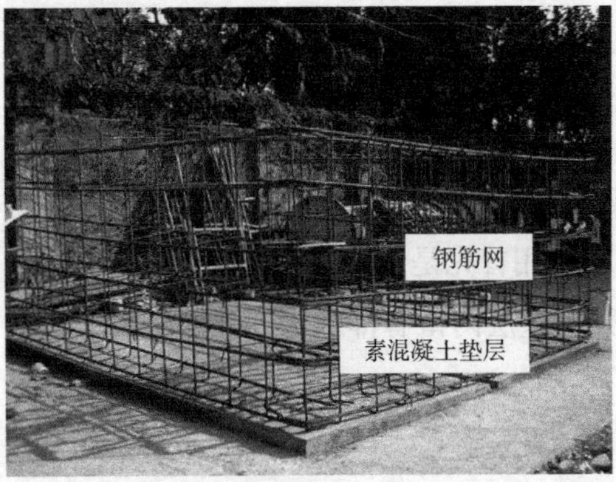

图 8-8　模型垫层及钢筋网布置

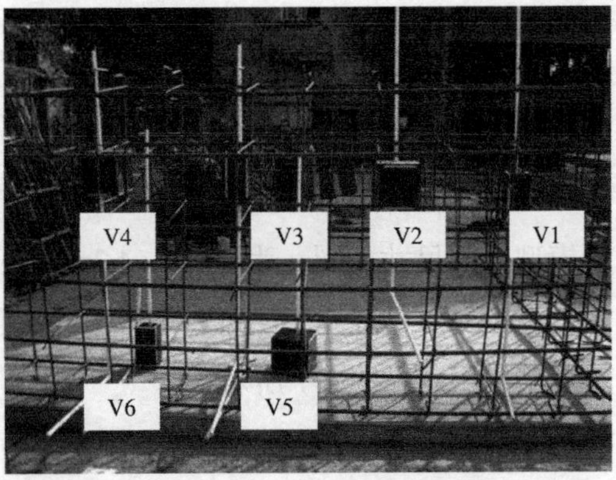

图 8-9　1 号墙内空洞埋设位置

4. 浇筑衬砌

钢筋网绑扎完成、空洞埋设并固定之后，进行衬砌的模板安装以及浇筑衬砌混凝土工作，1 号、2 号、3 号、4 号墙一次浇筑完成，由于浇筑混凝土体积较大，采用混凝土泵车进行浇筑，模板安装、混凝土衬砌浇筑如图 8-10、图 8-11 所示。

5. 铺设防水层

待混凝土强度达到设计要求后，拆除模板，进行防水层施作。防水层只在 1 号墙和 3 号墙内设置，施作顺序为：先在衬砌背后粘贴 PVC-P 防水板，然后在 PVC-P 防水板后粘贴 400g/m^2 土工布，如图 8-12、图 8-13 所示。

图 8-10　模板安装

图 8-11　混凝土衬砌浇筑

图 8-12　粘贴 PVC-P 防水板

图 8-13　粘贴 400g/m^2 土工布

6. 设置注浆层

防水层设置完成之后进行 1 号墙和 3 号墙的注浆层模板安装以及水泥砂浆浇筑，衬砌背后空洞设置、注浆层浇筑完成如图 8-14、图 8-15 所示。

图 8-14　衬砌背后空洞设置

图 8-15　注浆层浇筑完成

7. 搭建防雨棚以及模型填砂

待衬砌达到设计强度后方可进行拆模，拆模后对模型内部进行清理。防雨棚搭建完成之后，向模型内部填入黄砂，填入前需对黄砂进行晒干并过筛，保证填入的黄砂湿度较小、不含有石子土块等，模型制作完成如图 8-16 所示。

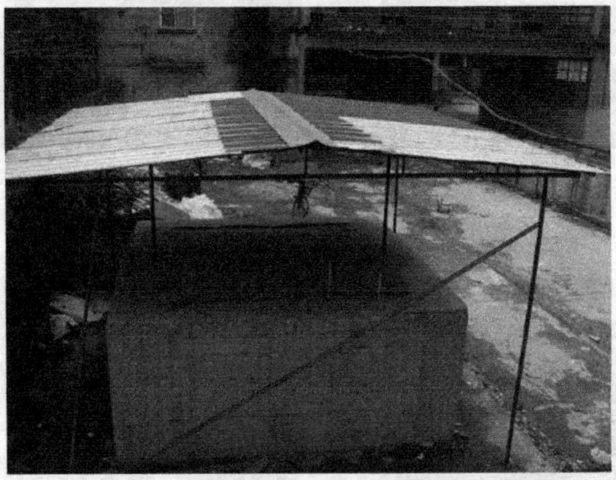

图 8-16 模型制作完成

8.2.4 模型试验设备

试验设备采用加拿大 Sensor & Software 公司 PulseEKKO PRO 系列探地雷达进行试验，该系统由控制单元、发射 / 接收天线、电源等组成，加拿大 Pulse EKKO PRO 探地雷达系统如图 8-17 所示。

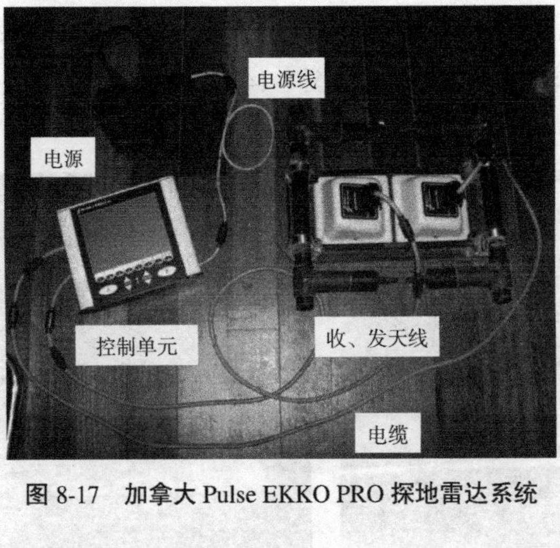

图 8-17 加拿大 Pulse EKKO PRO 探地雷达系统

探地雷达系统的控制单元和天线如图 8-18 所示，用于发射高频脉冲信号、设置系统参数、控制天线采集数据以及实时显示采集图像。发射天线辐射由控制单元发出的高频脉冲信号，而接收天线则接收由探测目标所反射回来的反射信号。

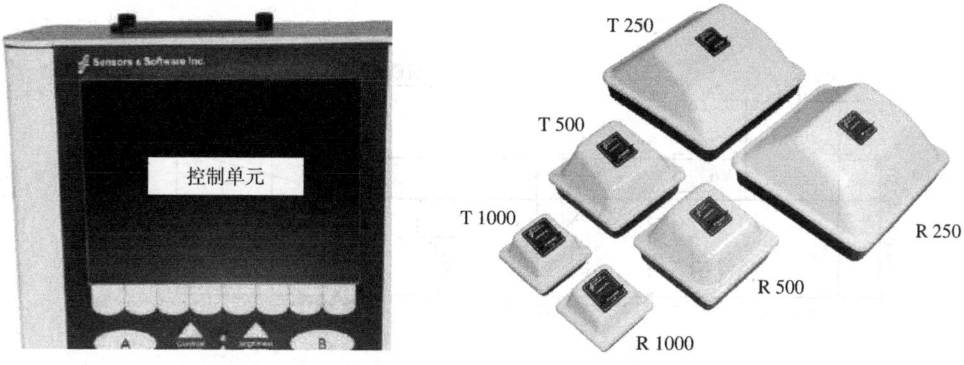

（a）　　　　　　　　　　（b）

图 8-18　探地雷达系统的控制单元和天线

（a）控制单元；（b）不同频率收、发天线

根据经验和实际情况，探地雷达系统参数如表 8-1 所示。

探地雷达系统参数　　　　**表 8-1**

探测深度（m）	中心频率（MHz）	默认时窗大小	采样间隔（ns）
0.5	1000	25	0.1
1	500	50	0.2
2	250	100	0.4

试验采用反射测量方式的剖面法，剖面法是发射天线（T）和接收天线（R）以固定间距沿测线同步移动的一种测量方式。根据空洞大小及埋深，分别选择 1000MHz 和 500MHz 天线对空洞进行探测，测线以空洞水平面中心位置为中心四边各一定距离，测线之间保持一定的间距，布置相应测线采集不同空洞类型、不同介质的雷达波形图像。

8.3　GPR 探测模型试验结果

8.3.1　衬砌内部空洞试验结果

衬砌内空洞探测在 1 号墙内进行，1 号墙由外到内组成为 60cm 钢筋混凝土衬砌、防水层、注浆层和岩土层，衬砌内部空洞分布及测试设置如图 8-19 所示。衬砌内部共设置 6 个空洞，编号为 V1 ~ V6，分为三组。第一组：V1 和 V2，位于衬砌内部，第二组：V3 和 V4，位于衬砌与注浆层界面，第三组：V5 和 V6，位于注浆层和岩土层界面，每组有两个大小不同的空洞，其中 V1、V3、V5 大小为 10cm × 10cm × 20cm，埋深分别为 30cm、47cm 和 75cm；V2、V4 和 V6 大小为 20cm × 20cm × 20cm，埋深分别为 36cm、

37cm 和 65cm。测线共布置三条水平测线，模拟沿隧道纵向探测，测线长度为 3.0m。H1 穿过第一组空洞中心线，H2 穿过第二组空洞中心线，H3 穿过第三组空洞中心线。

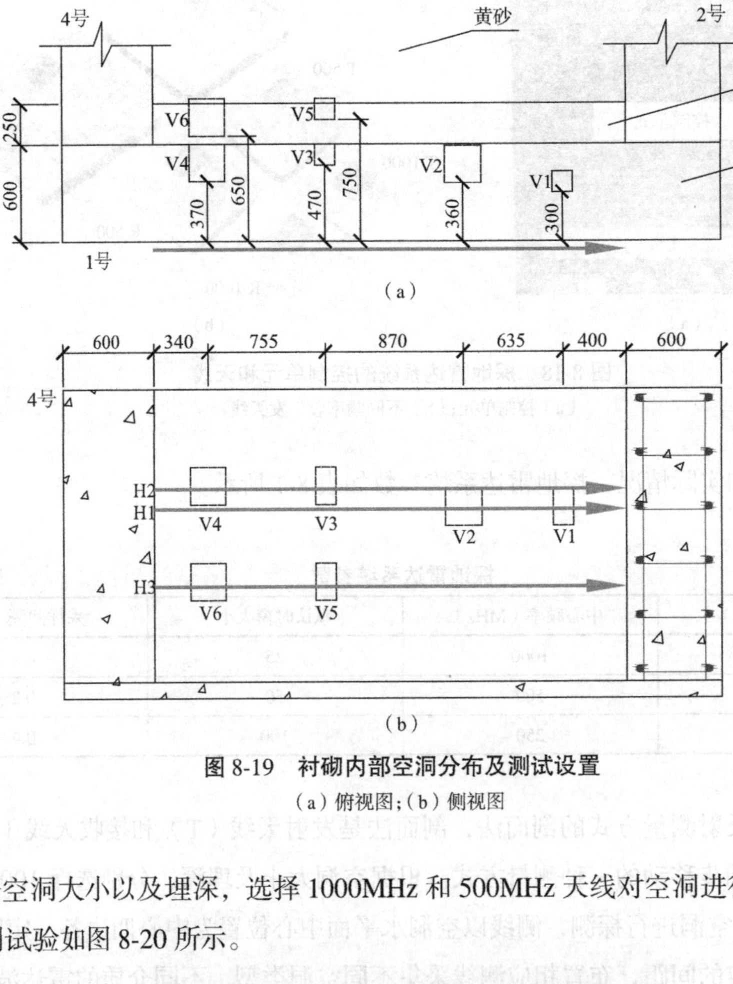

图 8-19　衬砌内部空洞分布及测试设置

（a）俯视图；（b）侧视图

根据空洞大小以及埋深，选择 1000MHz 和 500MHz 天线对空洞进行探测，1 号墙空洞探测试验如图 8-20 所示。

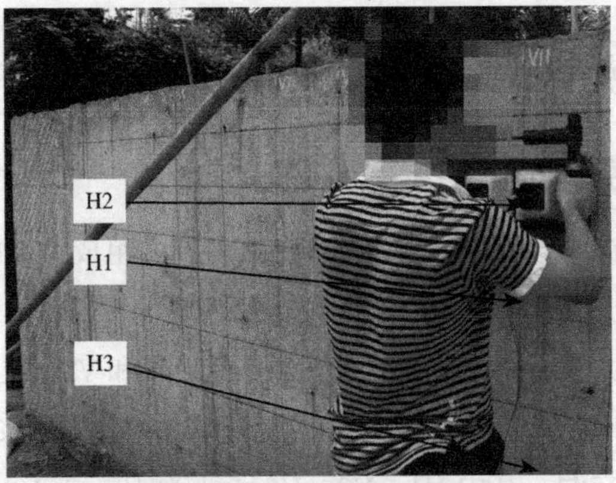

图 8-20　1 号墙空洞探测试验

1. H1 测线探测结果

测线 H1 空洞雷达探测结果如图 8-21 所示。从图 8-21 可以看出，1000MHz 天线能够探测到第一组空洞 V1 和空洞 V2。探测空洞 V1 埋深 0.32m（相对误差 6.7%），探测空洞 V2 埋深 0.35m（相对误差 2.8%）。在 1000MHz 天线的雷达图像上，空洞的反射信号非常不明显，难以识别。500MHz 天线同样能够探测到第一组空洞 V1 和空洞 V2。探测空洞 V1 埋深 0.31m（相对误差 3.3%），探测空洞 V2 埋深 0.37m（相对误差 1.4%）。500MHz 天线的雷达图像上，空洞的反射信号非常明显，有明显的抛物线特征，易于识别。

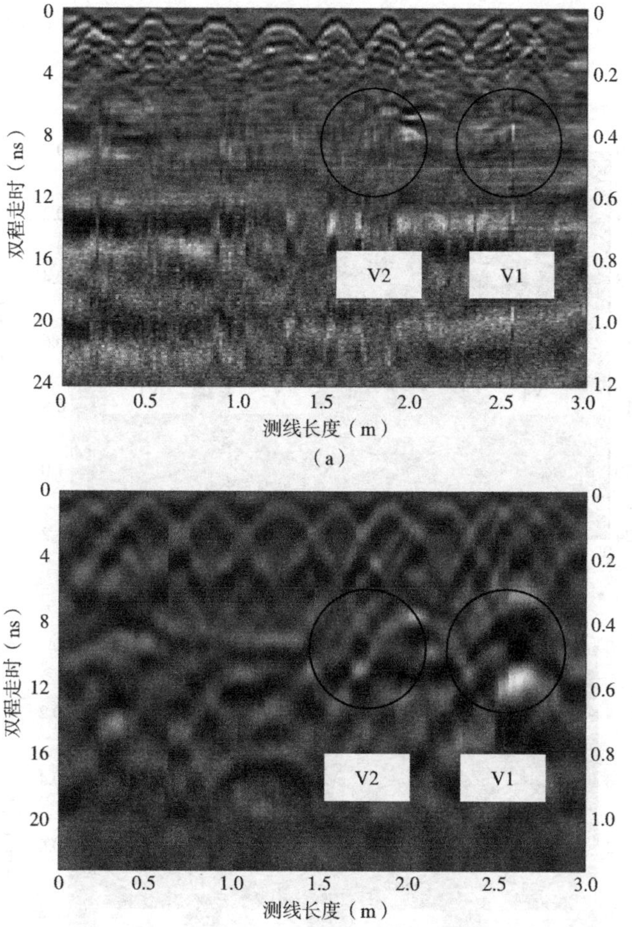

(b)

图 8-21　测线 H1 空洞雷达探测结果

（a）探测频率 1000MHz；（b）探测频率 500MHz

2. H2 测线探测结果

测线 H2 空洞雷达探测结果如图 8-22 所示。从图 8-22 可以看出，1000MHz 天线只能够探测到第二组空洞 V4，而探测不到空洞 V3。探测空洞 V4 埋深 0.39m（相对误差 5.4%）。1000MHz 天线的雷达图像上，空洞的反射信号非常不明显，难以识别。1000MHz 天线无法探测到空洞 V3 的原因在于空洞 V3 的尺寸较小而埋深又较大，因此雷达信号十分微弱，无法从图像上识别出来。

500MHz 天线能够探测到第二组空洞 V3 和空洞 V4。探测空洞 V3 埋深 0.48m（相对误差 2.1%），探测空洞 V4 埋深 0.39m（相对误差 5.4%）。500MHz 天线的雷达图像上，空洞的反射信号非常明显，有明显的抛物线特征，易于识别。

从图 8-22 中还可以发现，测线 H2 不仅探测到了第二组空洞，也记录到了第一组空洞 V1 和空洞 V2 的反射信号，说明探地雷达的探测范围不仅局限于测线的正下方（最大辐射方向），只要探测目标位于其主瓣宽度范围内，都能够较好地获得探测目标的反射信号。

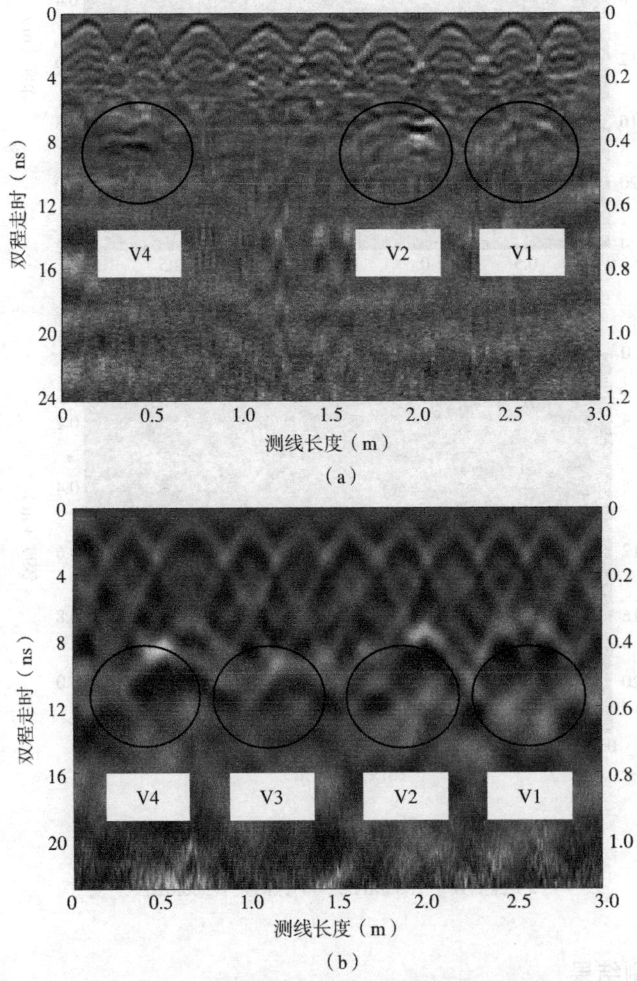

图 8-22　测线 H2 空洞雷达探测结果

（a）天线频率 1000MHz；（b）天线频率 500MHz

3. H3 测线探测结果

测线 H3 空洞雷达探测结果如图 8-23 所示。从图 8-23 可以看出，从 1000MHz 天线的雷达图像上已经无法识别出空洞的反射信号，原因在于其埋深已经超过了天线的穿透深度。

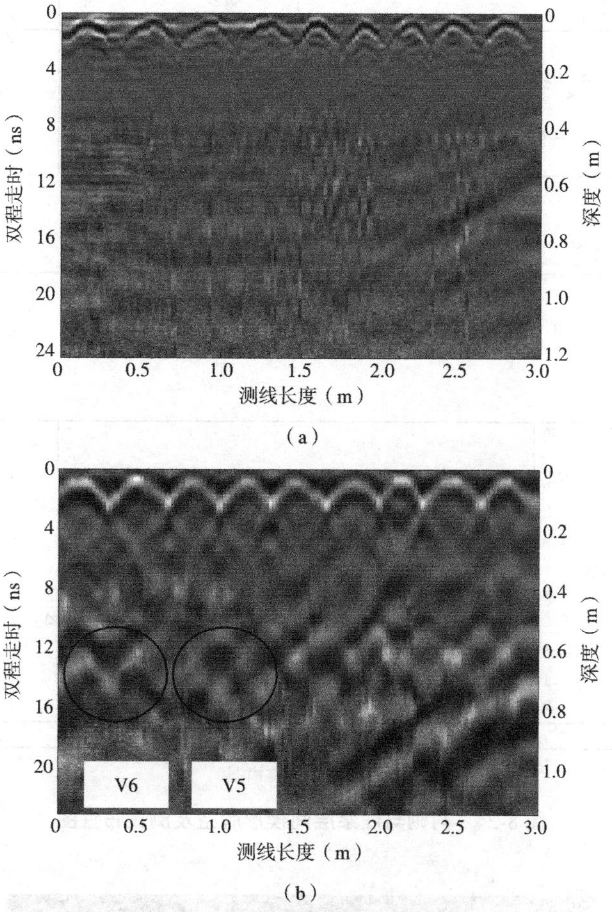

图 8-23　测线 H3 空洞雷达探测结果

（a）天线频率 1000MHz；（b）天线频率 500MHz

500MHz 天线能够探测到第三组空洞 V5 和空洞 V6。探测空洞 V5 埋深 0.69m（相对误差 8.0%），探测空洞 V6 埋深 0.63m（相对误差 3.1%）。在 500MHz 天线的雷达图像上，空洞的反射信号较弱，并且没有明显的抛物线特征，辨认识别较为困难。

8.3.2　衬砌与注浆层间脱空试验结果

衬砌与注浆层间楔形脱空及测线布置图如图 8-24 所示，楔形脱空竖直方向位于 3 号墙 0 ~ 0.9m 高度范围，水平方向延伸长度 1.5m，脱空层厚度自右向左由 0 变化到 250mm。衬砌与注浆层间楔形脱空探测如图 8-25 所示，沿水平方向布置一条测线，测线通过脱空范围，模拟 GPR 沿隧道纵向探测，测线长度 3.0m。模型内脱空区域如图 8-26 所示。

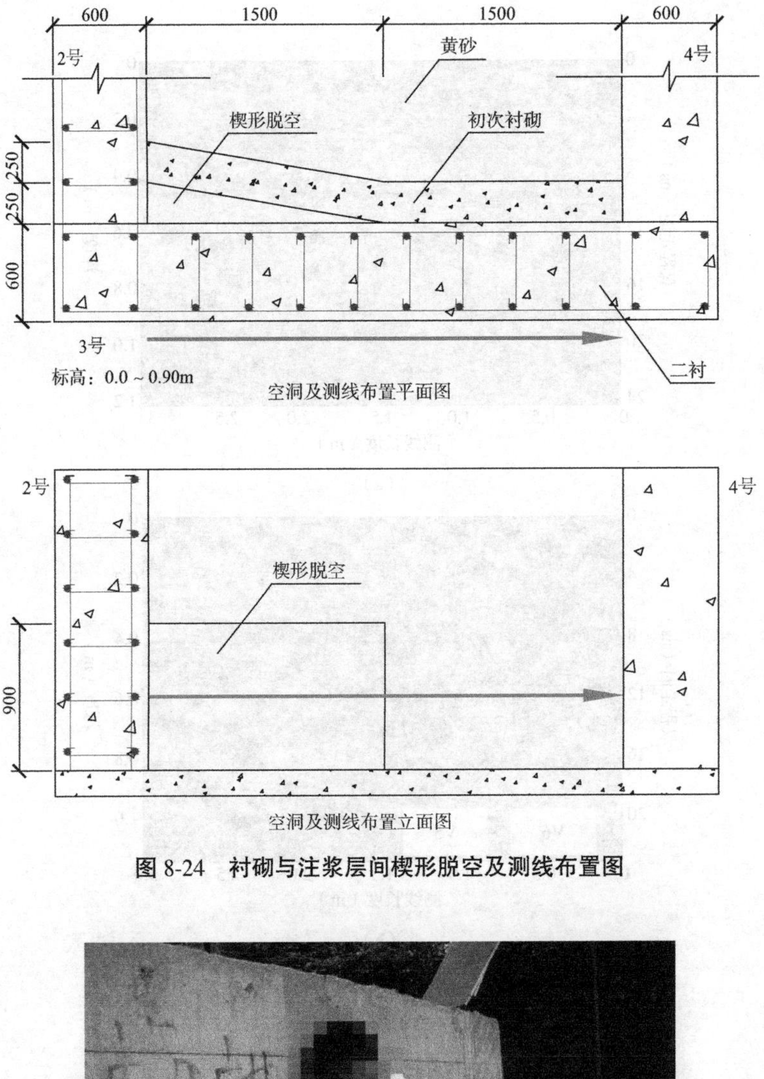

图 8-24　衬砌与注浆层间楔形脱空及测线布置图

图 8-25　衬砌与注浆层间楔形脱空探测

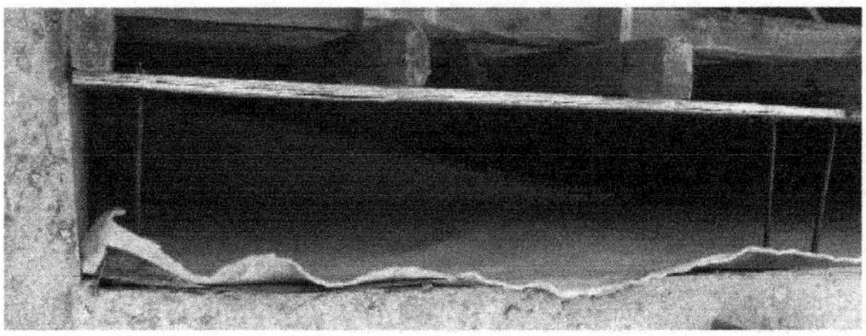

图 8-26　模型内脱空区域

衬砌和注浆层间楔形脱空探测时间剖面图如图 8-27 所示，可以看出，从 1000MHz 的雷达图像上已经完全不能找到楔形脱空的反射信号，空洞埋设已超过了 1000MHz 天线的穿透深度。

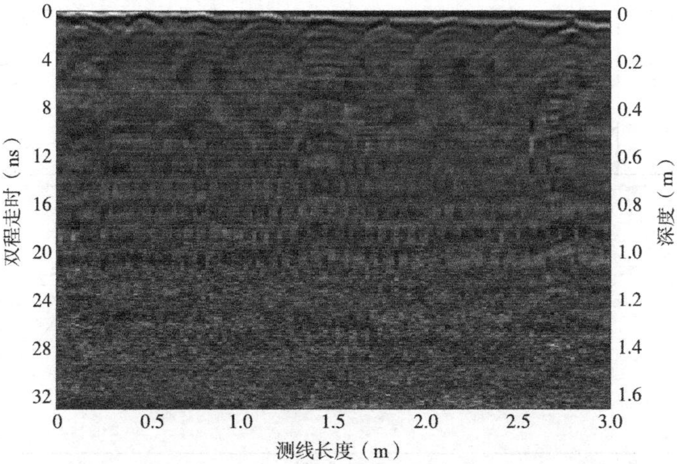

（a）

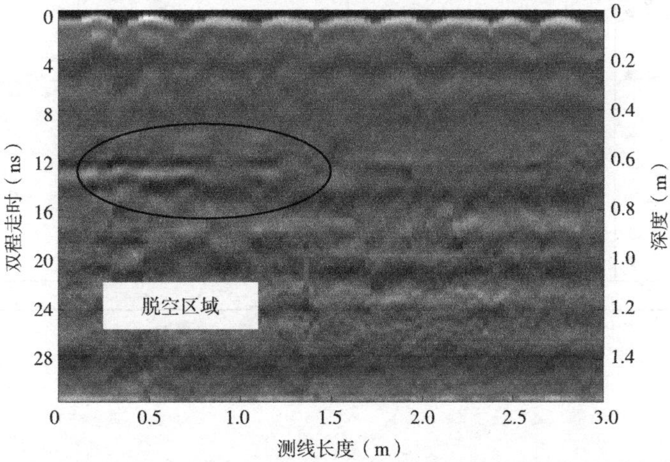

（b）

图 8-27　衬砌和注浆层间楔形脱空探测时间剖面图

（a）天线频率 1000MHz；（b）天线频率 500MHz

从 500MHz 天线的雷达图像上，可以明显识别出楔形脱空上表面的反射位于 0.65m（相对误差 8.3%），脱空区的下表面在雷达图像上反映不出来。并且，从左至右随着楔形脱空的厚度越来越小，反射信号也逐渐减弱，在测线长度为 0.8m 之后便难以识别。

8.3.3 注浆层与岩土层间脱空试验结果

注浆层与岩土层间楔形脱空及测线布置图如图 8-28 所示，楔形脱空竖直方向位于 3 号墙 1.2～1.8m 高度范围，水平方向延伸长度 1.5m，脱空层厚度自左向右由 0 变化到 500mm。

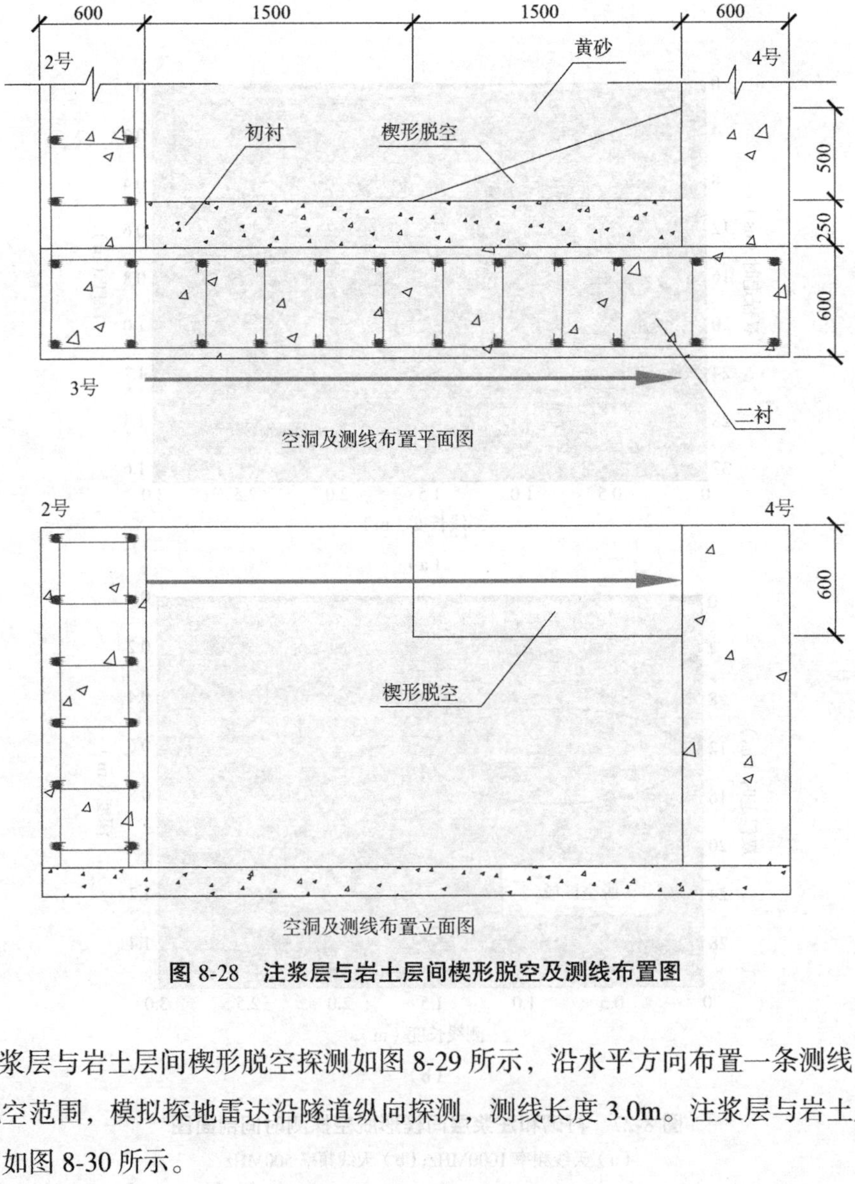

图 8-28 注浆层与岩土层间楔形脱空及测线布置图

注浆层与岩土层间楔形脱空探测如图 8-29 所示，沿水平方向布置一条测线，测线通过脱空范围，模拟探地雷达沿隧道纵向探测，测线长度 3.0m。注浆层与岩土层间楔形脱空如图 8-30 所示。

图 8-29　注浆层与岩土层间楔形脱空探测

图 8-30　注浆层与岩土层间楔形脱空

注浆层与岩土层间楔形脱空探测时间剖面图如图 8-31 所示，从图 8-31 可以看出，注浆层和岩土层间的楔形脱空在无填充情况下和有填充情况下的探测结果基本相同，但无填充情况下的反射信号要更强一些，原因在于混凝土与空气的介电常数之差要大于混凝土与木材之间的介电常数之差，因此前者反射系数更大。从雷达图像上可以很容易识别出楔形脱空上表面的反射信号位于 0.82m（相对误差 3.5%），脱空区的下表面在雷达图像上难以识别。

8.3.4　衬砌背后 1m 处空洞试验结果

取天线中心频率 f=500MHz，电磁波在介质中传播速度 v=0.12m/ns，可以得到在空洞埋深 h=1.0m 时的天线分辨率：水平分辨率 Δr=6cm，垂直分辨率 Δl=8cm。空洞大小按照两倍和四倍垂直分辨率制作，共 3 个空洞，尺寸分别为:1 号空洞，16cm ×

16cm×12cm，2 号空洞，32cm×32cm×12cm，3 号空洞，32cm×32cm×24cm。衬砌背后 1m 处空洞、空洞及测线布置图如图 8-32、图 8-33 所示，衬砌背后 1m 处空洞探测如图 8-34 所示。

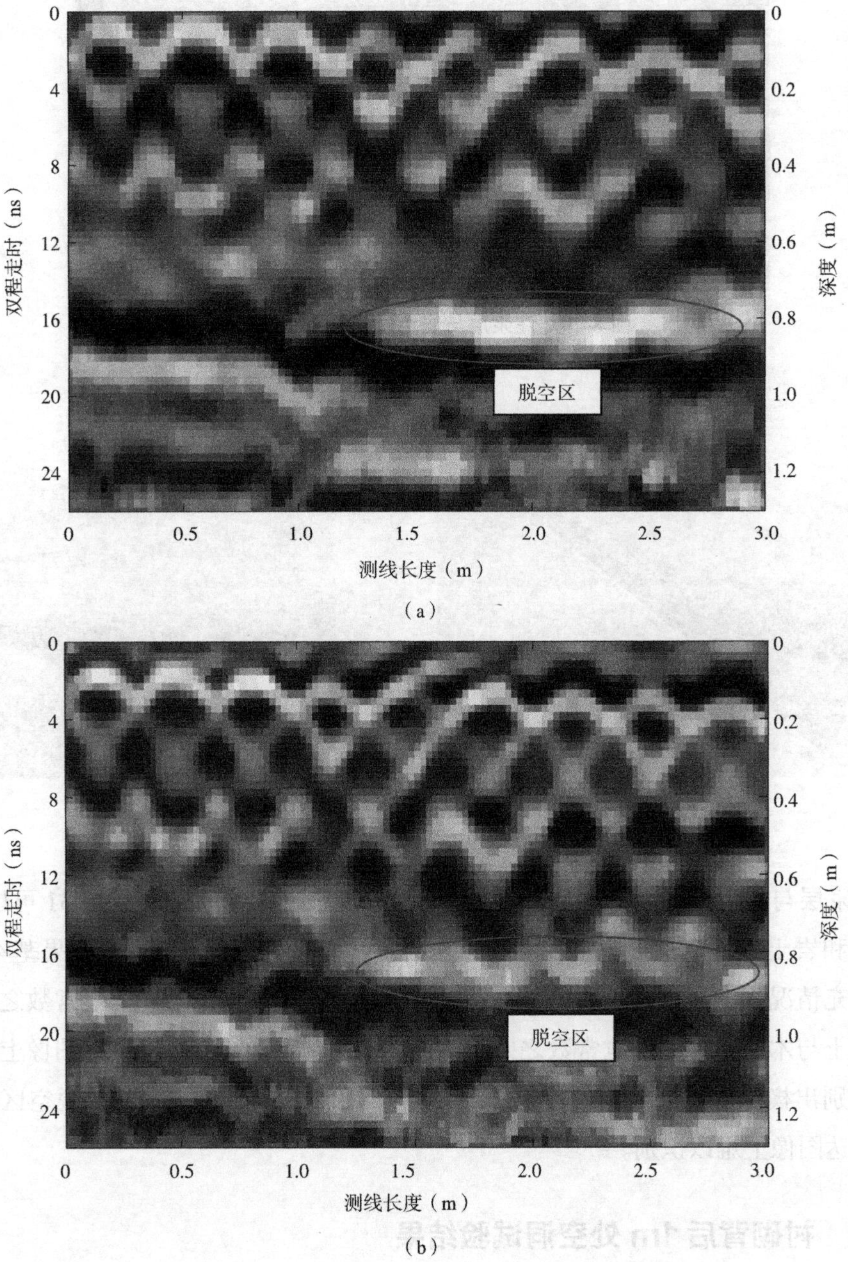

图 8-31　注浆层与岩土层间楔形脱空探测时间剖面图

（a）无填充；（b）木板填充

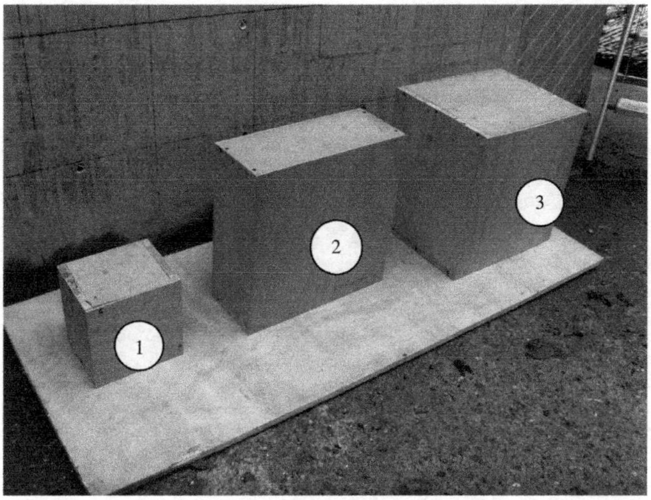

图 8-32　衬砌背后 1m 处空洞

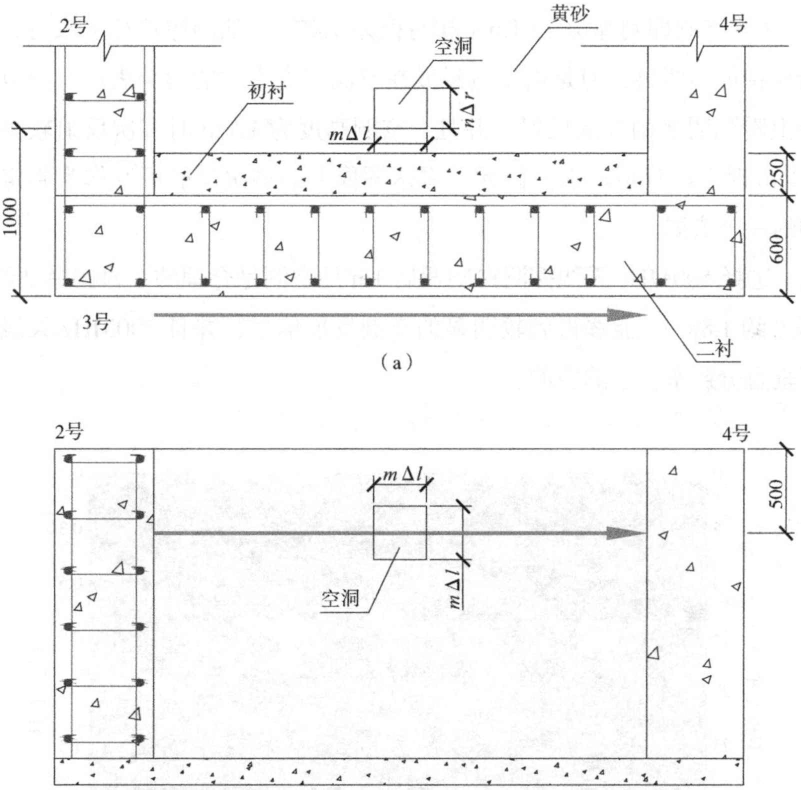

图 8-33　衬砌背后 1m 处空洞及测线布置图

（a）空洞及测线布置平面图；（b）空洞及测线布置立面图

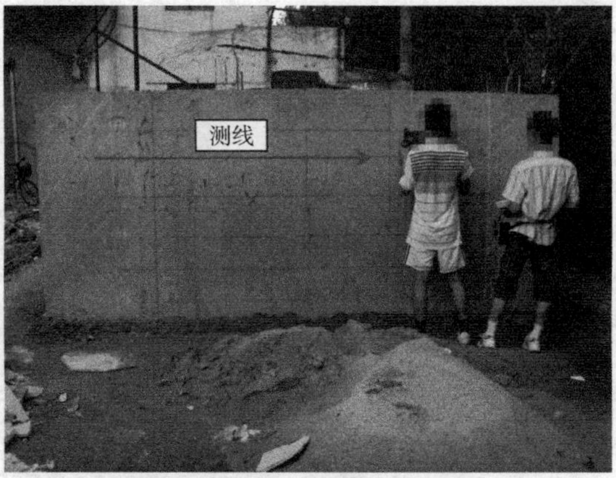

图 8-34　衬砌背后 1m 处空洞探测

从图 8-35 ~ 图 8-37 可以看出，对衬砌背后 1m 处三种大小的空洞 500MHz 天线均能探测出来：1 号空洞探测埋深 1.0m（相对误差 0），2 号空洞探测埋深 1.01m（相对误差 1.4%），3 号空洞探测埋深 1.01m（相对误差 1.4%）。从图像特征上来看，空洞反射回波抛物线特征不明显，但是由于电磁波在空洞厚度方向的两个表面上反复反射，可以从图像上看到明显的多次反射。并且，空洞高度为 12cm 时多次反射较少，而空洞高度为 24cm 时多次反射较多。因此，雷达图像上的多次反射可以作为判定岩土内是否有空洞的一个依据。

因此，选择 500MHz 天线探测衬砌背后 1m 处空洞是合理的（衬砌厚度约为 0.8m，总探测深度约 1.8m），能够得到较明显的空洞反射信号，并且 500MHz 天线能分辨出至少 2 倍垂直分辨率大小的空洞。

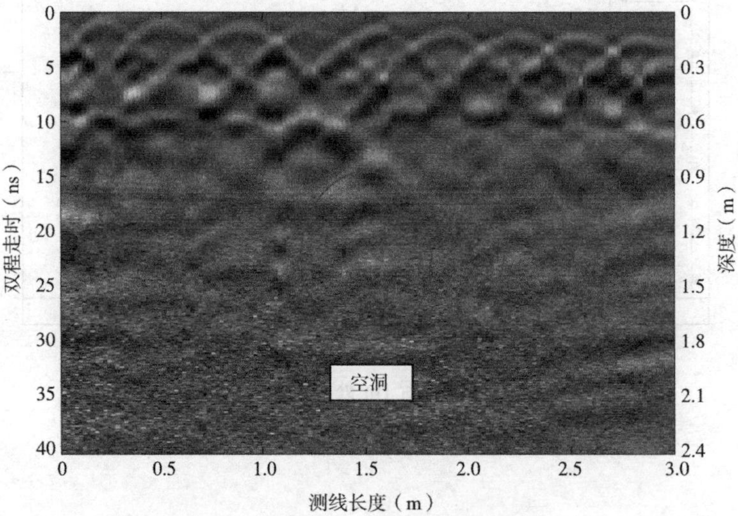

图 8-35　衬砌背后 1 号空洞探测时间剖面

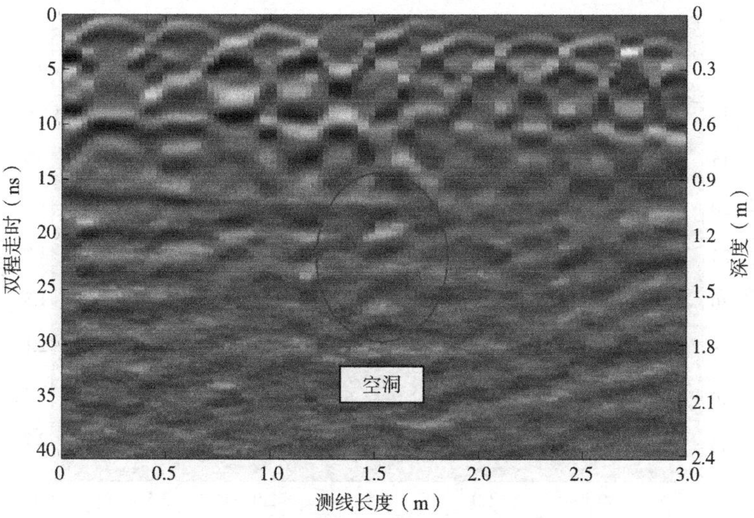

图 8-36　衬砌背后 2 号空洞探测时间剖面

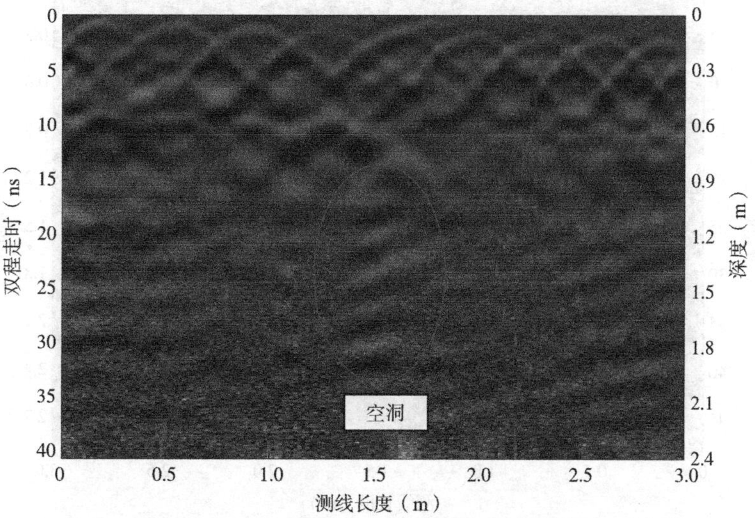

图 8-37　衬砌背后 3 号空洞探测时间剖面

8.3.5　衬砌背后 2m 处空洞试验结果

此次模型试验所设置的空洞埋设位置位于衬砌后 2m 处，考虑空洞埋深已经达到 2m（总探测深度约为 2.8m），500MHz 天线可能已经无法达到该深度，探测时除选择 500MHz 天线以外，还采用 250MHz 天线对空洞进行了探测。

衬砌背后 2m 处 1 号空洞探测时间剖面如图 8-38 所示。从图 8-38 可以看出，对于混凝土衬砌背后 2m 处的大小为 24cm × 24cm × 12cm 的空洞，500MHz 天线和 250MHz 天线的雷达图像上均无法有效识别出来。

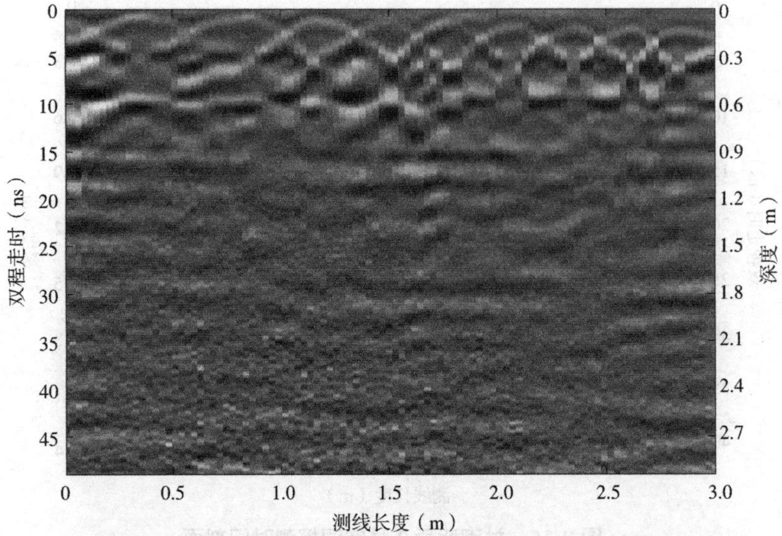

（a）

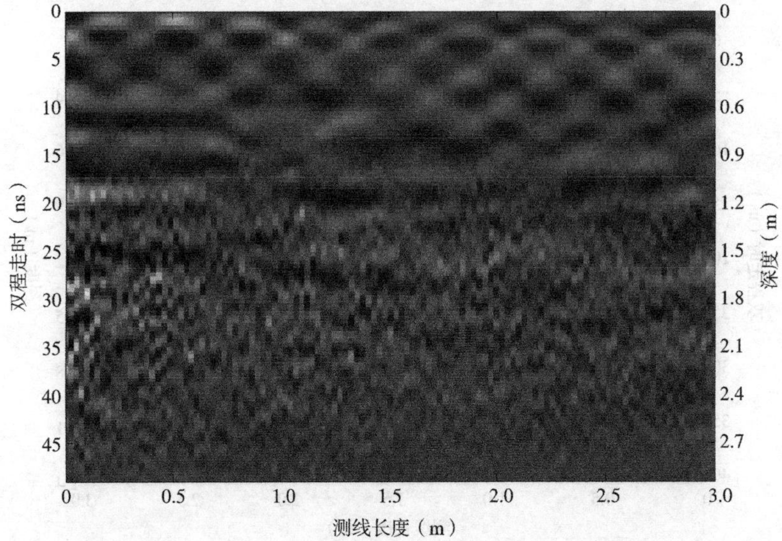

（b）

图 8-38 衬砌背后 2m 处 1 号空洞探测时间剖面

（a）天线频率 f=500MHz；（b）天线频率 f=250MHz

衬砌背后 2m 处 2 号空洞探测时间剖面如图 8-39 所示，从图 8-39 可以看出，对于混凝土衬砌背后 2m 处的大小为 48cm × 48cm × 12cm 的空洞，500MHz 天线和 250MHz 天线的雷达图像上均无法有效识别出来。

衬砌背后 2m 处 3 号空洞探测时间剖面如图 8-40 所示，从图 8-40 可以看出，大小为 48cm × 48cm × 24cm 的空洞在 500MHz 天线和 250MHz 天线的雷达图像上均能反映出来，500MHz 天线雷达图像中空洞埋深 1.82m（相对误差 9.0%）；250MHz 天线雷达图像中空洞埋深 1.81m（相对误差 9.6%）。空洞反射回波均没有明显的抛物线特征，且空洞的反射信号已经非常微弱，这给空洞的识别造成一定困难。

因此，对于衬砌背后 2m 处的空洞，500MHz 的天线已经很难探测出这个深度下的空洞，需要采用低频天线，从 250MHz 天线的雷达图像上仍然可以发现多次反射的存在，这为空洞的识别提供了依据。但是低频天线带来的问题是其分辨率的降低，250MHz 天线能探测到的空洞的最小尺寸为 $4\Delta r \times 4\Delta l$ 大小。

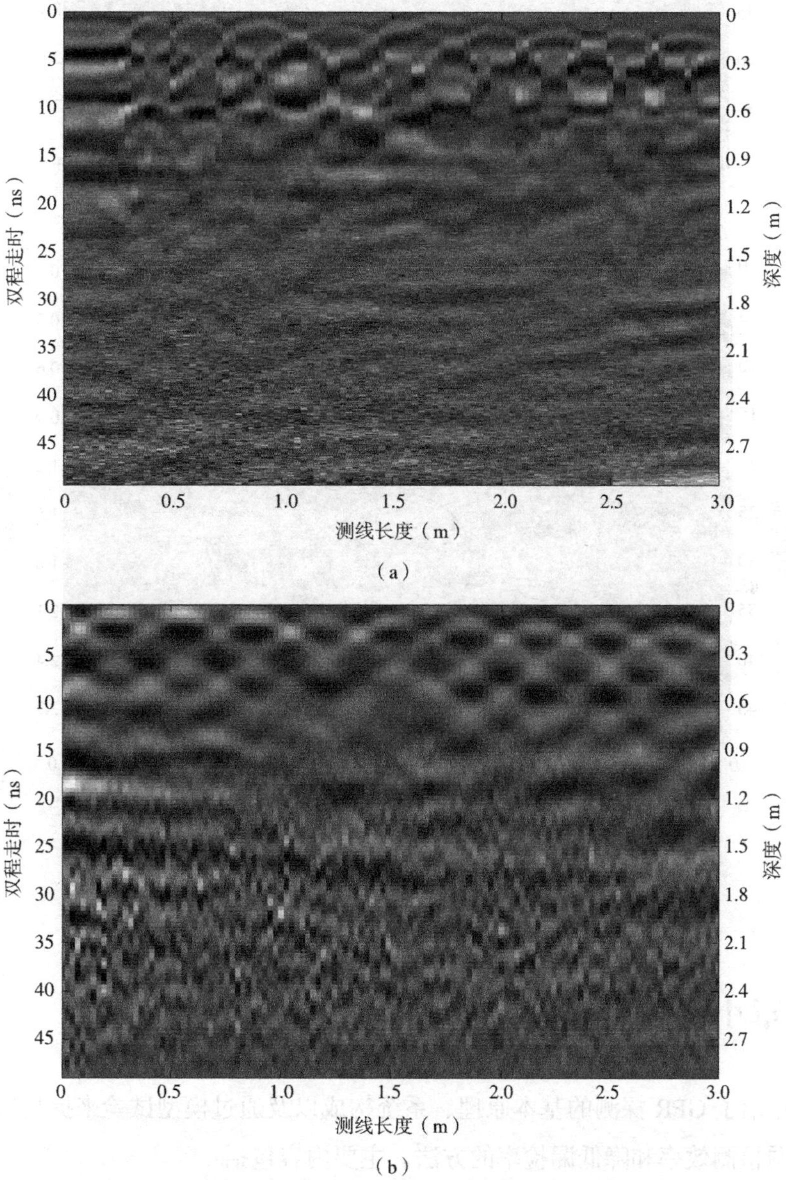

图 8-39　衬砌背后 2m 处 2 号空洞探测时间剖面

（a）天线频率 f=500MHz；（b）天线频率 f=250MHz

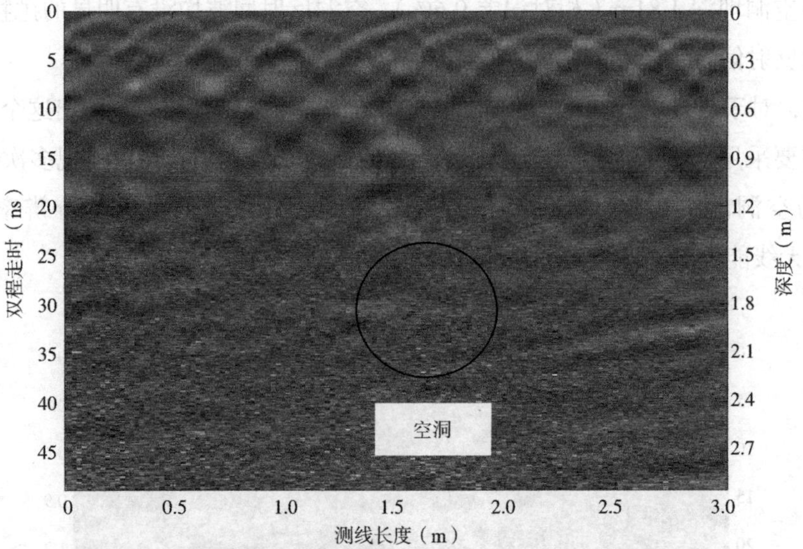

（a）

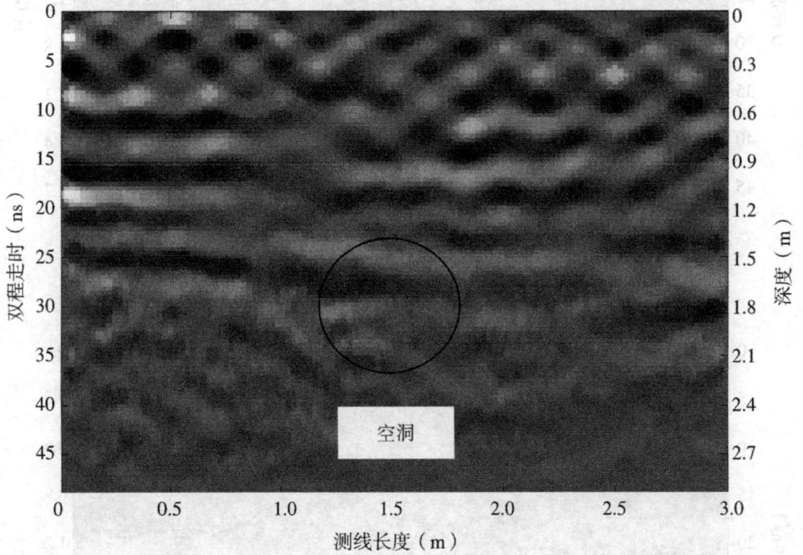

（b）

图 8-40　衬砌背后 2m 处 3 号空洞探测时间剖面

（a）天线频率 f=500MHz；（b）天线频率 f=250MHz

8.4　本章小结

文本介绍了 GPR 探测的基本原理、系统构成以及通过模型试验来提高盾构隧道衬砌背后空洞检测效率和降低漏检率的方法。主要内容包括：

（1）GPR 探测是一种通过高频电磁波无损检测地下结构的方法，特别适用于隧道等复杂环境。GPR 探测利用高频电磁波，与传统检测方法相比具有高效率、低成本和高分辨率等优点。GPR 探测特性受地层性质影响，特别是介电常数和电导率，以及地层中金属异常体的影响。

（2）GPR 探测模型试验旨在模拟盾构隧道衬砌背后的各种类型空洞，并通过 GPR 技术获取特征图像，以提高空洞检测的准确性和减少漏检。试验模型设计考虑了衬砌内外不同空洞的情况，使用不同天线频率的 GPR 进行探测，以适应不同的空洞工况。

（3）GPR 探测模型试验结果表明 500MHz 天线能够探测到衬砌背后 1m 处的空洞，而对于更深处的空洞，则需要使用低频天线（250MHz）并结合多次反射的图像特征进行识别。

第 9 章
盾构隧道衬砌背后空洞 GPR 深度学习识别

9.1 目标识别

目标识别是计算机机器视觉领域的核心内容，其原理可以解释为：将图像中目标的几何特征和统计特征相结合的特征提取技术，解决感兴趣的目标位置和分类的一种算法，其特点是准确率高且速度快。（1）区域选择。使用尺寸不同的滑动窗口对图像进行提取，作为候选区域，这一步骤的目的是确定感兴趣目标所在的位置。（2）特征提取。手动对滑动窗口的图像提取候选区域中的相关特征，例如颜色、纹理和 HOG 特征等。（3）目标分类。这一步是在网络训练好之后，网络会对输入的目标进行识别分类，从而实现完整的检测。常用的分类器例如 SVM（Support Vector Machine）、DPM（Deformable Part Model）等。

深度学习为很多复杂且重复的识别工作提供了便捷且高效的方法，同时推动着人工智能的高速发展。

9.2 卷积神经网络与深度卷积

9.2.1 卷积神经网络

卷积神经网络（CNN）作为深度学习最具代表性的算法之一，在图像、视频识别和语音识别等场景被广泛应用。该网络主要由输入层、卷积层、池化层、全连接层和输出层组成，卷积神经网络结构如图 9-1 所示。

1. 卷积层

卷积层作为卷积神经网络主要核心，由多个小的卷积单元组合而成，卷积核在离散空间中通过卷积操作来获取图像信息，将特征图部分区域进行连接，由卷积核滑动到图像上的所有位置做加权运算。卷积运算过程如图 9-2 所示。尺寸大小为 3×3 的卷积核在 5×5 的矩阵数据中的卷积操作，周围填充为 0，每次移动的步幅为 1，第一次卷积的位置在黄色框处，最终输出 3×3 的特征图。

对于卷积运算，卷积核是不同尺寸的矩阵数据，作用于输入图像的某一区域，卷积核从坐标起始点或左上角开始选取与其尺寸相同的矩阵框，将两个数据矩阵对应信息相乘并累加，上述方法和滤波器矩阵相乘后累加，并按照位置获取数据和相应的特征，按照步长对输入图像进行遍历，最终输出特征图。同样地，这层卷积结果的输出又作为下一层的输入进行重复操作。

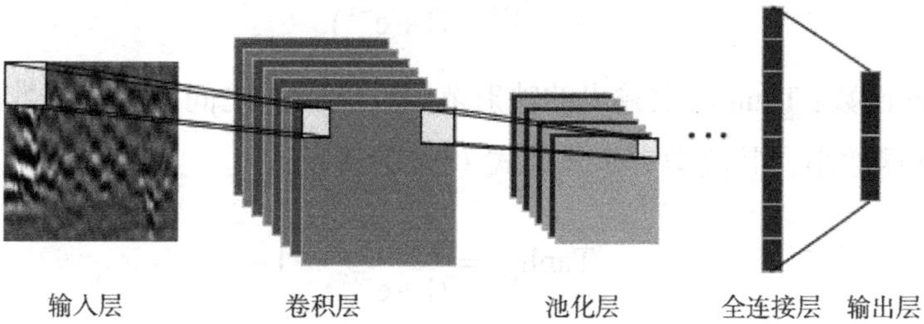

图 9-1　卷积神经网络结构

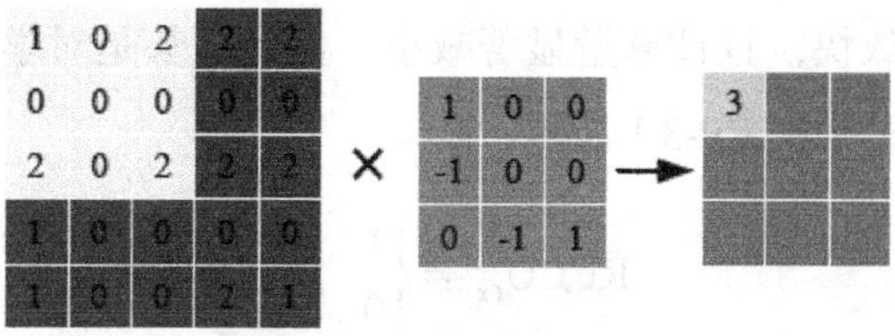

图 9-2　卷积运算过程

2. 池化层

池化层的作用是进行下采样，在不影响特征提取的情况下降低网络的参数量，即利用输入图像的某一位置的数据和特征来代替图像的总体信息。常见池化函数有最大池化（Max 池化）和平均池化（Average 池化），最大池化是在目标区域选出最大值代表该目标区，平均池化是计算目标区域内所有元素的平均值代表该目标区域，最大池化示意图如图 9-3 所示。进行池化时降低了网络的空间尺寸，但通道数不变，减少了运算量，降低过拟合，增加卷积神经网络图像的平移不变性。

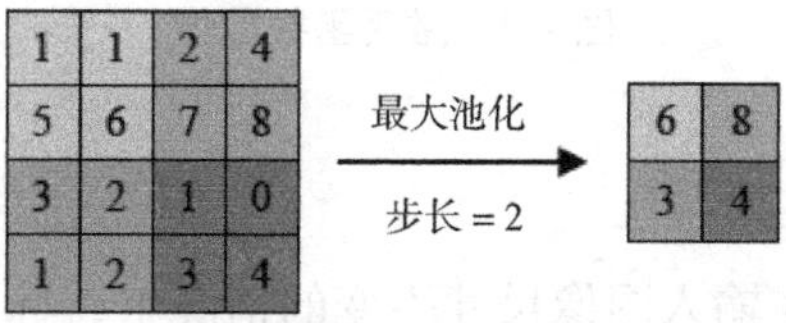

图 9-3　最大池化示意图

3. 激活层

激活层可以决定将哪些信息传递给后边的神经元，不同的激活函数作用不同，常用的激活函数有 Sigmoid 函数、Tanh 函数、ReLU 函数。激活函数图像如图 9-4 所示。

（1）Sigmoid 函数：在早期的神经网络应用中常用到 Sigmoid 函数，该函数能够把连续的数据输入映射到 0 ~ 1 之间。单调平滑并且求导简单，但同时劣势是该函数输出不以 0 为中心，会影响训练的收敛速度，计算量较大，其数学表达式如式（9-1）所示：

$$S_{(x)}=\frac{1}{(1+e^{-x})} \tag{9-1}$$

（2）Tanh 函数：Tanh 函数输出的映射范围在 −1 ~ 1 之间，但该函数的计算量并没有比 Sigmoid 函数小，其数学表达式如式（9-2）所示：

$$\mathrm{Tanh}_{(x)}=\frac{2}{(1+e^{-2x})}-1 \tag{9-2}$$

（3）ReLU 函数：ReLU（Rectified Linear Unit）函数即为修正线性单元函数，计算过程简单，输入为 0 输出为 0，输入大于 0 时网络无变化，该函数解决了前两类函数梯度消失的问题，收敛快，且计算量显著减小。但其劣势是对学习率和初始化参数较为敏感，其数学表达式如式（9-3）所示：

$$\mathrm{ReLU}_{(x)}=\begin{cases}x & x>0\\ 0 & x\leqslant 0\end{cases} \tag{9-3}$$

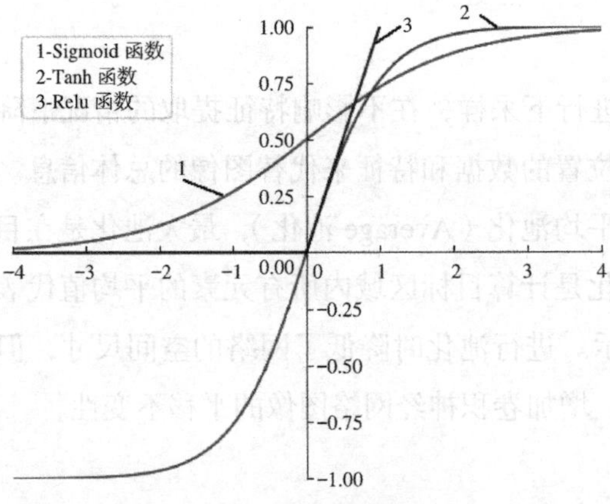

图 9-4　激活函数图像

9.2.2　深度卷积网络

对于标准卷积来说，在输入图像尺寸不变的情况下，标准卷积运算示意图如图 9-5 所示。

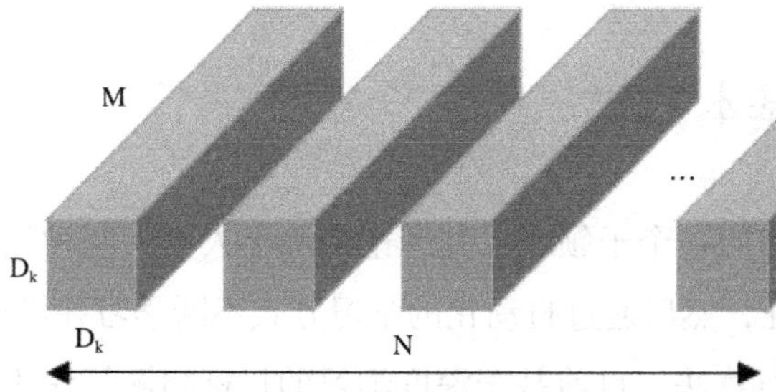

图 9-5　标准卷积运算示意图

计算量 C_1 可用公式表示为：

$$C_1 = D_k \times D_k \times D_F \times D_F \times M \times N \tag{9-4}$$

式中　$D_F \times D_F$——输入的特征图尺寸；

M——输入特征的通道数；

N——卷积核数量；

$D_k \times D_k$——卷积核尺寸。

深度可分离卷积分为两步：将标准卷积分为深度卷积和逐点卷积。前者对输入图像的单个通道应用单个滤波器进行卷积，后者利用 1×1 卷积对前者的输出进行线性结合，生成新的特征图。深度与逐点卷积卷积示意图如图 9-6 所示。

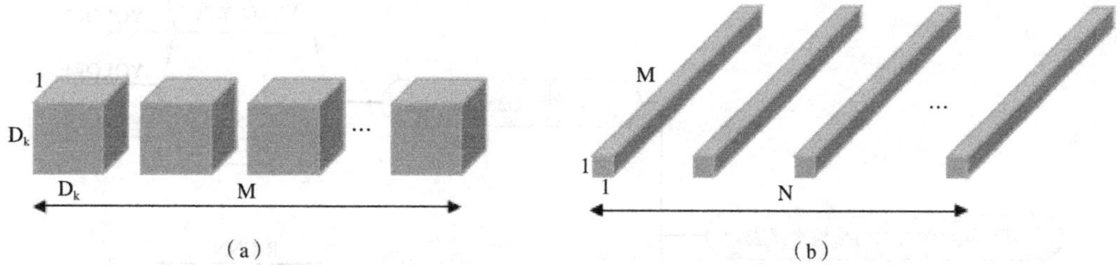

图 9-6　深度与逐点卷积卷积示意图

(a) 深度卷积；(b) 逐点卷积

其中，深度卷积的计算量可表示为（$D_k \times D_k \times 1$）$\times M$，逐点卷积的计算量可表示为（$1 \times 1 \times M$）$\times N$。

因此深度可分离卷积的参数量是两种卷积相加得来，那么深度可分离卷积与标准卷积减少的参数量的比值如下式所示：

$$\frac{D_k \times D_k \times M + M \times N}{D_k \times D_k \times M \times N} = \frac{1}{N} + \frac{1}{D_k^2} \tag{9-5}$$

9.3 深度学习识别基本框架

深度学习属于机器学习的一个子领域，其理论来源于人类大脑神经过滤信息的行为，获取多个隐藏层的特征，然后通过自动化的学习方式不断学习并优化提取的特征，用于识别、分类的一种学习算法。目前基于深度学习的目标检测算法主要分为单阶段和双阶段目标检测算法，深度学习目标检测方法如图 9-7 所示。

单阶段目标检测算法是将目标区域的识别转换为端到端（End-to-End）的目标检测算法，主要通过对图像特征信息进行采样来实现对目标的检测，该算法不用生成区域候选框，大大减少了网络的复杂性，只需一次提取特征即可实现目标的检测，检测速度快。此类算法为以 YOLO 系列、RetineNet、SSD 为代表的单阶段目标检测算法。

双阶段目标检测算法可以根据是否产生候选框与单阶段进行区分。双阶段目标检测算法分为两个阶段：第一个阶段为生成可能包含物体的候选区域，第二个阶段对生成的候选区域进行分类和校准，得到最终的检测结果。该类检测算法识别精度高、但效率不高，速度慢。此类算法 R-CNN 系列、SPP-Net、Faster R-CNN、Mask R-CNN 等。

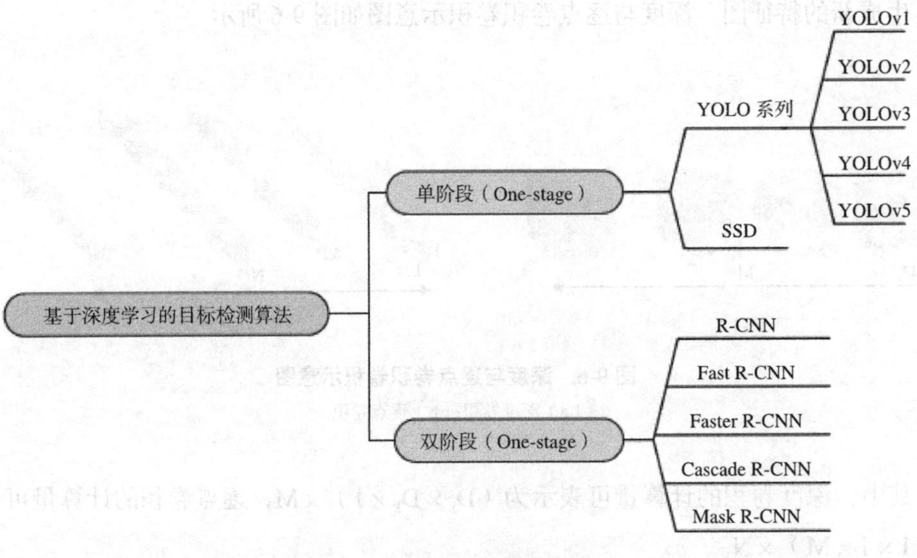

图 9-7 深度学习目标检测方法

9.4 基于 SSD 模型的空洞识别方法

9.4.1 SSD 网络模型

在卷积神经网络的目标识别被广泛应用的同时，SSD 作为一种基于目标特征的单阶段目标识别算法在识别速度和识别精度方面都有着优势，在本书中，选择 SSD 模型进行基于 GPR 的隧道衬砌背后空洞目标的智能识别，并根据网络和目标空洞的特点对网络进行改进以提升网络性能，并利用改进的算法与原模型进行对比实验，分析识别结果。

1. SSD 网络结构

SSD（Single Shot MultiBox Detector）网络模型于 2016 年提出，用于解决 YOLO 与 Faster R-CNN 两者的不足，并保留优势内容，提出的一种效率更高、精度更好的目标检测算法，是单阶段目标检测模型中有代表性的模型之一。基于 SDD 网络模型的空洞识别框架如图 9-8 所示，主要由经典模型 VGG-16 组成的特征提取部分和由 4 个卷积层构成的多尺度检测器构成。

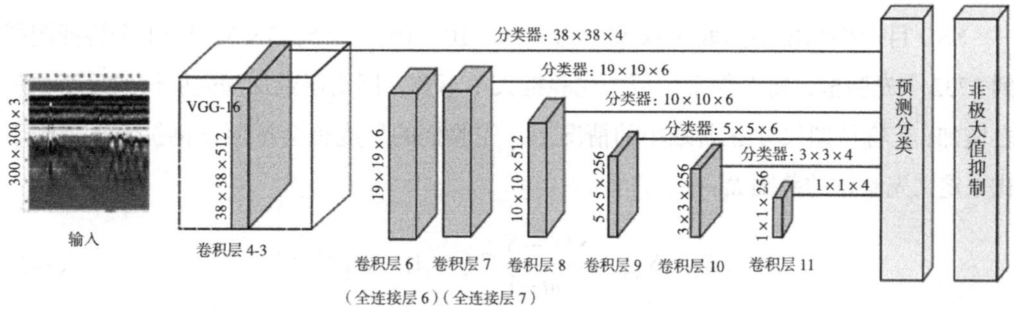

图 9-8　基于 SDD 网络模型的空洞识别框架

由图 9-8 可知，SSD 网络模型以 VGG-16 为骨干网络，将 VGG-16 网络末端的全连接层 FC6、FC7 替换为卷积层 Conv6、Conv7，在此基础上再添加额外的卷积层来获得更多的特征图可使网络能够更好地适应输入图像尺寸的变化；然后，将池化层 Pool5 的卷积核尺寸进行修改，尺寸改为 3×3，步幅改为 2；删除 Dropout 层和全连接层 FC8。

在检测部分，通过添加的 4 个额外的卷积层 Conv8_2、Conv9_2、Conv10_2、Conv11_2 和 VGG-16 中的卷积层 Conv4_3、Conv7 生成 6 种不同尺度的特征图，然后在这些特征图的每一个点上构造 6 个不同尺度大小的先验框。通过这些不同尺寸的来与目标图像的标定框进行匹配，确定目标。

2. 先验框（Prior Box）机制

SSD 算法采用卷积对不同尺度特征图进行检测，同时借鉴了 Faster R-CNN 中 anchor 的思想，在特征图中的每个单元设置长宽比不同的先验框，如图 9-9（a）所示，为一个 8×8 的特征图，先验框尺寸较小，检测尺度小的目标，图 9-9（b）为 4×4 的特征图视野感受范围大，常用于大目标的检测。

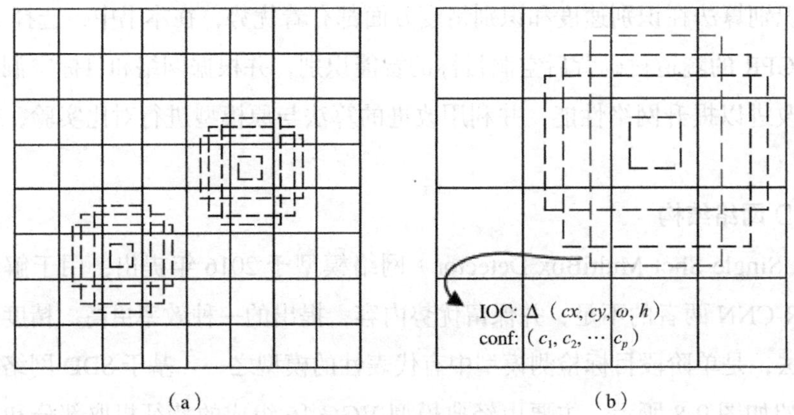

图 9-9　不同尺度特征图的先验框

（a）8×8 特征图先验框；（b）4×4 特征图先验框

SSD 目标检测模型抽取 38×38，19×19，10×10，5×5，3×3，1×1 个特征图得到 8732 个先验框，每个像素生成的先验框大小不变，网络层数加深先验框的尺度也随之增加；在特征图尺寸逐渐减小的情况下，先验框的尺度也会按照比例扩大，采用下式来定义先验框的范围 S_k：

$$S_k = S_{min} + \frac{S_{max} - S_{min}}{m-1}(k-1), \quad k \in [1,m] \tag{9-6}$$

式中，m 为特征层数量。在 SSD 模型中特征层数量 m=6，减去单独设置的一层 CONV4_3。本研究中给定底层特征层 S_{min}=0.2，顶层特征图 S_{max}=0.9，而对于同一特征图，先验框的公式如式（9-7）所示：

$$\begin{cases} w_k^a = S_k\sqrt{a_r} \\ h_k^a = \dfrac{S_k}{\sqrt{a_r}} \\ a_r \in \{1,2,3,\dfrac{1}{2},\dfrac{1}{3}\} \end{cases} \tag{9-7}$$

式中　a_r——先验框的长宽比；

w_k^a、h_k^a——先验框的宽度和高度。

另外，如果生成的先验框含有缩放因子为 1 的情况时，其尺度计算公式如式（9-8）所示：

$$S_k = \sqrt{S_k S_{k+1}} \tag{9-8}$$

3. 非极大值抑制

在 SSD 模型进行目标检测的过程中，会有多个置信结果且相互交叠的先验框对同一目标进行框定，这时非极大值抑制（NMS）的作用就是将置信度较低的多余框或错检框去除，留下合适的、置信度高的预测框作为最终结果输出。非极大值抑制效果如图 9-10 所示，图 9-10（a）中的框选目标附近及框内同时存在很多相互重叠的预测框，图 9-10（b）为通过 NMS 获取最合适的检测框输出。

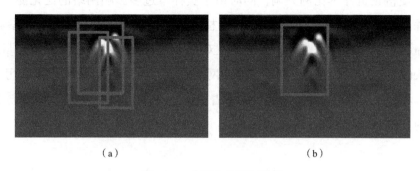

（a）　　　　　（b）

图 9-10　非极大值抑制效果

（a）非极大抑制前；（b）非极大抑制后

4. 损失函数

SSD 模型的损失函数如式（9-9）所示：

$$L(x,c,l,g)=\frac{1}{N}\left(L_{\text{conf}}(x,c)+\alpha L_{\text{loc}}(x,l,g)\right) \tag{9-9}$$

式中　x——输入图像；

c——类别置信度的预测值；

l——先验框的位置预测值；

g——标定框的位置参数；

N——每个特征图的正样本的数量；

α——权重参数。

L_{conf}——类别置信度损失，其采用交叉熵损失函数，其具体形式如式（9-10）所示：

$$L_{\text{conf}}(x,c)=-\sum_{i\in\text{Pos}}^{N}\log(c_i^p)-\sum_{i\in\text{Neg}}^{N}\log(c_i^0),\quad c_i^p=\frac{\exp(c_i^p)}{\sum_p\exp(c_i^p)} \tag{9-10}$$

式中　L_{loc}——定位损失，其采用的 Smooth L1 损失函数是 L1 和 L2 损失函数的优化；

Pos——正样本，指那些与真实目标（ground truth）框相匹配的先验框；

Neg——负样本，指那些不与真实目标框相匹配的先验框；

c_i^p——每一个输入的类别置信度的预测值。

交叉熵混合函数中 log 的底数并没有固定的值，无论选择哪个底数，交叉熵混合函数的核心思想都是衡量两个概率分布之间的差异。底数的选择主要影响的是结果的单位和数值大小，但不影响其作为衡量差异指标的本质。常见底数选 2 或者 e。

9.4.2 SSD 网络模型改进

由于空洞特征往往占整个图像数据的很少一部分，卷积网络选取输入图像的全部特征，使得正负样本比例失调，同时由于负样本过多影响网络的泛化能力及收敛速度。深度学习网络层数不断加深过程中检测精度在不断提升，同时存在参数过多、占用大量内存的情况。针对以上问题，在对 SSD 算法研究的基础上采用轻量级网络 MobileNetV2 作为 SSD 的主干网络，缩减网络模型大小，轻量化处理的同时引入注意力机制学习，提高模型对整个图像数据中占比较小的病害信息的识别实时性与准确性。改进后的 SSD 网络结构如图 9-11 所示。

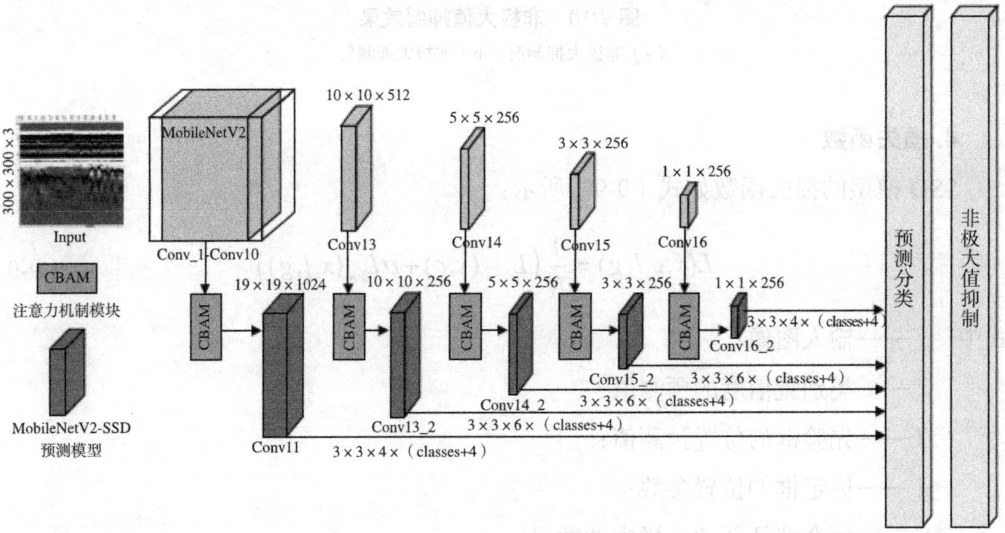

图 9-11　改进后的 SSD 网络结构

1. 轻量化模块

MobileNetV2 的主要组成模块是深度可分离卷积，其作用是减少网络参数，加快网络运行速度，是一种轻量化模型，MobileNetV2 网络结构参数如表 9-1 所示。

MobileNetV2 网络结构参数　　表 9-1

Conv	通道数	重复次数	步长	输出尺寸
Conv2d	32	1	2	150 × 150
倒残差块	16	1	1	150 × 150
倒残差块	24	2	2	75 × 75

续表

Conv	通道数	重复次数	步长	输出尺寸
倒残差块	32	3	2	38 × 38
倒残差块	64	4	2	19 × 19
倒残差块	96	3	1	19 × 19
倒残差块	160	3	2	10 × 10
倒残差块	320	1	1	10 × 10
Conv2d	1280	1	1	10 × 10
7 × 7 平均池化	—	1	—	10 × 10
Conv2d	K 类	—	1	1 × 1

除此为解决 MobileNetV1 网络中高维信息通过 ReLU 激活函数后丢失损耗问题，同时在卷积模块后插入线性瓶颈（linearbottleneck）和倒残差网络（InvertedResiduals）避免信息损失改善精度，同时选取扩张系数来限制网络的参数量，极大降低模型参数量和计算量，进而提高网络的表征能力。MobilenetV2 对输入图像先使用 1 × 1 卷积提升维度，根据扩张系数 t 扩大通道数，经过深度可分离卷积处理，最后通过 1 × 1 卷积降低维度，恢复原本通道数。

2. 注意力机制模块

注意力机制（Attention Mechanism）在计算机视觉与深度学习领域被广泛应用，同时现已成为神经网络结构的重要组成部分。顾名思义，注意力的关键就是让网络只关注重要的目标特征信息而忽略无关信息。卷积注意力机制模块（CBAM）模块是结合空间和通道的注意力模块，注意力机制模块整体结构如图 9-12 所示。

输入特征首先通过通道注意力模块，通过最大池化和平均池化、加权求和等操作，生成空间注意力模块需要的特征作为输入，最终空间注意力生成的特征将最终输出。

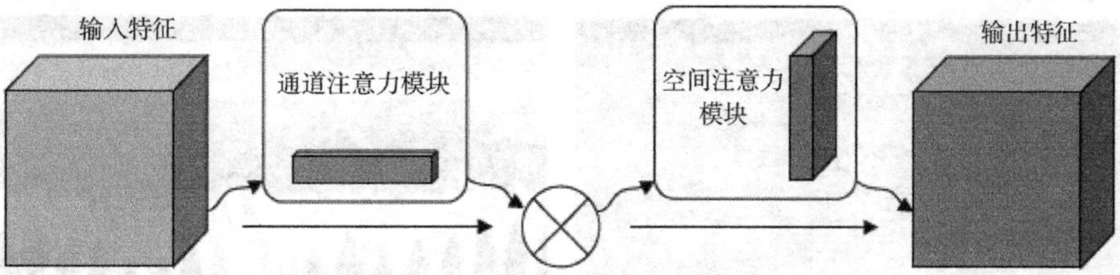

图 9-12　注意力机制模块整体结构

通道注意力模块与空间注意力模块整体结构如图 9-13 所示，（1）对输入图像进行最大池化和平均池化，在宽度和高度上对特征图进行维度的压缩操作来聚合特征的通道信息，此时产生的通道注意力经过共享网络多层感知器，对元素逐个求和并相加得到通道注意力特征图。（2）将通道注意力模块的特征输出再与原输入特征图相乘作为该模块的输入，同样地在通道轴上经过最大池化和平均池化，将其通道通过卷积层进行连接合并。（3）将特征图通道数降低为 1，经过激活函数操作后生成有效的特征层。

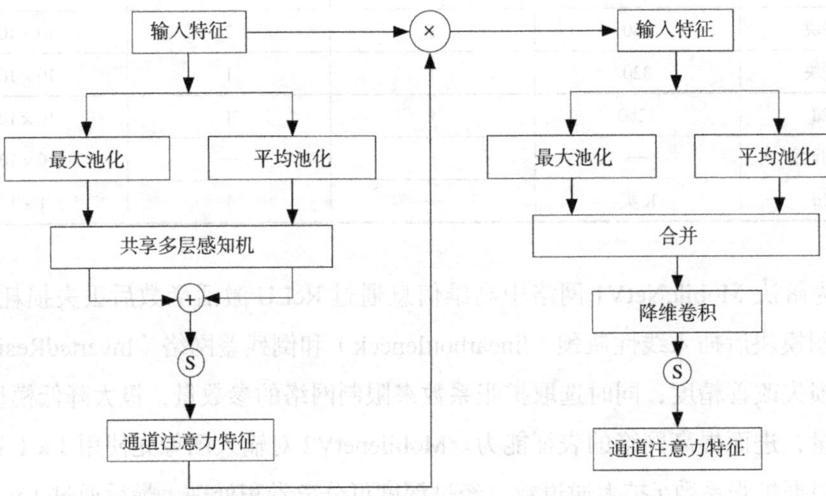

图 9-13　通道注意力模块与空间注意力模块整体结构

9.4.3　图像数据预处理

由于实际地质雷达在探测过程中实测数据干扰因素较多，噪声较大，需要对其进行进一步处理，以提高图像数据采集质量，采用 GPR 图像处理软件 Radan7.0 对采集的 GPR 图像进行数据预处理。首先对其进行背景去除、频率域滤波、增益、反卷积、修剪时间窗口等处理先将目标以能判断的最高分辨率显示响应信号，从而高效地提取反射波的有效信息。GPR 图像预处理结果如图 9-14 所示。

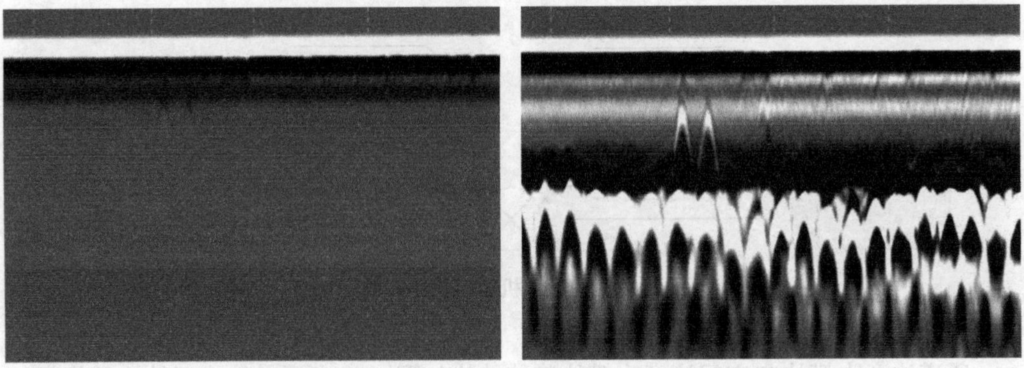

（a）　　　　（b）

图 9-14　GPR 图像预处理结果

（a）原始 GPR 图像；（b）预处理后的 GPR 图像

进一步地，对于基于深度学习的目标检测实验，数据集的大小会直接影响目标的检测效果，为了获得理想模型，使用数据扩增来增加样本量，所以本书通过对数据预处理后的分辨率较高的目标图像进行水平垂直翻转、旋转、缩放、平移增加对比、改变目标病害在图像中的位置和大小等，丰富数据集，避免因数据量不足而导致的训练过程出现的过拟合现象。GPR 图像数据扩增结果如图 9-15 所示。经过数据扩增后，目标样本数据集数量增加了 3 倍。

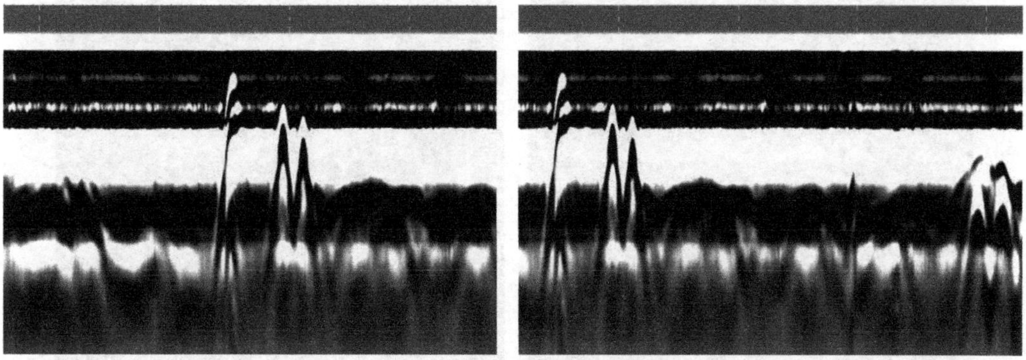

（a）　　　　　　　　　　（b）

图 9-15　GPR 图像数据扩增结果

（a）原始 GPR 图像；（b）数据扩增后的 GPR 图像

经过数据扩充后的样本集共 1390 张图像，每一类病害样本集在 450 张左右，使数据样本平衡。数据准备完成后，通过数据标注软件 Labelme 对图像中钢筋的结构位置、不同病害的区域范围和类型进行标注，对于本研究所提出的改进 SSD 模型，要求输入样本尺寸为 300 × 300，按照规格进行数据裁剪。

9.4.4 空洞识别结果

为了验证算法的有效性，对改进前后的隧道病害数据识别结果分别进行了分析。同时加入网络训练 Loss 损失曲线图与目标检测的评价指标：mAP（Mean Average Precision）均值平均精度、FPS（Frames Per Second）每秒帧率。采用训练好的网络模型进行隧道衬砌结构缺陷识别，使用现场采集的 GPR 图像作为测试数据集进行测试，这些图像均未参与网络训练。设定预测框与真实框的 IoU 大于 0.5 为成功识别并显示目标位置的标准。检测结果中钢筋、空洞和不密实三类识别目标分别用红色、粉色、橙色标注框表示，小数表示预测置信度。

1. 单目标识别结果

图 9-16 和图 9-17 分别是空洞图像识别结果和不密实图像识别结果。由图 9-16 可

以看出，该网络可以准确地识别不同形态特征的不含水空洞和含水空洞，在图 9-16（a）空洞目标尺寸较小的情况下，该网络也具有很好的识别效果。图 9-17（b）中不密实图像存在大量噪声，在不同分辨率下，该网络也能够精准地识别出不密实情况且置信度较高。

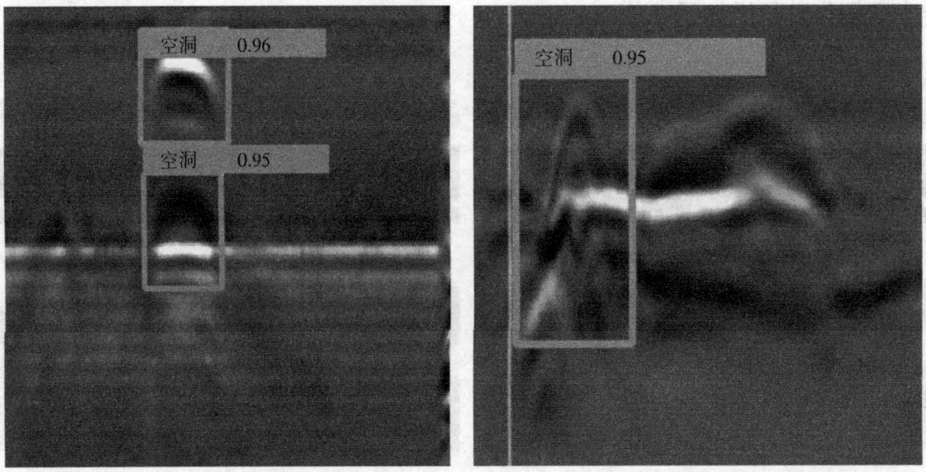

（a）　　（b）

图 9-16　空洞图像识别结果

（a）不含水空洞识别结果；（b）含水空洞识别结果

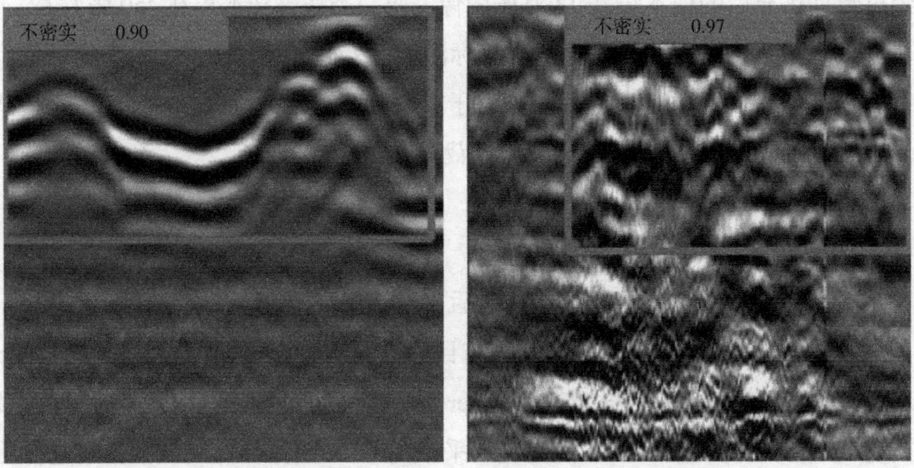

（a）　　（b）

图 9-17　不密实图像识别结果

（a）不密实（无水）识别结果；（b）不密实（含水）识别结果

2. 多目标识别结果

在真实的隧道环境下，往往是多种病害同时存在的。针对钢筋、空洞以及不密实三类目标同时存在的情况，当不同病害距离较近或地质雷达病害位置反射波重叠时，使得多种病害的辨识更加复杂，图 9-18 所示为同时存在钢筋、不密实及空洞时图像识别结果。

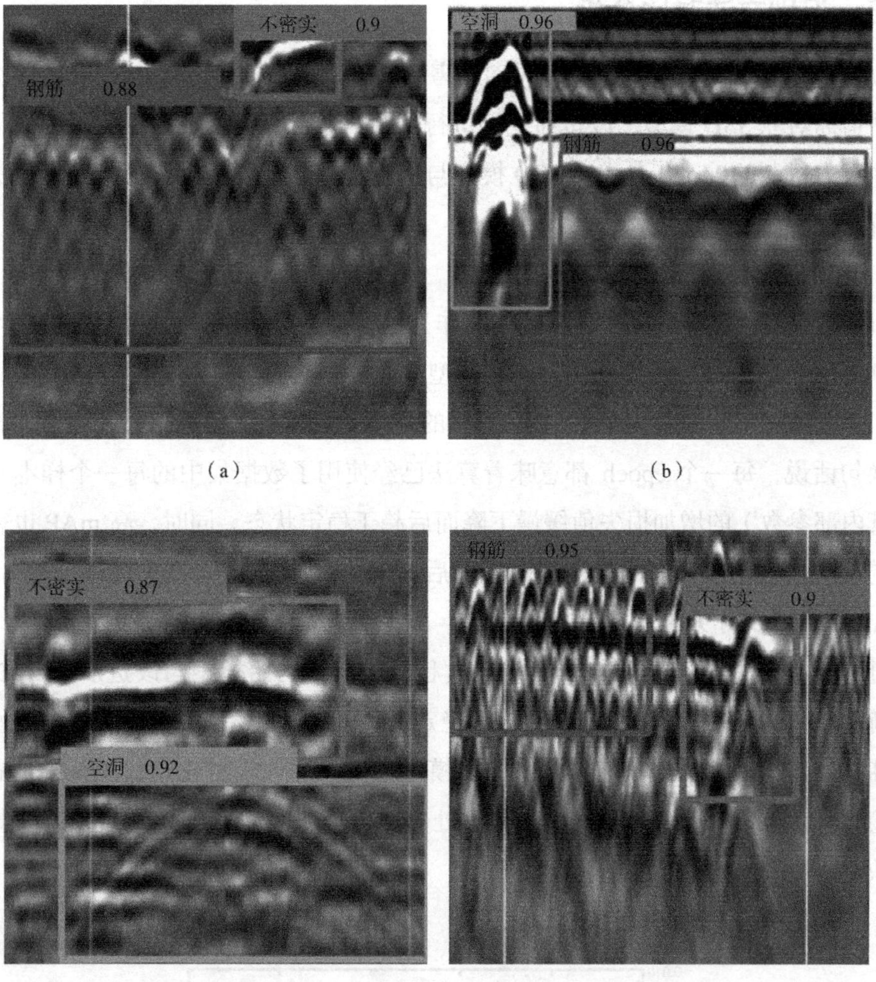

图 9-18　同时存在钢筋、不密实及空洞时图像识别结果

（a）钢筋 + 不密实识别结果；（b）钢筋 + 空洞识别结果；（c）不密实 + 空洞识别结果；（d）钢筋 + 不密实识别结果

可以看出，当各病害的地质雷达响应特征差别较大且均有两种病害同时存在的情况，该网络也能较精确地识别出各类病害，识别并框选出病害位置和类别，并且对于病害的边界框定位也较准确，同时识别不受其他介质反射波的影响。含水空洞与不密实同时存在情况下的识别结果如图 9-18（c）所示，含水空洞位于不密实区域正下方，不密实区域的反射波与空洞反射波重叠，且空洞的信号强度弱，网络成功识别含水空洞且置信度较高。图 9-18（d）中不密实和钢筋区域信号堆叠，每根钢筋所在位置都有强反射信号，相比不密实病害的反射信号多而密集，这种情况下网络依旧够准确识别出钢筋的铺设位置以及不密实的区域。结果表明，本书方法能够适用复杂环境下多种病害的同时识别。

9.4.5 识别方法对比分析

为了更好地了解地质雷达隧道衬砌病害图像识别的可靠性，本书基于目标检测分类评估指标对原SSD模型、改进后模型进行实验对比分析。最后，在相同数据集上对加入注意力机制的MobileNetV2-SSD模型与当前一些流行的目标检测模型进行实验以及评价分析。

1. 模型训练

训练过程中，每次迭代的训练损失值作为目标检测算法模型的一种参数估计方法，表示预测值与真实值之间的差值，训练模型过程中随时要注意目标函数值loss的大小变化，一般情况下会随着epoch（Epoch 指的是整个训练数据集被完整地遍历一次的过程。换句话说，每一个 epoch 都意味着算法已经使用了数据集中的每一个样本一次来更新其内部参数）的增加损失值缓慢下降而后趋于稳定状态。同时，高mAP也表明训练后的模型具有比较良好的性能，改进前后SSD模型损失曲线图、改进前后SSD模型mAP曲线图如图9-19、图9-20所示。

通过图9-19、图9-20可知，在训练过程中，SSD初始模型与改进后的SSD模型的训练在150epoch之后都可以达到趋于稳定，但本书改进后的SSD模型收敛速度和mAP精度均优于原SSD模型。原始SSD模型损失在加入轻量化模块MobileNetV2与增注意力机制后，模型损失在100 epoch处便已经处于稳定状态，说明改进后收敛速度更快。

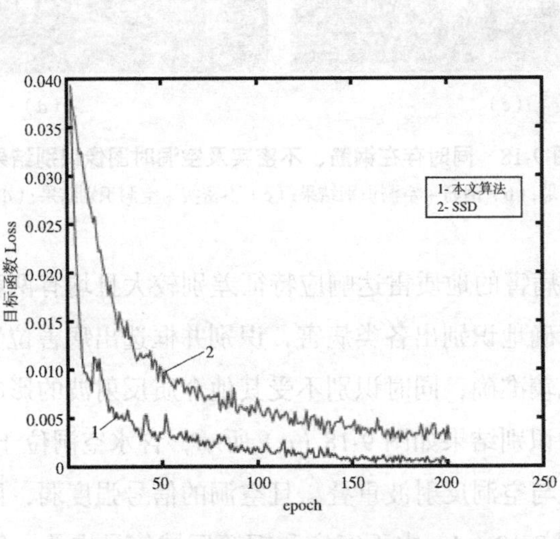

图 9-19 改进前后 SSD 模型损失曲线图

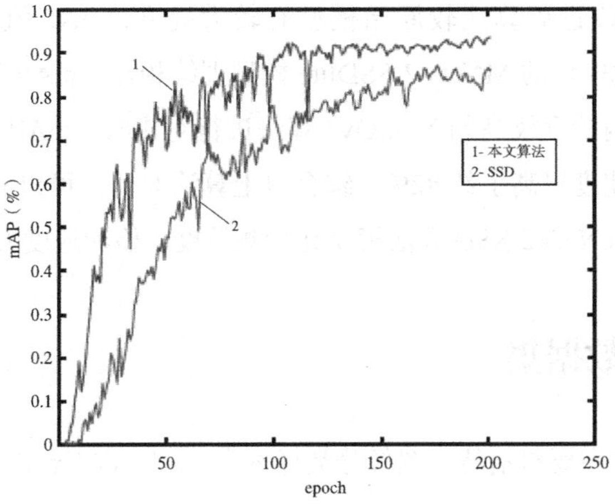

图 9-20　改进前后 SSD 模型 mAP 曲线图

此外，原始 SSD 模型与改进 SSD 模型的 mA 值均超过 80%，而改进后 SSD 的最佳 mAP 值达到 91.1%，而原始 SSD 模型的最佳 mAP 值为 82.9%，相较原始 SSD 模型的最佳 mAP 值提高了 8.5%，这一结果表明，结合训练损失 loss 和平均精度 mAP 值，加入注意力机制的 MobileNetV2-SSD 模型性能更优。

2. 识别结果对比分析

根据运用基于卷积神经网络的目标检测算法对隧道衬砌病害数据集进行目标检测识别实验的结果，通过多个评价指标对识别的效果进行评价分析，不同模型识别结果对比分析如表 9-2 所示。

不同模型识别结果对比分析　　表 9-2

网络模型	输入尺寸	骨干网络	mAP（%）	FPS
原始 SSD	300 × 300	VGG	77.6	36
YOLOv3	416 × 416	Darknet-53	80.3	31
Faster R-CNN	600 × 1000	VGG	73.2	8
MNetV2-SSDlite	300 × 300	MobileNetV2	72.7	55
改进 SSD	300 × 300	MobileNetV2	84.7	61

由表 9-2 可以看出，通过不同的训练和测试以及指标对比，在对隧道衬砌病害目标的检测中，原始 SSD 模型与 YOLOv3 的 FPS 值进行比较，前者的速度更快，同时根据平均精度 mAP 值与 Faster R-CNN 算法进行比较，原 SSD 的 mAP 值较高，这也可以证实本书选择 SSD 模型作为目标病害检测网络的基础网络的合理性。本书加入注意力机制的 MobileNetV2-SSD 模型同原始 SSD 模型训练对比，其 mAP 值分别

为 84.7%、77.6%，改进后算法较原始模型有较大提升，mAP 值提升 7.1%。同加入 MobileNetV2 轻量化模块的 MNetV2-SSDlite 模型训练相比，mAP 值提升了 14.5%。本书改进算法在与表内精度较高的 YOLOv3 算法进行对比时，mAP 精度提升了 4.4% 的情况下，同时检测速度提高了约 82%。综合以上算法对比，可以验证本书提出的加入注意力机制的 MobileNetV2-SSD 算法模型在检测精度、检测速度方面都有较高性能。

9.5 空洞识别数据集

空洞识别样本集主要包括特征图像分类样本库、空洞探测样本库、空洞分割样本库，其构建方法分别为：

（1）特征图像分类样本库：基于所获取的空洞波形图像，以不同尺度标准进行特征信息裁剪，并变形重构为统一大小的图像后进行空洞类别标注，构建特征图像分类样本库；

（2）空洞探测样本库：以完整空洞波形图像为蓝本，进行尺度归一化处理后，对空洞特征进行空洞类别标注，建立空洞探测样本库，其中，完整空洞图像中包含多种分类特征；

（3）空洞分割样本库：采用不规则多边形对空洞波形图像中的空洞进行人工分割，并进行尺度归一化处理后进行空洞类别标注，建立空洞分割样本库。

空洞识别模型的结构主要包括：依次连接的 FCN、CRF、Softmax 层；其中，所述 FCN 包括依次连接的输入层、若干个卷积层、若干个反卷积层、输出层，所述输出层与所述 CRF 连接；每个所述卷积层均连接有归一化层。每个所述卷积层、反卷积层均采用 Leaky ReLU 激活函数。空洞识别模型的训练过程中，将所述 FCN 和所述 CRF 进行分割，并对所述 FCN 和所述 CRF 同时进行训练。空洞缺陷信息包括空洞尺寸、空洞形态。空洞演化特征包括：盾构隧道位置、走向、埋深、通错缝拼装形式、结构纵向位置、水文地质条件、介质因素、空洞尺寸、空洞形态、空洞位置。

9.6 本章小结

本章基于 GPR 获取的空洞波形图像，采用深度学习方法，研究了基于全卷积网络的空洞精准、快速识别，建立了空洞特征波形图像分类样本库、空洞探测样本库及空洞分割样本库等多个数据集组成的衬砌空洞样本集；建立了适用于空洞特征学习的全卷积网络流程，提出了衬砌背后空洞图像精准识别方法；开展了条件随机场的迭代求解，改进端对端的网络结构和分割训练，快速定量化获取空洞缺陷信息；开展了现有典型空洞图像识别方法与全卷积网络识别方法效果的对比研究，验证了全卷积网络识别方法的有效性和精准度。主要包括：

（1）使用深度学习方法在盾构隧道衬砌背后空洞的 GPR 探测中进行深度学习识别的技术，包括目标识别、卷积神经网络结构和空洞识别数据集构建。利用卷积神经网络（CNN）进行目标识别，结合图像特征提取和分类，以提高准确率和速度。

（2）卷积神经网络由卷积层、池化层和全连接层构成，是图像识别中的重要组成部分。改进的 SSD 模型通过加入注意力机制和轻量化模块 MobileNetV2，提高了训练速度和精度。空洞识别模型结构包括 FCN、CRF、Softmax 层，使用 Leaky ReLU 激活函数，并在训练过程中对空洞尺寸和形态进行特征标注。空洞识别数据集包括特征图像分类样本库、空洞探测样本库和空洞分割样本库，用于模型训练和空洞缺陷信息提取。

第 10 章

盾构隧道衬砌背后空洞数值模拟分析

10.1 空洞影响数值计算模型

使用探地雷达识别到隧道衬砌背后空洞之后，需要分析空洞病害对隧道衬砌结构的影响到底有多大。隧道衬砌背后出现空洞的概率极高，而且位置分布不规律，但大部分主要出现在拱脚以上部位。背后空洞对衬砌结构的主要危害就是由于它的存在，会使衬砌结构受到不均匀荷载的作用，从而在局部会产生预想不到的内力增长，间接降低了衬砌结构的承载能力，造成衬砌结构的损伤或者破坏。如果是软土地区的隧道周围产生了空洞，那么还有可能会导致地表的沉降，对地表建筑结构将产生不利的影响；而衬砌内空洞的主要危害是降低了衬砌结构的承载力。为了研究各种各样的空洞出现以后，衬砌结构到底会受到什么样的影响，影响有多大，采用数值模拟的方法对衬砌背后空洞的影响进行分析，并尝试完善现有的衬砌背后空洞评估标准。

衬砌背后空洞一般是由于施工过程中衬砌背后超挖部分回填不密实或者流水冲蚀岩土层而形成的，因此衬砌背后的空洞沿着隧道轴线方向的长度与其直径相比通常要比直径大得多，虽然也有空洞的轴向长度与隧道直径相当的情况，但不失一般性，可将衬砌背后存在空洞的情况简化为平面应变情况进行分析。存在空洞时，隧道衬砌结构的变形也主要为平面应变状态，因此为了解衬砌背后空洞对隧道结构的影响，采用二维数值模型对存在空洞的隧道进行模拟。衬砌背后存在空洞时，可能对衬砌结构安全产生影响的因素主要有空洞的大小（环向尺寸）、空洞的深度（径向尺寸）、空洞的位置等，因此模拟时，分别对这些因素进行分析，了解各种不同的因素对衬砌结构安全到底是否有影响，影响有多大。

在实际施工过程中，隧道拱顶是最容易产生空洞的部位，且空洞的尺寸也较大，其次是拱腰、起拱线和拱脚（或墙角）等部位，但产生的空洞一般没有拱顶的尺寸大。因此在对空洞进行简化时，假设空洞沿隧道环向分布，分别处在衬砌的不同部位。为了定位空洞和描述结果的方便，将衬砌划分为拱顶、拱腰、起拱线、拱脚（或墙角）

四个区域。空洞主要分布在拱顶、拱腰、起拱线和拱脚（或墙角）四个部位。

以郑州地铁某区间隧道为工程依托进行数值模拟分析。该区间隧道先后侧穿某小区低层商铺、公交总公司大楼、熊耳河。左线设计里程为 ZK13+457.435–ZK15+000.722，左线长度为 1558.458m；右线设计里程为 YK13+457.435–YK15+ 000.722，右线长度为 1543.287m。线路间距约 13 ~ 19m，线路纵断面为“V”字坡，线路最大纵坡 2.4%。

根据本区间地质钻探和勘察资料，本场地范围内地层由上而下依次为：杂填土、砂质粉土、黏质粉土、粉质黏土、细砂、粉砂，隧道位于黏质粉土地层中。本场地地下水类型主要为第四系松散层孔隙潜水，含水层岩性以黏质粉土、粉质黏土及细砂为主，勘察期间地下水初见水位埋深为 20.30 ~ 25.70m，稳定水位埋深为 19.80 ~ 25.30m，变幅 1.0 ~ 2.0m。本场地近 3 ~ 5 年地下水位最高埋深为 17.30 ~ 20.85m，历史最高水位埋深为 12.30 ~ 15.85m。

数值计算模型区域：长 90m，宽 60m，高 45m，埋深 12m，*Z* 轴为正方向，为盾构掘进方向，*X* 轴为水平方向，*Y* 轴为竖直方向，模型共划分 149900 个实体单元，623381 个节点，数值计算模型及空洞模拟如图 10-1 所示。

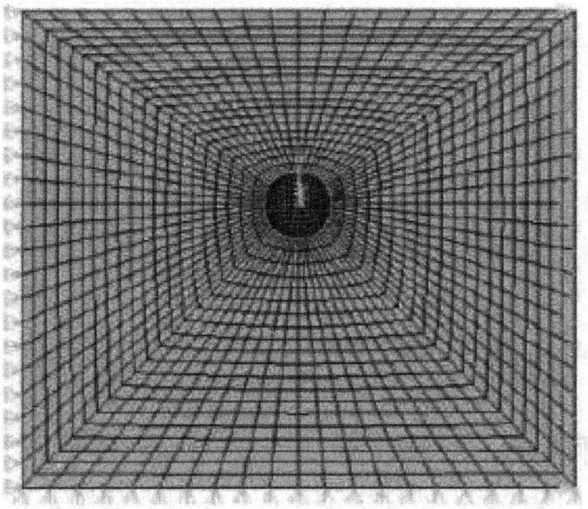

（a）

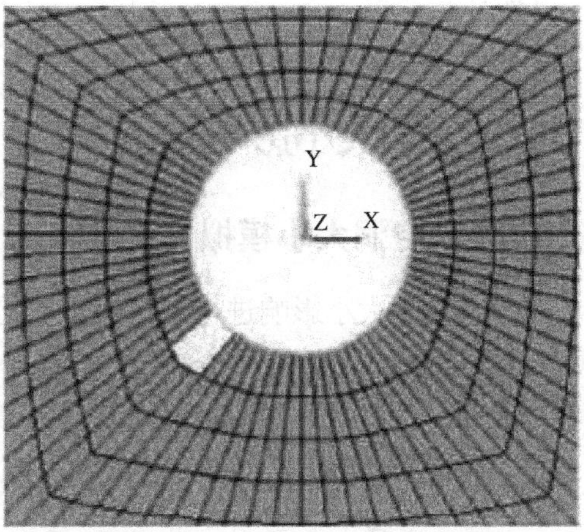

（b）

图 10-1　数值计算模型及空洞模拟

（a）数值计算模型；（b）空洞模拟

在对空洞的大小、深度进行分析时，空洞均分布在隧道拱顶，其中，空洞的大小均为 0° ~ 120°。分析空洞深度因素时，空洞的深度分别为 40cm、80cm、120cm 和 160cm，除此之外，其他工况的空洞深度均为 40cm；衬砌管片采用梁单元进行模拟，地层的本构模型采用摩尔 - 库伦模型。管片衬砌材料计算参数如表 10-1 所示。

管片衬砌材料计算参数 表 10-1

E_x（GPa）	E_y（GPa）	E_z（GPa）	E_{xy}（GPa）	E_{yz}（GPa）	E_{xz}（GPa）	μ_{xy}	μ_{yz}	μ_{xz}
27.6	27.6	0.35	11.5	0.16	0.16	0.2	0.2	0.2

根据本区间地质钻探和勘察资料，数值计算模型共划分为 4 个土层，采用摩尔 - 库伦强度准则，采取提高相应计算参数对盾构机和注浆层进行模拟，土层和材料计算参数如表 10-2 所示。

土层和材料计算参数 表 10-2

名称	层厚（m）	黏聚力（kPa）	内摩擦角（°）	重力密度（kN/m³）	弹性模量（MPa）	泊松比
杂填土	2	17	30	17.2	4.1	0.35
砂质粉土	4	18	23	19.5	7.4	0.33
黏质粉土	19	20	20	20.3	8.9	0.30
粉质黏土	20	32	18	21.0	10.6	0.32
盾构机	—	—	—	—	210000	0.12
注浆层	—	—	—	21.2	1000	0.21

10.2 空洞大小影响分析

10.2.1 空洞大小模拟

在对空洞大小影响进行分析时，如前所述，考虑空洞产生在拱顶区域，空洞深度为 40cm，大小分别为 0°、5°、15°、30°、45°、60°、75°、90°、105°和 120°。

10.2.2 空洞大小对土层应力的影响

衬砌背后存在空洞时，由于岩土层失去了衬砌结构的支撑作用，本身处于平衡状态的岩土层应力将发生重分布，岩土层应力的再次重分布也是导致衬砌内力变化的主要原因，因此有必要对岩土层应力的变化进行研究。空洞产生前后岩土层应力云图对比如图 10-2 所示，图中等值线数据为应力比值，即该处的大主应力或小主应力与隧道埋深处的岩土层自重应力的比值。

如图 10-2（a）（b）所示，隧道开挖后，拱顶、拱腰、拱脚和仰拱处的大主应力比分别为 0.7、1.2，1.5 和 0.7，小主应力比则分别为 0.4，0.45，0.6 和 0.32。

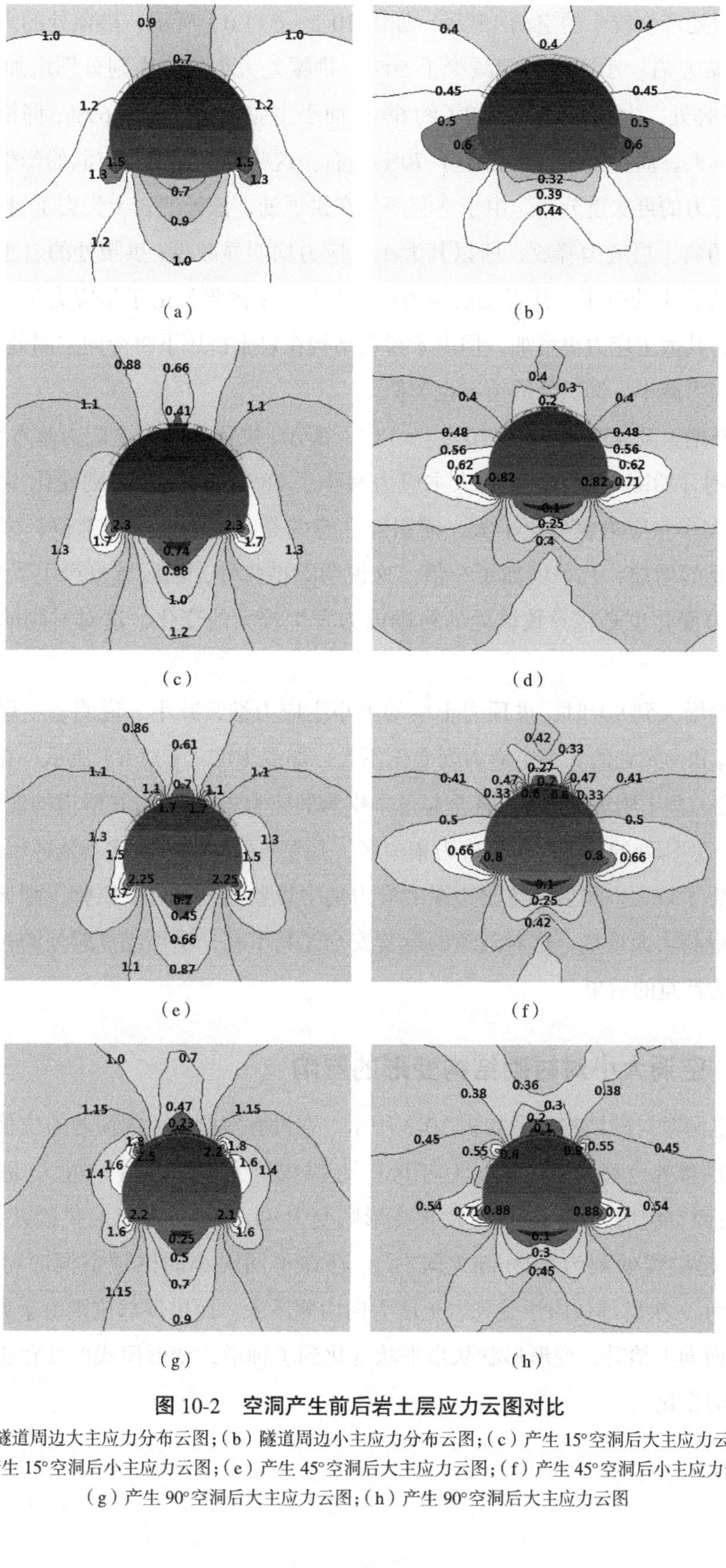

图 10-2　空洞产生前后岩土层应力云图对比

(a) 隧道周边大主应力分布云图；(b) 隧道周边小主应力分布云图；(c) 产生 15°空洞后大主应力云图；(d) 产生 15°空洞后小主应力云图；(e) 产生 45°空洞后大主应力云图；(f) 产生 45°空洞后小主应力云图；(g) 产生 90°空洞后大主应力云图；(h) 产生 90°空洞后大主应力云图

当拱顶处产生较小的空洞 15°后，如图 10-2（c）（d）所示，拱顶处的大主应力均减少了 40% 左右，小主应力则减少了 50%，拱腰处大小主应力则分别增加了 53% 和 37%；在拱脚处，大主应力仅增加了约 6%，而小主应力则减少了 69%；仰拱处的大主应力变化不大，而小主应力则减小了 70% 左右。这些变化说明，空洞的产生确实导致了岩土层应力的再次重分布，由于空洞产生在拱顶处，该处的岩土失去了衬砌的支撑，因此该处的岩土层应力释放，所以其大小主应力均明显减少；拱腰处的岩土层由于拱顶处松散的岩土的挤压，其岩土层应力则明显增大；拱脚处由于是应力集中区域，空洞产生后，其大主应力也增加，但由于衬砌结构在岩土挤压下将会向空洞处变形上浮，故其小主应力减小，仰拱处的情况也类似。

当空洞增大到 45°时，如图 10-2（e）（f）所示，拱顶处的大主应力基本维持稳定，小主应力则开始减小；仰拱处的大主应力减小了 78%，小主应力则变化不大；拱腰、拱脚处的大小主应力也变化不大，需引起注意的是在空洞的边缘部位，岩土层应力有比较明显的增加，几乎增加了一倍，这说明除拱脚外，该区域也产生了应力集中，该处的应力变化也必将导致该处的衬砌内力发生较大的变化，这对衬砌的安全十分不利。

当空洞增大到 90°时，拱顶岩土层的大小主应力继续减小，说明岩土层松弛更加严重；拱脚和仰拱处的大小主应力则变化不大，如图 10-2（g）（h）所示。在空洞的边缘区域，应力集中则更为明显，甚至超过了拱脚的应力集中程度；在隧道的使用过程中，众所周知，拱脚处的衬砌由于是应力集中区，其发生破损的情况比其他区域都要频繁；而拱顶产生了较大空洞后，空洞边缘的应力集中现象甚至超过了拱脚，则该处衬砌的破坏概率也将大大增加，这对隧道的运营安全尤其不利，拱顶或拱腰处的衬砌裂损则会导致较为严重的后果。

10.2.3 空洞大小对衬砌结构变形的影响

120°空洞时衬砌结构变形如表 10-3 所示。在没有空洞时，拱顶处的位移为 0.5mm（向下），拱腰处位移为 −0.27mm（向下），起拱线处为 0.17mm（向左），隧道的变形为扁平状；而空洞增大到 120°后，拱顶变形则变为 −1.4mm（向上），拱腰处为 0.74mm（向上），起拱线处则为 0.23mm（向右），存在不同大小的拱顶空洞时衬砌变形如图 10-3 所示，拱肩部位由于受到岩土压力向内侧压入，而拱顶部位则由于失去岩土的被动抗力而向上抬升，变形形状从扁平状变化到了钟形，变形模式的变化也将导致了衬砌内力的变化。

120°空洞时衬砌结构变形 **表 10-3**

空洞部位	无空洞（mm）	120°空洞（mm）
拱顶	−0.48	1.37
拱腰	−0.27	0.74
起拱线	0.17	0.23
拱脚	−0.23	0.81
仰拱	0.41	1.20

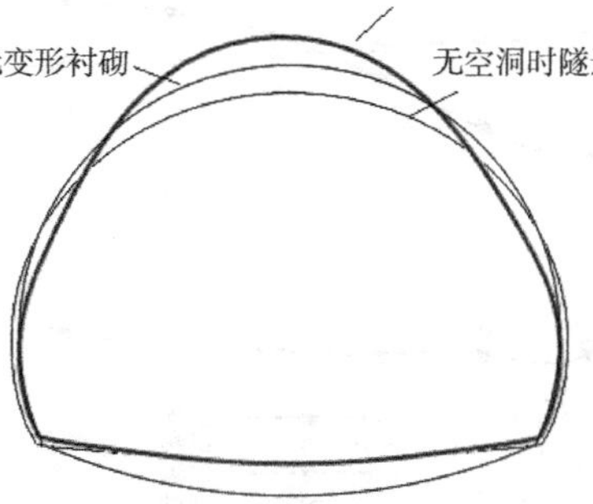

图 10-3　存在不同大小的拱顶空洞时衬砌变形

10.2.4　空洞大小对衬砌结构内力的影响

如前所述，衬砌背后存在空洞时，由于隧道和岩土层之间的接触消失，作用在隧道上的岩土层压力发生变化，必将导致衬砌结构的轴力和弯矩均发生变化。拱顶空洞时衬砌内力变化如图 10-4 所示，其中计算所得的轴力和弯矩为便于分析，均进行了标准化，轴力为计算结果与 yzr 的比值，弯矩则为计算结果与 yzr^2 的比值，其中 y 为土体自重，z 为隧道埋深，r 则为隧道半径。在对衬砌内力结果进行分析时，取了四个典型单元进行分析，分别为拱顶处、左侧拱腰、左侧拱脚和左侧仰拱处，所取断面位于四个区域的中间位置。以下如无特别说明，内力均取自此四个典型单元，所有结果均为标准化后的结果。

1. 轴力结果分析

从图 10-4（a）中可以看出，当衬砌背后出现小范围空洞后，衬砌轴力普遍增长。在空洞增大到 15°之前，增长十分迅速，在空洞增大到 15°之后，拱顶、拱腰和拱脚处的轴力值达到最大值，此后便开始减小，而仰拱处的轴力则一直随着空洞大小的增大而增大，分析其产生机理，是由于拱顶衬砌背后产生较小的空洞之后，拱顶的岩土应力释放，因此附近的岩土层和衬砌需要分担这部分荷载，而衬砌受到的岩土压力由于空洞的存在分布不均匀，因此衬砌各部位的轴力增长幅度并不相同；在拱腰和拱脚部位，由于应力集中，其轴力增长幅度更为明显，拱顶处幅度稍小，而仰拱处增幅最小，空洞范围持续增大时，岩土层和衬砌之间的接触越来越少，因此，衬砌受到的岩土压力也越来越小，故其轴力变小。如果考虑一个极端的情况，即衬砌背后全是空洞，也就意味着衬砌和岩土之间无接触，因此，也就不存在接触压力，衬砌内力也将为零。但是这种情况是不可能存在的，而且岩土层如果没有衬砌的支撑作用，尤其是软土，必将发生渐进性破坏，最终坍塌。

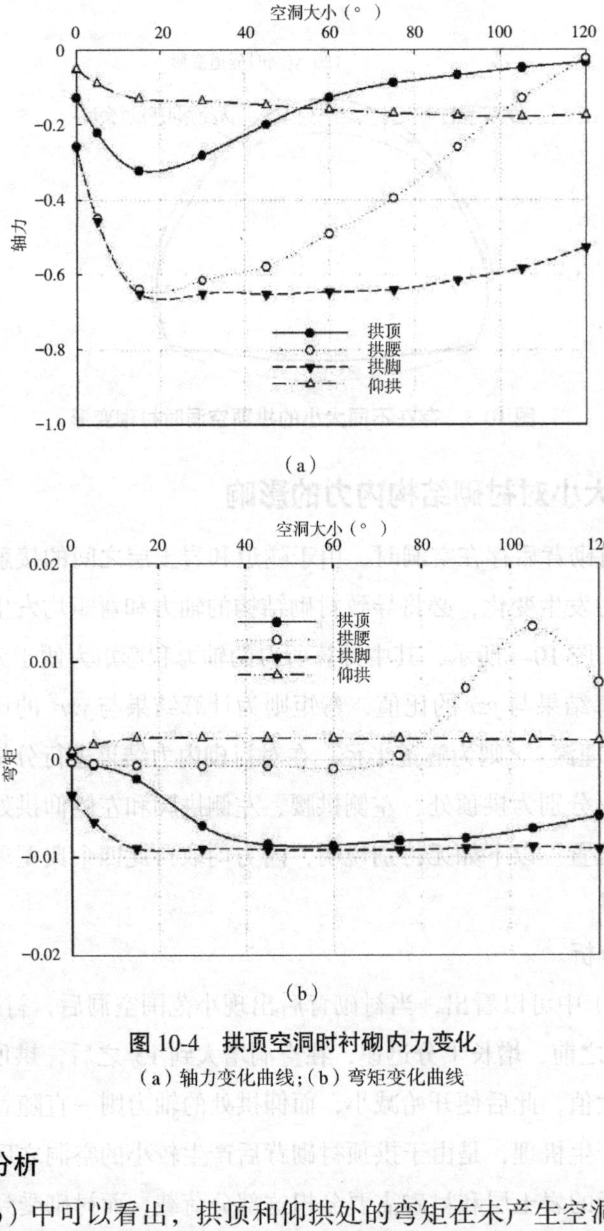

图 10-4　拱顶空洞时衬砌内力变化

（a）轴力变化曲线；（b）弯矩变化曲线

2. 弯矩结果分析

从图 10-4（b）中可以看出，拱顶和仰拱处的弯矩在未产生空洞之前为负值，表示这两处衬砌变形均朝向隧道内部，因此拱顶及仰拱外侧的混凝土受压应力作用；拱腰和拱脚处则相反，弯矩值为负值，即该处衬砌变形朝向隧道外侧，外侧的混凝土受拉应力作用，也就是说隧道在岩土压力作用下被压成扁平状。在空洞产生之后，可以发现，拱顶处的弯矩值在空洞很小的情况下（空洞 5°左右）符号就发生了变化，到空洞 60°左右时，弯矩达到最大值，此后空洞继续增大时，弯矩反而开始有所减小，而仰拱处的弯矩则随着空洞的增大而持续增大。弯矩符号发生变化说明隧道的变形趋势发生了改变，也就是说隧道拱顶处的混凝土由向隧道内侧变形改为了向隧道外侧变形，则拱顶混凝土的外侧将受到拉应力的作用。由于通常情况下，拱顶混凝土在设计时并未考虑外侧受拉应力作用的情况，所以衬砌外侧一般配筋较少或者不配受力钢筋，因此受拉应力作用时极易开裂。拱腰处的弯矩在产生空洞后，开始有所减小，在空洞增大到 80°左右时，弯矩符号也发生了改变，而且随着弯矩的继续增大，弯矩快速增大，空洞到达 105°后又开始减小。这是由于在空洞较小时，由于衬砌的变形情况发生了改变，拱顶产生空洞后，衬砌失去了岩土层的约束，在岩土压力作用下开始向空洞处移动，处在空洞区域的衬砌变形更大，因此拱顶的弯矩发生了改变，而拱腰处的变形则逐渐减小，所受的弯矩也减小；而当空洞范围很大时（空洞大于 80°），空洞的边缘区域已经接近拱腰处所取的衬砌单元，拱腰处的变形也开始增大，因此其所受的弯矩也就越来越大；空洞继续增大，边缘处越过研究的衬砌单元后，该处的衬砌变形减小，因此弯矩又开始有所减小。同拱顶衬砌一样，拱腰处的衬砌弯矩也发生了符号的变化，这也同样会导致衬砌混凝土的开裂，对隧道结构的安全十分不利。拱脚处的弯矩在空洞 15°左右达到最大值，此后则以十分缓慢的速度增长，但变化较小，基本可以忽略。

10.3　空洞深度影响分析

10.3.1　空洞深度模拟

在对空洞深度的影响进行分析时，假设空洞产生在拱顶区域，空洞深度分别为 40cm、80cm、120cm 和 160cm，不同深度空洞简化模型如图 10-5 所示。空洞大小分别为 0°、5°、15°、30°、45°、60°、75°、90°、105°和 120°。

10.3.2　空洞深度对土层应力的影响

空洞的大小不同时，土层应力会发生一定的变化，那么空洞的深度不同时，岩土应力的变化是否和相同也是一个有待探索的问题。产生空洞 120°后岩土主应力云图（空洞高度 40cm）、（空洞高度 160cm）如图 10-6、图 10-7 所示，以空洞深度为 40cm 和 160cm 为例，分析空洞深度对岩土应力变化产生的影响。

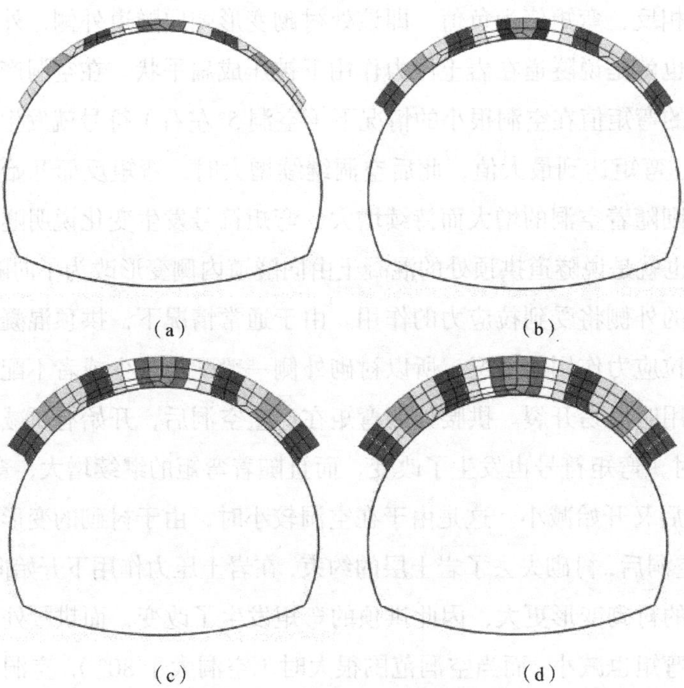

图 10-5　不同深度空洞简化模型

（a）40cm 空洞；（b）80cm 空洞；（c）120cm 空洞；（d）160cm 空洞

从图 10-6、图 10-7 中可以看出，深度为 160cm 空洞存在时岩土应力的变化情况和深 40cm 的空洞存在时的变化基本相同，所不同的是当空洞很大时（大于 90°），应力集中区在深度较小时，主要集中在空洞边缘处，拱脚应力集中现象减小，而空洞深度较大时，应力集中基本集中在空洞边缘区域，应力集中也更为明显。这就意味着当空洞深度较大时，岩土层更容易发生破坏掉落。当岩土层掉落在衬砌上时，对衬砌的冲击力极易导致衬砌结构的损伤甚至破坏。

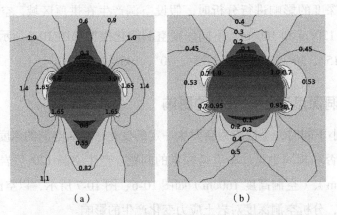

图 10-6　产生 120° 空洞后岩土主应力云图（空洞高度 40cm）

（a）产生 120° 空洞后大主应力云图；（b）产生 120° 空洞后小主应力云图

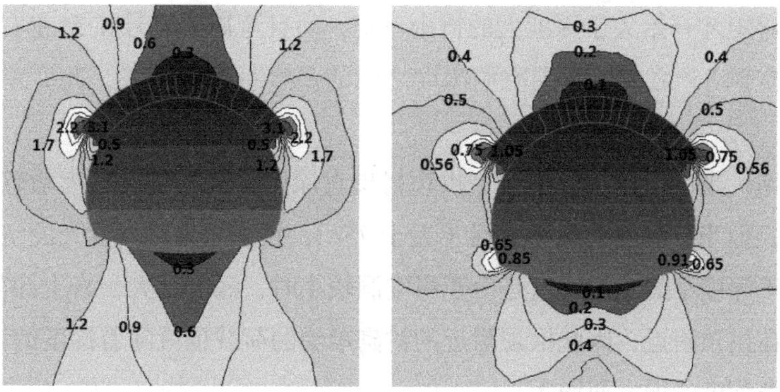

（a）　　　　　　　　　　　　（b）

图 10-7　产生 120° 空洞后岩土主应力云图（空洞高度 160cm）

（a）产生 120° 空洞后大主应力云图；（b）产生 120° 空洞后小主应力云图

10.3.3　空洞深度对衬砌结构变形的影响

空洞深度不同时导致的岩土应力变化不完全相同，因此隧道衬砌结构的变形也不相同，不同深度空洞时衬砌结构变形如表 10-4 所示。由表 10-4 可以看出，当空洞深度不同时，拱顶部位的衬砌最终都向上变形，变形量基本相同；拱腰、拱脚和仰拱部位的变形则随着空洞深度的增加而增大，拱腰、拱脚部位变形都由无空洞时的向外侧变形变为向内侧变形，仰拱处隆起则更为明显。虽然不同深度空洞最终变形量相差不大，但这也将导致衬砌结构变形的不同。

不同深度空洞时衬砌结构变形　　　　表 10-4

空洞部位	无空洞（mm）	40cm 空洞（mm）	80cm 空洞（mm）	120cm 空洞（mm）	160cm 空洞（mm）
拱顶	−0.48	1.37	1.38	1.39	1.39
拱腰	−0.27	0.74	0.72	0.73	0.74
起拱线	0.17	0.23	0.32	0.41	0.49
拱脚	−0.23	0.81	0.86	0.90	0.95
仰拱	0.41	1.20	1.23	1.26	1.30

10.3.4　空洞深度对衬砌结构内力的影响

空洞深度不同时，衬砌结构的位移不同，因此衬砌结构内力也不相同。图 10-8 所示为不同深度空洞存在时拱顶衬砌内力。

从图 10-8 可以看出，拱顶衬砌的轴力变化规律基本相同。当空洞小于 60° 时，空洞深度越大，轴力也就越大，但不同深度空洞的差异不超过 5%，而当空洞大于 60° 后，空洞深度大的衬砌轴力反而小于空洞深度小的，不过不同深度空洞之间的差异也未超过 10%。弯矩的变化与轴力的变化基本类似，不过弯矩在空洞增大到 75° 后，空洞深度小的衬砌弯矩才开始大于深度大的衬砌弯矩，而且弯矩的符号在 5°左右的时候发生了改变。在空洞 75°之前，不同空洞深度之间的差异不超过 14%，此后差异变小，约为 9%。

由此可见，当拱顶空洞较小时，拱顶衬砌对深度较大的空洞更为敏感，其内力增加幅度更大，但当空洞变得很大之后（大于 75°），拱顶衬砌对深度大的空洞也更为敏感，甚至小于深度小的空洞。这是由于当空洞较小时，深度越大，岩土卸荷越为明显，且卸荷集中在拱顶附近，因此拱顶附近的衬砌承受的荷载也就随着深度的增加而增加，其内力也随着深度的增大而增大。

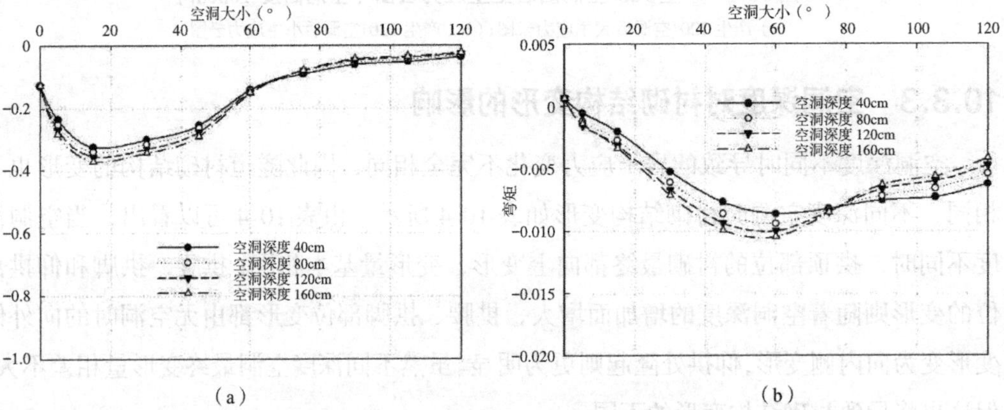

图 10-8　不同深度空洞存在时拱顶衬砌内力

（a）轴力变化曲线；（b）弯矩变化曲线

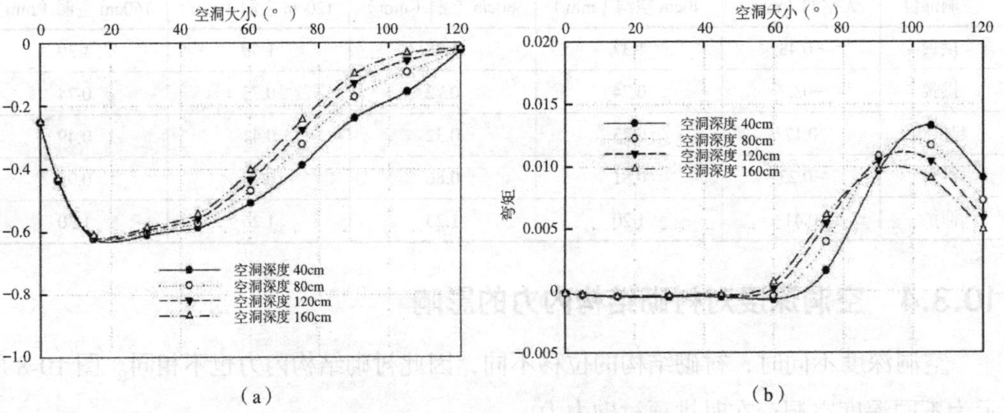

图 10-9　不同深度空洞存在时拱腰衬砌内力

（a）轴力变化曲线；（b）弯矩变化曲线

图 10-9 所示为不同深度空洞存在时拱腰衬砌内力，从图 10-9 可以看出，在拱腰部位，空洞小于 15°时，衬砌轴力几乎相同，都快速增大且到 15°时就达到最大值；

当空洞大于 15°以后，衬砌轴力开始减小，深度小的空洞其衬砌轴力也大于深度大的空洞，不同深度空洞的衬砌轴力差距约为 12%。拱腰处的弯矩在空洞小于 45°左右时也基本没有差别；当空洞大于 45°后，弯矩符号发生了改变，且增长速度很快，在此阶段深度越大弯矩越大，不同深度之间的差异约为 8%。弯矩增大到 90°左右时达到最大值，之后均开始减小，此时空洞深度越大弯矩越小，不同深度之间的差异约为 15%。

图 10-10 所示为不同深度空洞存在时拱脚衬砌内力，从图 10-10 可以看出，在拱脚部位，轴力和弯矩在 15°之前均迅速增大，此后便保持基本稳定；当空洞增大到 75°左右之后，轴力和弯矩均开始减小，但减小的速度较慢，这是由于当较小的空洞产生之后，拱脚处的应力集中现象迅速增大，所以其内力也迅速增加，而当空洞继续增大，拱脚处的应力集中现象变化不大；当空洞增大到一定程度之后（大于 75°），如前所述，岩土自身承担的荷载更多，而衬砌所受到的岩土压力则减小，所以拱脚处的内力也开始减小，同样，在空洞很大时，深度小的衬砌的内力较大。

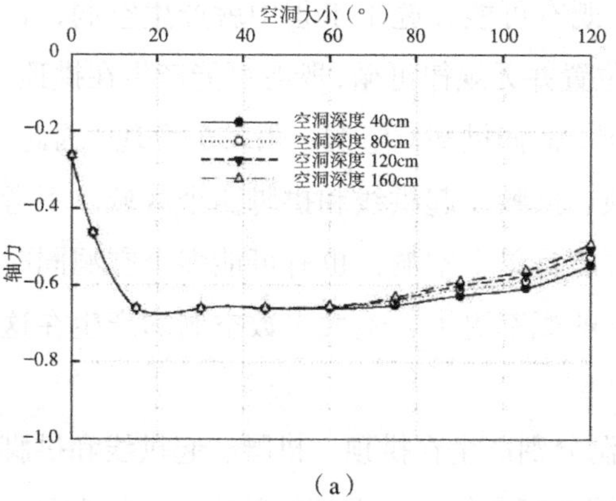

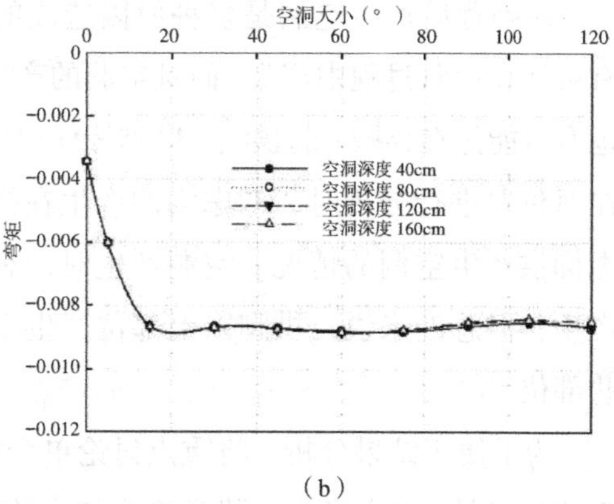

图 10-10　不同深度空洞存在时拱脚衬砌内力

（a）轴力变化曲线；（b）弯矩变化曲线

图 10-11 所示为不同深度空洞存在时仰拱衬砌内力，从图 10-11 可以看出，在仰拱处，轴力和弯矩在 15°之前也均迅速增大，此后便均开始一直减小，且空洞越大其轴力和弯矩值也就越大。这说明拱顶存在空洞时，空洞越大越深，仰拱处衬砌的内力也就越大，而且仰拱处的弯矩为正值，说明内侧混凝土是受拉应力作用的（仰拱隆起），弯矩越大，内侧混凝土越容易开裂。很多隧道路基混凝土是和仰拱连成整体的，这也就意味着隧道内的路面也就更容易开裂，这对隧道的安全运营是十分不利的，不仅威胁行车安全，也将大大增加维修养护的费用。

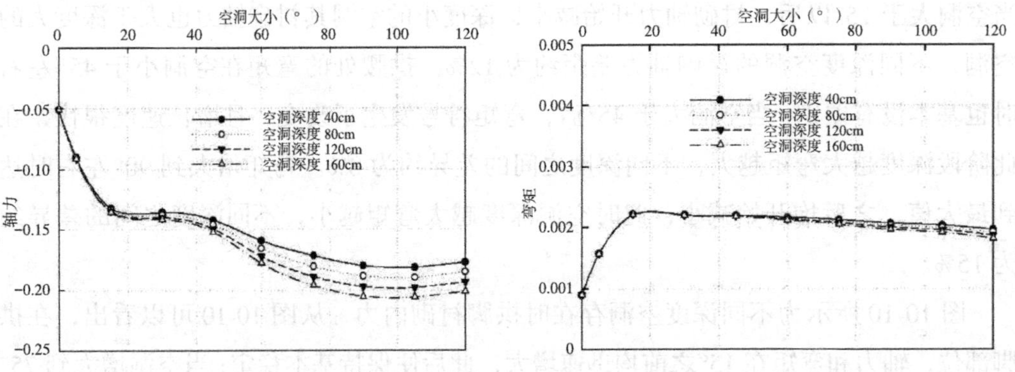

（a）　　　　　　　　　　　　　　　　（b）

图 10-11　不同深度空洞存在时仰拱衬砌内力

（a）轴力变化曲线；（b）弯矩变化曲线

10.4　空洞位置影响分析

10.4.1　空洞位置模拟

衬砌背后产生空洞是多种原因造成的，既有可能在施工工程中就产生空洞，也有可能在运营过程中产生，而且空洞的产生位置并无规律可循，既有可能产生在拱顶，也有可能是在拱腰、起拱线、拱脚等任何位置，但仰拱部位空洞一般较少发现，因此，在对位置进行分析时，考虑空洞产生在拱顶、拱腰、起拱线和拱脚四个区域，不考虑仰拱产生空洞的情况。空洞产生时，有可能是单个空洞，也有可能多个空洞同时产生，但总的来说，拱脚以上部位产生空洞的概率更大，绝大多数空洞均产生在这些部位。

为了便于结果分析，将重点讨论单个空洞分别产生在拱顶、拱腰、起拱线和拱脚部位的工况。如前所述，拱顶产生较大的空洞的概率较大，而其他部位产生的空洞一般不会太大，为了便于结果比较，分析时所有的空洞大小均从 0° 增大到 60°，不同位置空洞简化模型如图 10-12 所示。

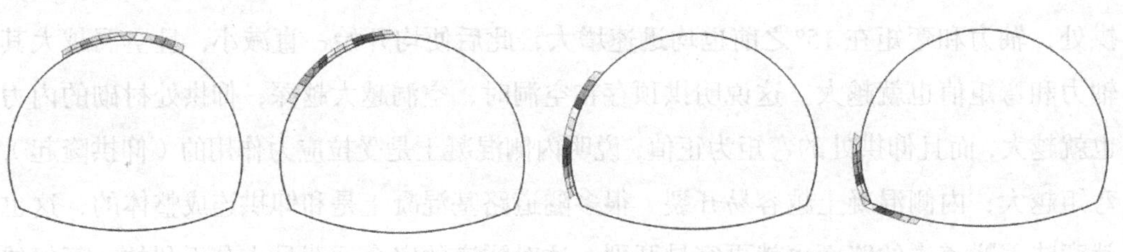

（a）　　　　　　（b）　　　　　　（c）　　　　　　（d）

图 10-12　不同位置空洞简化模型

（a）拱顶 60° 空洞；（b）拱腰 60° 空洞；（c）起拱线 60° 空洞；（d）拱脚 60° 空洞

10.4.2　空洞位置对土层应力的影响

空洞位于不同的位置时，隧道岩土的应力变化必定不相同，岩土应力的变化直接影响着隧道衬砌内力的变化，也有必要对不同位置空洞所导致的岩土应力的变化进行研究。图 10-13 所示为拱顶背后 60°空洞时岩土主应力云图。

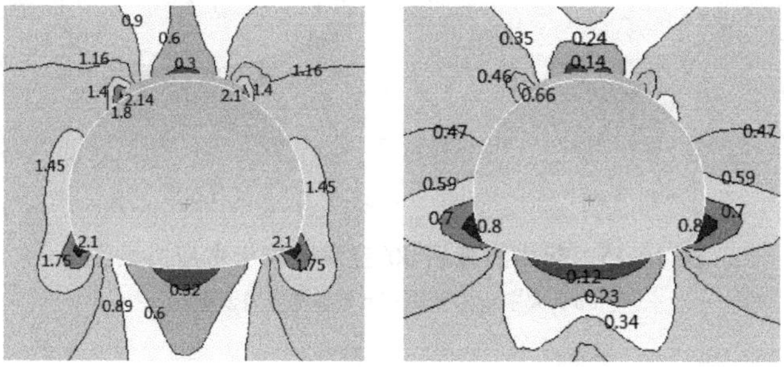

（a）　　（b）

图 10-13　拱顶背后 60°空洞时岩土主应力云图

（a）大主应力云图；（b）小主应力云图

图 10-14 所示为拱腰背后 60°空洞时岩土主应力云图。从图中可以发现，当拱腰部位产生 60°空洞后，拱顶部位岩土大小主应力不但没有减小，反而有所增大，且空洞下边缘部位产生了明显的应力集中现象；原本应力集中区域拱脚部位，左侧应力集中现象减轻，而右侧应力集中现象则比拱顶产生 60°空洞时更为明显。且小主应力有增大的趋势，说明隧道结构受到的水平压力增大。仰拱处的岩土应力也比拱顶产生空洞时更大。这说明左侧拱腰部位产生空洞后，隧道在右侧岩土水平压力的作用下，被朝着左上方挤压，与隧道衬砌接触的空洞边缘区域的岩土因此受到更大的挤压作用，因而其应力增大更为明显；同样，衬砌也会受到岩土的被动抗力，而这种岩土抗力是不均匀的，即隧道受到了偏压作用，众所周知，偏压是隧道产生病害的主要原因之一。

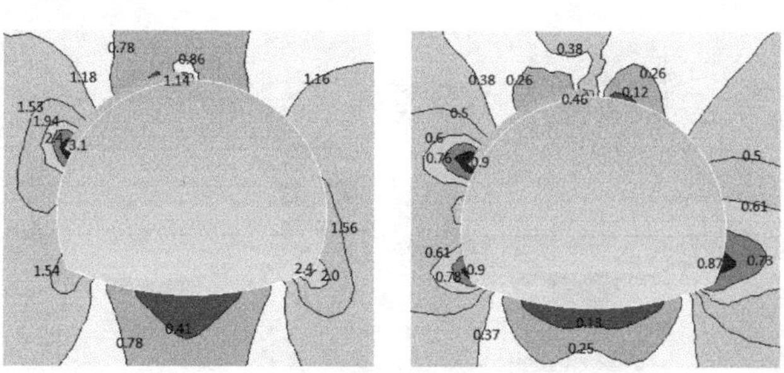

（a）　　（b）

图 10-14　拱腰背后 60°空洞时岩土主应力云图

（a）大主应力云图；（b）小主应力云图

图 10-15 所示为起拱线背后 60°空洞时岩土主应力云图。

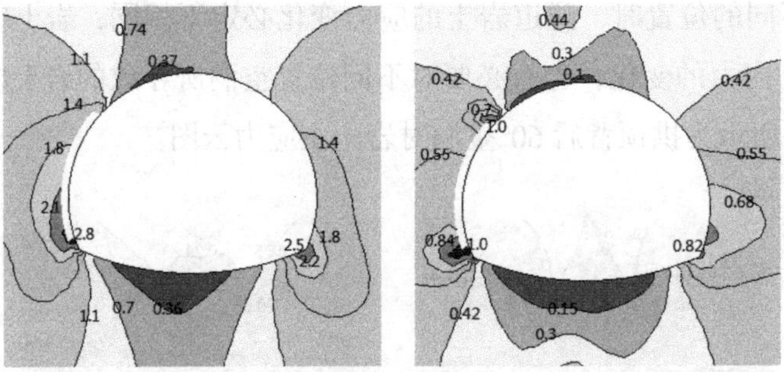

（a）　　　　（b）

图 10-15　起拱线背后 60°空洞时岩土主应力云图

（a）大主应力云图；（b）小主应力云图

从图 10-15 中可以发现，当起拱线部位产生 60°空洞后，拱顶处的大小主应力均有明显减小，与拱顶产生空洞的结果比较类似；拱脚部位的应力集中现象则更为明显，且左侧的应力集中程度比右侧的更为明显，值得注意的是，起拱线产生空洞后，空洞边缘处的小主应力明显增加。这是由于左侧起拱线处产生空洞后，衬砌结构在右侧岩土压力作用下向左侧移动，因此左侧受到的岩土水平抗力更大；同样衬砌结构也受到了偏心压力的作用，故空洞边缘处的水平应力增加更为明显。

图 10-16 所示为拱脚背后 60°空洞时岩土主应力云图。从图 10-16 中可以发现，当拱脚部位产生 60°空洞后，拱顶处的大小主应力均有明显减小，与起拱线处产生空洞的结果比较类似。左侧拱脚部位的应力集中现象向上转移到了空洞边缘处，空洞的下边缘处位于仰拱下方，该处在没有空洞产生时为应力释放区，而空洞产生后，空洞边缘处的岩土应力增加了两倍以上。右侧拱脚也产生了更为明显的应力集中，该处岩土应力与起拱线处产生空洞时相比比较接近。

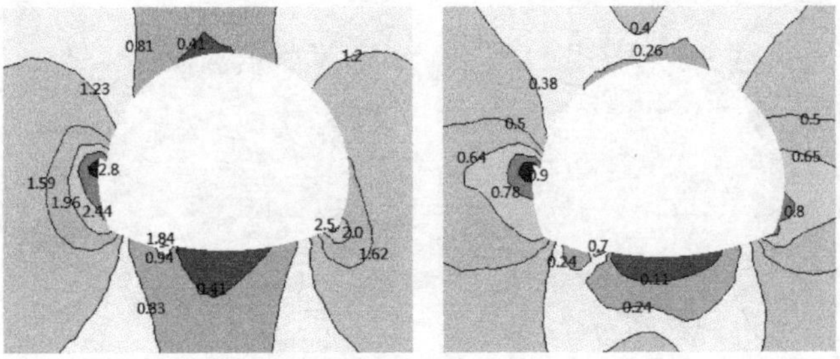

（a）　　　　（b）

图 10-16　拱脚背后 60°空洞时岩土主应力云图

（a）大主应力云图；（b）小主应力云图

10.4.3　空洞位置对衬砌结构变形的影响

隧道不同位置产生空洞之后，由于空洞产生处衬砌结构失去了岩土的被动抗力，再加上产生空洞后隧道受到了偏压作用，衬砌将向空洞区域开始变形。表 10-5 所示为空洞位置不同时衬砌结构变形。不同部位产生空洞前后衬砌结构变形如图 10-17 所示。

空洞位置不同时衬砌结构变形　　表 10-5

空洞位置	无空洞（mm）	拱顶 60°空洞（mm）	拱腰 60°空洞（mm）	起拱线 60°空洞（mm）	拱脚 60°空洞（mm）
拱顶	−0.49	0.04	−1.3	−1.59	−1.53
拱腰	−0.27	0.81	0.85	−1.36	−1.38
起拱线	−0.17	−0.27	−0.1	−2.49	−1.20
拱脚	—	0.24	0.33	−0.73	−1.27
仰拱	0.41	1.13	1.48	1.62	1.66

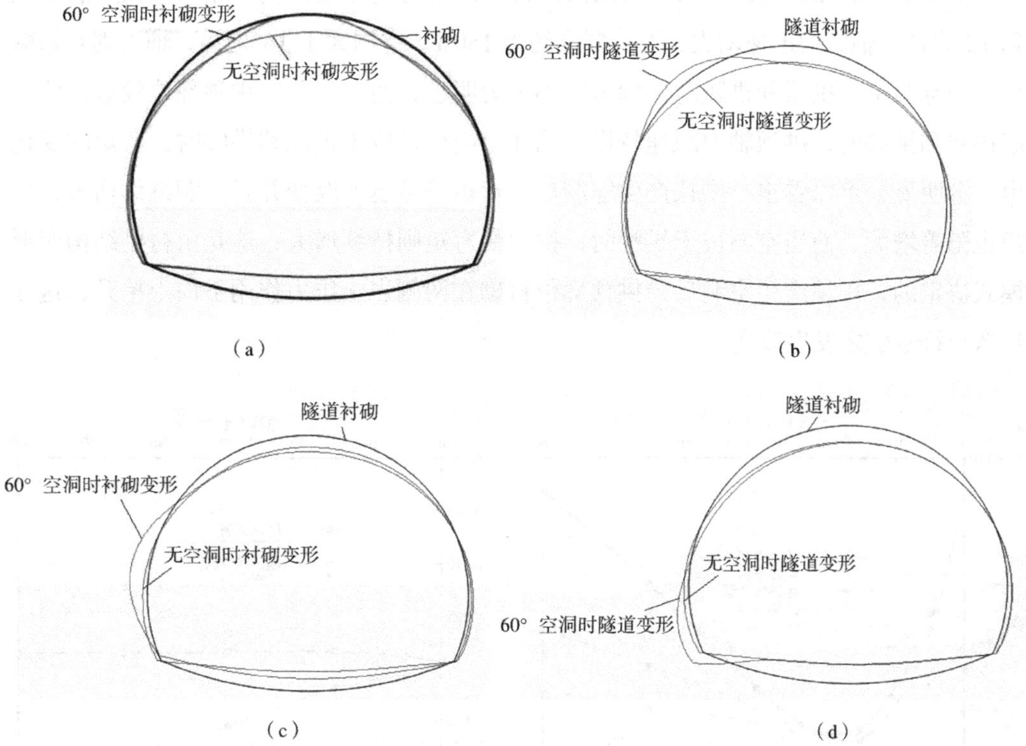

图 10-17　不同部位产生空洞前后衬砌结构变形

（a）拱顶产生空洞前后衬砌变形；（b）拱腰产生空洞前后衬砌变形；（c）起拱线产生空洞前后衬砌变形；（d）拱脚产生空洞前后衬砌变形

当拱腰存在空洞时，可以看出，拱顶部位位移向下，而拱腰处的衬砌变形则由向隧道内侧变为向隧道外侧移动，产生60°空洞时，位移约为0.85mm，拱脚部位的变形也由向外侧变为向内侧移动，起拱线和仰拱部位的变形趋势则没有明显改变。当起拱线处产生空洞之后，拱顶的下沉也更为明显，增大到约1.6mm，拱腰也发生了更为明显的下沉，起拱线处向外变形更为明显，增大到约2.5mm，拱脚也在偏压的作用下向外移动，仰拱隆起也更为明显，隆起约为1.6mm。

拱脚产生空洞后，拱顶下沉约为1.5mm，拱腰起拱线也均下沉，分别为1.4mm和1.2mm，拱脚处向外突出明显增加，约为1.3mm，仰拱处上抬也较其他部位产生空洞更为明显，约为1.7mm。

10.4.4 空洞位置对衬砌结构内力的影响

如上所述，空洞位于不同位置时，衬砌结构可能受到偏压作用，不同位置的空洞其产生的偏压情况也不相同，因此有必要对不同位置的空洞作用时衬砌结构的内力进行分析。图10-18所示为空洞位置不同时拱顶衬砌内力。

从图10-18（a）可以看出，拱顶部位衬砌的轴力变化规律基本相同。在空洞增大到15°之前，轴力均迅速增大，增长幅度约为150%，空洞大于15°之后，轴力则开始减小。当空洞位于拱顶和拱腰时，轴力减小更为明显，而空洞距离拱顶部位较远，位于起拱线和拱脚时，拱顶轴力减速较慢。同样，当拱顶位于拱顶和拱腰时，弯矩的变化也十分明显，可以看出，拱顶产生空洞后，弯矩符号迅速改变并且空洞继续增大，弯矩也随着增大，而当空洞位于拱腰时，拱顶的弯矩则持续增大，这是由衬砌结构变形模式决定的，拱顶产生空洞后，拱顶部位衬砌在两侧岩土压力作用下向上抬升，这导致弯矩符号随之发生改变。

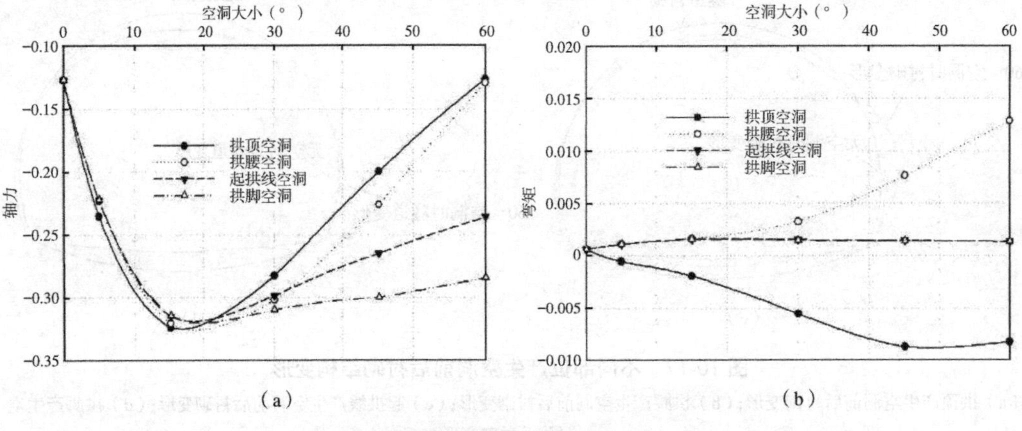

图10-18 空洞位置不同时拱顶衬砌内力

（a）轴力变化曲线；（b）弯矩变化曲线

当空洞产生在拱腰时，拱腰部位的衬砌向外变形，而拱顶部位的衬砌则下沉更为明显，因此其所受的弯矩也随着空洞的增大而增大，在空洞小于 30° 之前，增大幅度比较缓慢，而当空洞大于 30° 之后，增幅明显增加，这是由于空洞边缘区域更加接近拱顶。当空洞位于起拱线和拱脚部位时，拱顶部位的下沉也增大，但是相比之下，由于空洞部位距离拱顶较远，而且拱顶附近部位与岩土的接触并未丧失，其变形受到了岩土的约束，因此拱顶弯矩虽然也增大，但是变化没有那么剧烈，在空洞小于 15° 之前，增加幅度稍快，而当空洞大于 15° 之后，弯矩几乎不再发生变化。上述变化说明空洞位置越接近拱顶，那么拱顶衬砌结构内力变化就越为剧烈。

图 10-19 所示为空洞位置不同时拱腰衬砌内力，从图 10-19 可以看出，在产生不同位置的空洞后，拱腰部位的轴力变化规律也比较相似，但是空洞位置距离拱腰越近，轴力的变化也就越明显。当空洞位于拱腰和起拱线时，弯矩的变化更为剧烈。拱腰部位产生空洞后，空洞为 20° 左右时，弯矩符号发生了改变，当空洞增大到 30° 左右时，弯矩开始迅速增大，在空洞增大到 45° 左右时，弯矩又开始迅速减小化，这与衬砌的变形相吻合。拱腰部位衬砌在该处产生空洞之前外侧混凝土受压应力作用，而随着该处产生空洞并继续增大，该处衬砌结构最终被挤出并向外侧变形，因此外侧的混凝土开始受到拉应力的作用。当空洞位于起拱线时，拱腰衬砌的弯矩变化与拱腰空洞类似，但空洞为 15° 左右时弯矩符号就发生了改变，而且在空洞增大到 55° 左右时又发生了一次符号的改变，这是由于起拱线空洞的边缘部位更接近所取的研究单元，因而该处衬砌结构变形比拱腰空洞作用时稍微明显些。当空洞位于拱顶和拱脚时，拱腰部位的衬砌则是随着空洞的增大一直缓慢增大，并且增幅很小。空洞越接近拱腰，拱腰部位衬砌结构内力变化越为剧烈。

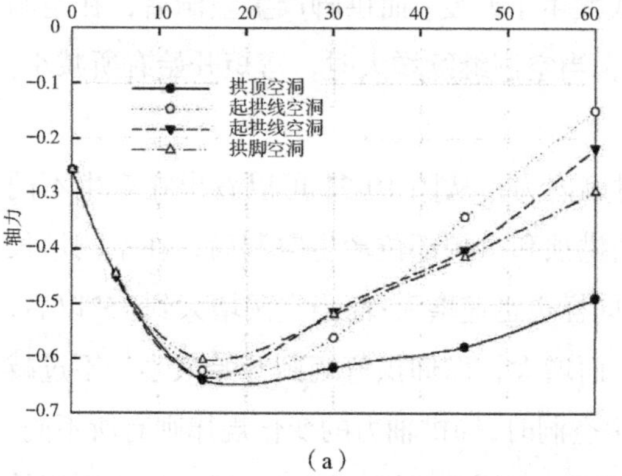

（a）

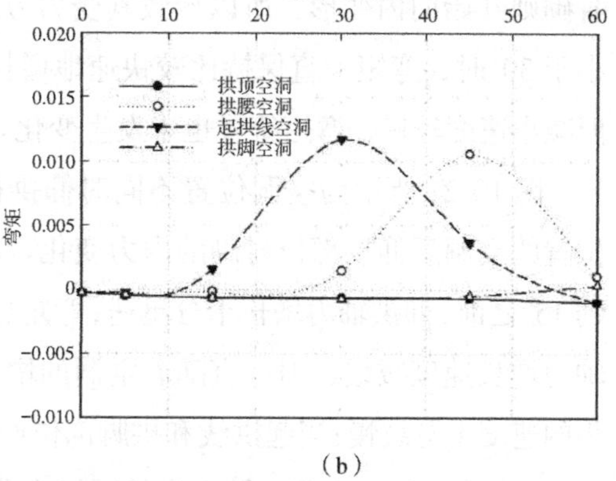

（b）

图 10-19　空洞位置不同时拱腰衬砌内力

（a）轴力变化曲线；（b）弯矩变化曲线

图 10-20 所示为空洞位置不同时拱脚衬砌内力，从图 10-20 可以看出在产生不同位置的空洞后拱脚衬砌的内力变化规律。在空洞小于 15°时，任何部位产生空洞都导致了拱脚部位衬砌轴力的迅速增长；而当空洞大于 15°时，拱顶和拱腰部位的空洞对拱脚衬砌轴力变化的影响减小，轴力不再增加，甚至开始有所减小。

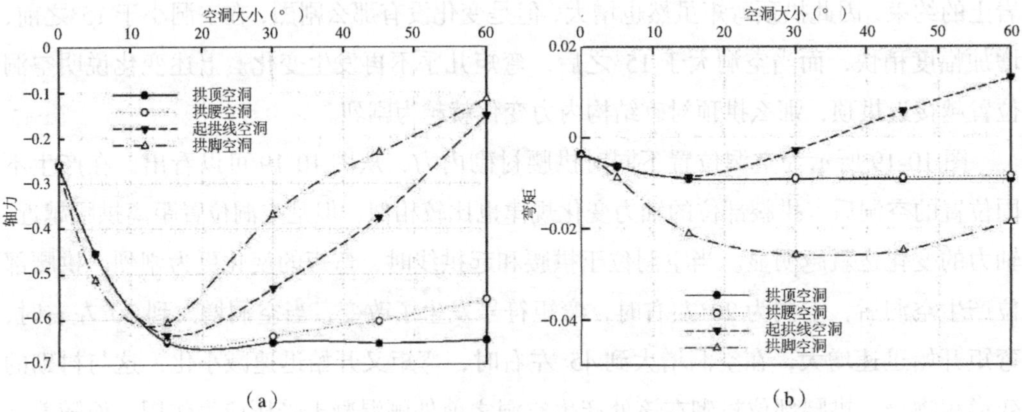

图 10-20　空洞位置不同时拱脚衬砌内力

（a）轴力变化曲线；（b）弯矩变化曲线

起拱线和拱脚的空洞大于 15°时，拱脚的衬砌轴力则迅速减小。弯矩的变化有所不同，当拱顶和拱腰产生空洞后，同样空洞小于 15°时，拱脚弯矩增加较快，但空洞大于 15°之后，弯矩几乎没有发生变化；而起拱线产生空洞后，拱脚的弯矩在空洞小于 15°时也增加，但当空洞大于 15°后，拱脚弯矩开始迅速减小，而且当空洞大于 35°左右时，弯矩的符号甚至发生了改变。这是由于起拱线产生空洞后，起拱线附近的拱顶向外变形，拱脚衬砌本来变形是向外，当起拱线处的衬砌向外变形时，拱脚部位的衬砌则开始向内变形，所以导致其受力方式发生了改变；而拱脚产生空洞后，在空洞小于 30°时，弯矩一直保持比较快速地增长，当空洞继续增大时，弯矩开始有所减小，但减小速度较慢，弯矩符号也未发生变化。

图 10-21 所示为空洞位置不同时仰拱衬砌内力，从图 10-21 可以看出在产生不同位置的空洞后仰拱部位衬砌的内力变化。当拱顶和拱腰部位产生空洞后，在空洞增长到 15°之前，仰拱轴力增长十分迅速，弯矩也同样也迅速增大；而当空洞增大到 15°以后，轴力增长速度减缓，但一直随着空洞的增大而增大，而仰拱弯矩则开始减小，不过减小的速度十分缓慢；当起拱线和拱脚部位产生空洞时，仰拱轴力的变化规律则有所不同，在空洞增长到 15°之前，轴力增长同样十分迅速，而当空洞大于 15°之后，轴力则开始迅速减小，并且随着空洞的增长一直减小，仰拱弯矩也减小，但减小的速度没有轴力明显，但与拱顶和拱腰产生空洞相比则更为明显。同样可以得出结论，空洞越接近仰拱，

仰拱部位衬砌结构内力变化越为剧烈。

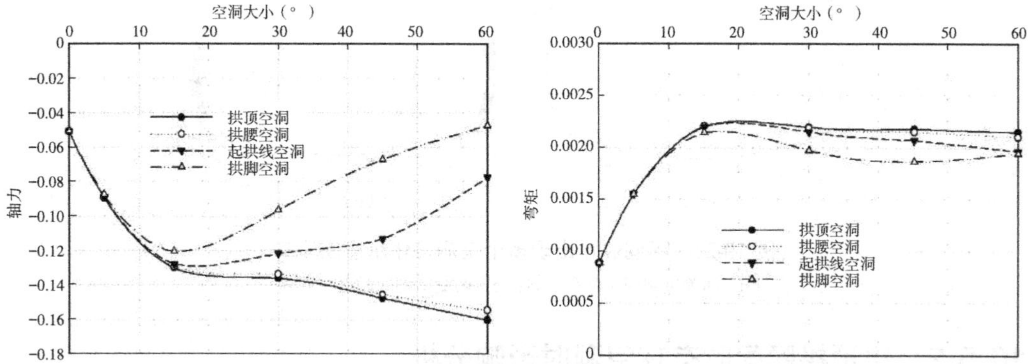

图 10-21　空洞位置不同时仰拱衬砌内力

（a）轴力变化曲线；（b）弯矩变化曲线

10.5　多个空洞同时存在时影响分析

10.5.1　多个空洞模拟

实际工程中，空洞可能不仅仅单一地只出现在拱顶、拱腰，起拱线、拱脚等部位，也可能在这些部位的一侧或者两侧同时出现多个空洞。多个空洞同时存在时，会对衬砌结构产生什么样的影响，也是一个值得探讨的问题。本书以拱顶和左拱腰，拱顶和左拱脚、左拱腰和左拱脚、两侧拱腰和两侧拱脚同时出现空洞为例，来探讨多个空洞同时存在时对衬砌结构的影响。假设多个空洞之间是互不联通的，因此空洞的大小均在 45°以内。图 10-22 所示为不同位置出现多个空洞简化示意图。

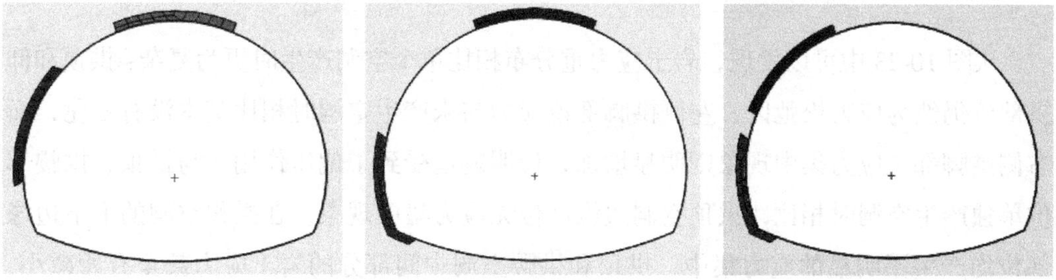

图 10-22　不同位置出现多个空洞简化示意图（一）

（a）拱顶拱腰同时存在空洞；（b）拱顶拱脚同时存在空洞；（c）拱腰拱脚同时存在空洞；

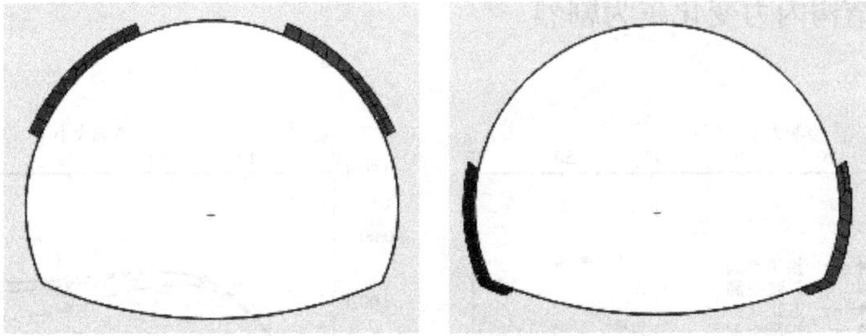

（d） （e）

图 10-22 不同位置出现多个空洞简化示意图（二）

（d）两侧拱腰同时存在空洞；（e）两侧拱脚同时存在空洞

10.5.2 拱顶拱腰同时存在空洞时影响分析

1. 拱顶拱腰同时存在空洞时对土层应力的影响

图 10-23 所示为拱顶拱腰同时存在空洞时主应力云图，未产生空洞时的应力云图与前节相同。

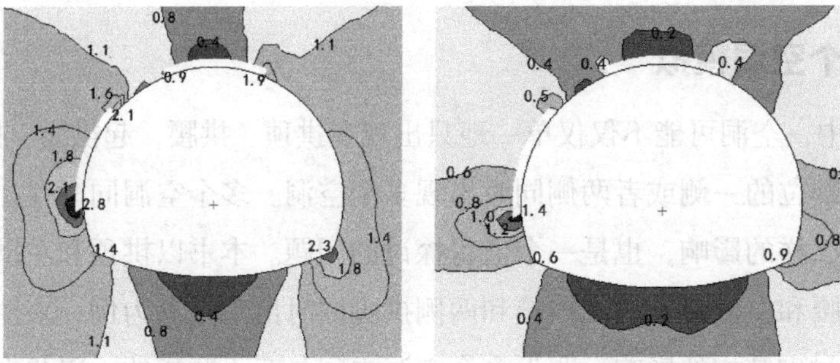

（a） （b）

图 10-23 拱顶拱腰同时存在空洞时主应力云图

（a）大主应力云图；（b）小主应力云图

从图 10-23 中可以发现，岩土应力重分布相比单个空洞产生时更为复杂：拱顶和仰拱部位仍然为应力松弛区，左侧拱脚部位应力与未产生空洞时相比基本没有变化，而右侧拱脚部位应力集中现象则明显增加，说明隧道受到了偏压作用。与拱顶、拱腰部位单独产生空洞时相比，拱顶空洞边缘部位无应力集中现象，在拱腰空洞的上下边缘部位均产生了明显的应力集中，拱顶和拱腰空洞中间部分的岩土应力甚至有所减小，说明该处的岩土未起到良好的承载作用，因此该处作用在衬砌上的压力将有所增加。

2. 拱顶拱腰同时存在空洞时对衬砌结构变形的影响

多个空洞同时存在于拱顶拱腰时，衬砌的变形模式与单个空洞存在时应当不同，图 10-24 所示为拱顶拱腰同时产生空洞前后衬砌变形对比。

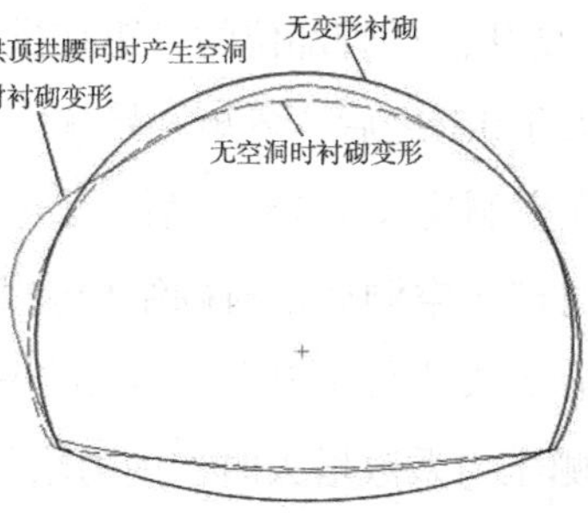

图 10-24　拱顶拱腰同时产生空洞前后衬砌变形对比

从图 10-24 中可以发现，产生 45°空洞后，拱顶部位仍然向上移动，拱腰部位也向空洞方向变形，这说明在拱顶拱腰部位，衬砌的外侧都将受到更大的拉应力作用。而在未产生空洞的右侧，衬砌结构的变形有空洞和无空洞时相比差异不大，说明空洞产生的一侧，衬砌结构变形更为剧烈，产生的附加变形也将导致衬砌内部出现附加应力，更易引起衬砌结构的破损。表 10-6 所示为拱顶拱腰同时产生空洞前后衬砌结构变形。

拱顶拱腰同时产生空洞前后衬砌结构变形　　**表 10-6**

空洞部位	无空洞（mm）	拱顶拱腰同时产生 45°空洞（mm）
拱顶	−0.48	0.73
拱腰	−0.27	−1.10
起拱线	0.17	1.71
拱脚	0.23	−0.51
仰拱	0.41	1.53

3. 拱顶拱腰同时存在空洞时对衬砌内力的影响

图 10-25 所示为拱顶拱腰同时存在空洞时不同部位衬砌结构内力。从图 10-25 中可以看出，当拱顶拱腰空洞小于 15°时，不同部位衬砌结构的轴力均快速增长；当空洞大于 15°之后，又同时开始减小；拱顶拱腰和起拱线处轴力变化更为明显，尤其是拱腰和起拱线处，比拱顶变化更大。这是由于拱顶和拱腰同时产生空洞后，在左侧所受到的岩土压力明显增大的缘故。从图 10-25（b）中可以发现，弯矩的变化更为剧烈，拱顶拱腰部位的衬砌结构在空洞增大到 5°左右时均发生了符号的改变，这说明这两个部位的衬砌结构的受力方式均发生了变化，尤其是拱腰部位的衬砌，符号改变了两次，在空洞增大到 35°左右时又发生了一次符号的改变。这是由于空洞增大到一定程度后，其边缘部位靠近所取单元，该处受到集中力的作用，从而导致弯矩发生了变化。与拱腰部位单独产生空洞相比，弯矩符号发生改变得更早。拱腰空洞单独作用时，空洞增

大到 20°左右弯矩符号才发生变化。拱脚部位的弯矩在拱顶和拱腰空洞都增大到 15°之前一直快速增大，当空洞均大于 15°之后，弯矩开始减小；仰拱部位的衬砌则是随着空洞的增大而一直增大，不过在空洞均大于 15° 之后，增幅减缓。

以上说明，拱顶拱腰同时产生空洞后，衬砌结构受力方式变化更为剧烈，拱顶拱腰部位的衬砌混凝土同时面临着发生外侧开裂、内侧压溃破坏的可能，拱脚、仰拱处也有存在压溃破坏的可能。侧压力系数增大时，内力增加更为明显，那么当在水平应力为主应力的地层中，拱顶和拱腰同时产生空洞后，结构的内力增加将更为明显，发生破坏的可能性也将大大增加。

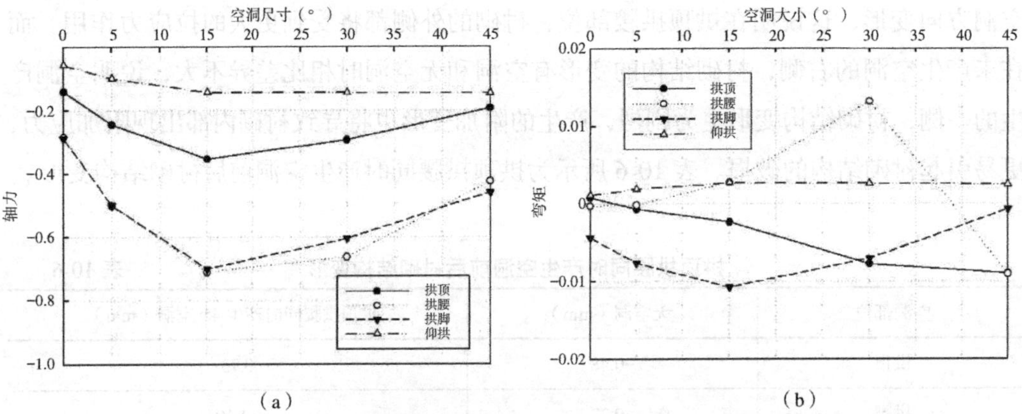

图 10-25　拱顶拱腰同时存在空洞时不同部位衬砌结构内力

（a）轴力变化曲线；（b）弯矩变化曲线

10.5.3　拱顶拱脚同时存在空洞时影响分析

1. 拱顶拱脚同时存在空洞时对土层应力的影响

图 10-26 所示为拱顶拱脚同时存在空洞时主应力云图，未产生空洞时的应力云图与前节相同。从图 10-26 中可以发现，与拱顶拱腰同时产生空洞相比，拱顶区域仍为应力松弛区，但在空洞的边缘部位产生了应力集中现象。拱脚区域的岩土，在空洞边缘部位产生了更为明显的应力集中现象，在没有空洞产生的右侧区域，应力集中现象也有所增加，但没有左侧有空洞的区域增加明显，尤其是小主应力增加更为明显，说明岩土受到的水平作用力更为明显。拱脚部位产生空洞后，隧道偏压更加明显，隧道结构将受到更大的水平作用力。

2. 拱顶拱脚同时存在空洞时对衬砌变形的影响

表 10-7 所示为拱顶拱脚同时产生空洞前后衬砌结构变形。图 10-27 所示为拱顶拱脚同时产生空洞前后衬砌变形对比。从图 10-27 中可以发现，产生 45°空洞后，拱顶部位仍然向上移动，拱脚部位也向空洞方向变形，这说明在拱顶衬砌的外侧都将受到拉

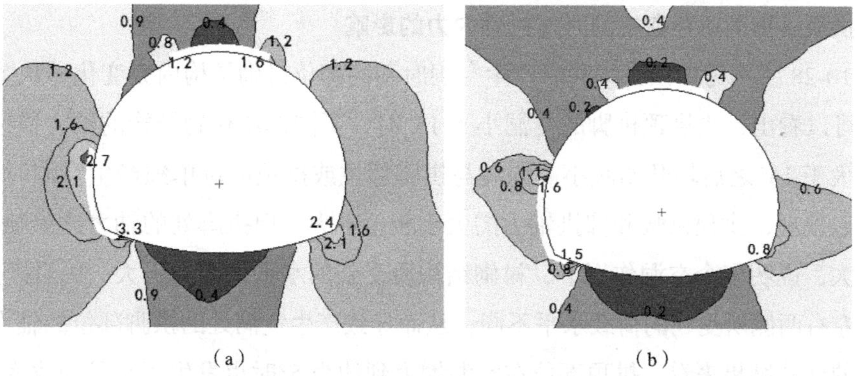

图 10-26　拱顶拱脚同时存在空洞时主应力云图

(a) 大主应力云图；(b) 小主应力云图

应力作用；拱脚部位本身外侧就受到拉应力的作用，产生更大的变形将导致拉应力进一步增大，更加容易导致衬砌结构的损伤。

拱顶拱脚同时产生空洞前后衬砌结构变形　　**表 10-7**

空洞部位	无空洞（mm）	拱顶拱腰同时产生 45°空洞（mm）
拱顶	−0.48	0.72
拱腰	−0.27	−1.28
起拱线	0.17	1.47
拱脚	0.23	0.82
仰拱	0.41	1.61

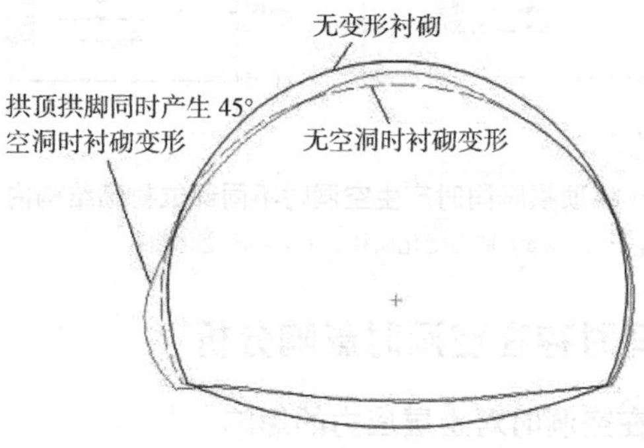

图 10-27　拱顶拱脚同时产生 45°空洞前后衬砌变形对比

在未产生空洞的右侧，衬砌结构的变形有空洞和无空洞时相比差异不大，说明空洞产生的一侧，衬砌结构变形更为剧烈，产生的附加变形也将导致衬砌内部出现附加应力，更易引起衬砌结构的破损，尤其是拱顶和拱脚部位，由于空洞的存在，使得衬砌失去了岩土抗力，更易于变形，也更容易发生病害。

3. 拱顶拱脚同时存在空洞时对衬砌内力的影响

图 10-28 所示为拱顶拱脚同时产生空洞时不同部位衬砌结构内力变化。从图 10-28（a）中可以看出，当拱顶拱脚的空洞小于 15°时，不同部位衬砌结构的轴力快速增长，当空洞大于 15°之后均开始减小。同时与拱脚部位或拱顶部位单独产生空洞时的结果相比可以发现，拱顶拱腰和仰拱轴力的大小相差不大，但拱脚处的轴力比单独空洞作用时要大，说明多个空洞作用下，衬砌结构所受到的水平作用力更大，而且产生空洞后隧道左右两侧所受到的荷载水平不同，从而导致产生空洞处的拱脚部位的轴力更大。从弯矩的计算结果来看，拱顶部位在空洞增大到约为 5°时也发生了符号的改变，说明衬砌的受力情况发生了改变，之后随着空洞的增长弯矩一直增大，仰拱部位衬砌的弯矩随着空洞的增大一直缓慢增大；拱腰部位的衬砌在空洞增大到 33°左右时也发生了符号的改变，说明该处的衬砌受力方式也发生了改变，相比拱顶单独产生空洞时，符号改变发生得更早（拱顶产生单个空洞时约 80°时弯矩符号改变），说明多个空洞作用下，衬砌结构发生病害的可能性更早。

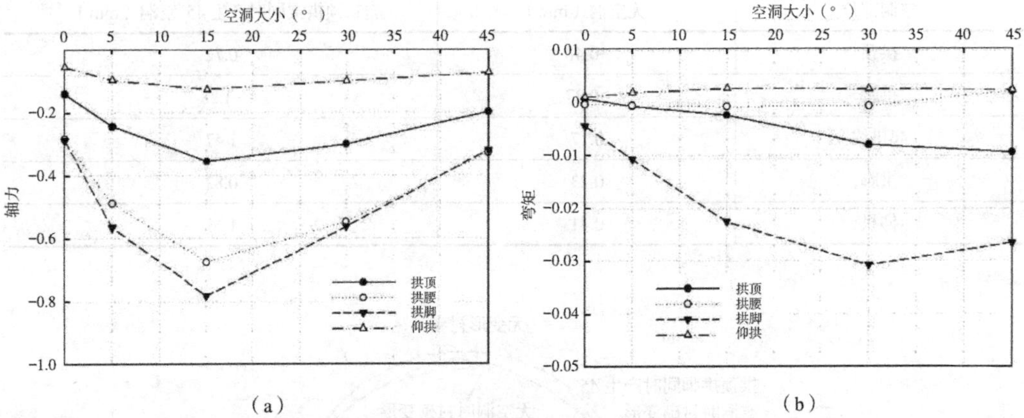

图 10-28　拱顶拱脚同时产生空洞时不同部位衬砌结构内力变化

（a）轴力变化曲线；（b）弯矩变化曲线

10.5.4　拱腰拱脚同时存在空洞时影响分析

1. 拱腰拱脚同时存在空洞时对土层应力的影响

图 10-29 所示为拱顶拱腰同时存在空洞时主应力云图，未产生空洞时的应力云图与前节相同。从图 10-29 中可以看出，拱顶和仰拱部位的岩土应力松弛比较明显；在空洞的边缘部位，尤其是拱脚空洞的两侧边缘部位，应力集中现象非常明显，两个空洞之间的岩土的应力也明显较其他部位要高，尤其是小主应力增加非常明显。这是由于拱腰拱脚同时产生较大空洞后，左侧大部分衬砌丧失了与岩土的接触，只有两个空洞之间的这一小部分岩土仍与衬砌结构保持良好接触，衬砌在右侧水平压力作用下向左

侧移动，只有这一小部分岩土能够提供约束，因此这部分岩土所受到的压力更大。这种情况下，左侧岩土几乎对衬砌结构未产生太大的压力，衬砌所受到的水平荷载主要来自右侧，偏压情况比拱顶拱腰同时产生空洞、拱顶拱脚同时产生空洞以及单个较大的空洞作用时更为明显。

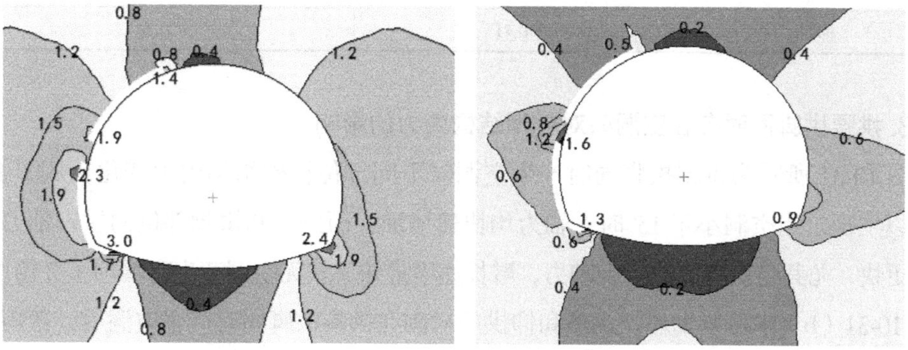

（a）　　（b）

图 10-29　拱顶拱腰同时存在空洞时主应力云图

（a）大主应力云图；（b）小主应力云图

2. 拱腰拱脚同时存在空洞时对衬砌结构变形的影响

图 10-30 所示为拱腰拱脚同时产生空洞前后衬砌变化对比。表 10-8 所示为拱顶拱脚同时产生空洞前后衬砌结构变形。

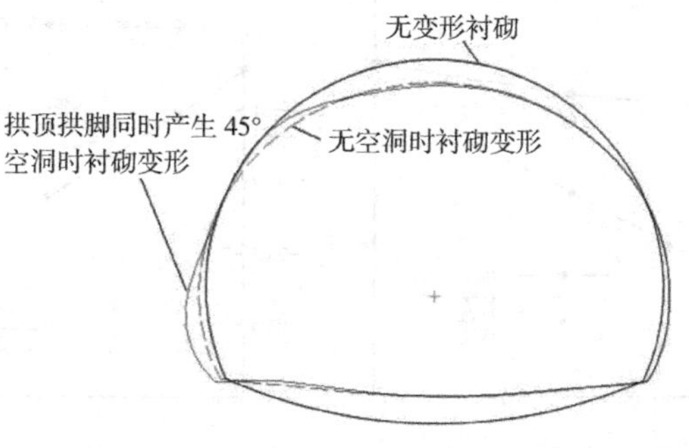

图 10-30　拱腰拱脚同时产生空洞前后衬砌变形对比

从图 10-30 中可以看出，拱腰拱脚产生空洞后，拱腰拱脚部位的衬砌结构均向空洞处发生变形，而拱腰部位的衬砌由于受到两个空洞之间的岩土的约束，变形没有拱脚处衬砌变形明显；未产生空洞的右侧衬砌变形与未产生空洞时相比变化不大，与其他部位产生多个空洞一样，这两个部位的衬砌同样将产生更大的附加应力，尤其是拱脚部位的衬砌，其所受到的附加应力更大，产生破损或者破坏的可能性也就更大。

拱顶拱脚同时产生空洞前后衬砌结构变形 表 10-8

空洞部位	无空洞（mm）	拱顶拱脚同时产生 45°空洞（mm）
拱顶	−0.48	−1.56
拱腰	−0.27	0.80
起拱线	0.17	1.15
拱脚	0.23	0.68
仰拱	0.41	1.61

3. 拱腰拱脚同时存在空洞时对衬砌结构内力的影响

图 10-31 所示为拱腰拱脚同时产生空洞时不同部位衬砌结构内力变化。从图 10-31 中可以发现，当空洞小于 15°时，轴力均快速增加，而拱腰和拱脚部位的衬砌轴力增长幅度更快，尤其是拱脚部位衬砌轴力，增长速度最快，较无空洞产生时增加了 2 倍以上。从图 10-31（b）中可以发现，拱顶和仰拱的衬砌在拱腰拱脚同时产生空洞后，弯矩一直增加，但是增加的速度较慢；拱腰和拱脚的衬砌弯矩变化则更为明显。在空洞小于 30°时，弯矩一直保持快速增加，拱脚的弯矩增加速度比拱腰部位衬砌增加速度更快；当空洞增大到 30°时，弯矩开始减小，而此时弯矩较无空洞时相比，增大了将近 6 倍。内力的变化与岩土应力的变化和衬砌结构的变形变化相呼应，说明拱腰、拱脚部位的衬砌将面临更大的破损风险，尤其是拱脚部位，由于产生了过大的附加应力，极有可能发生破坏。

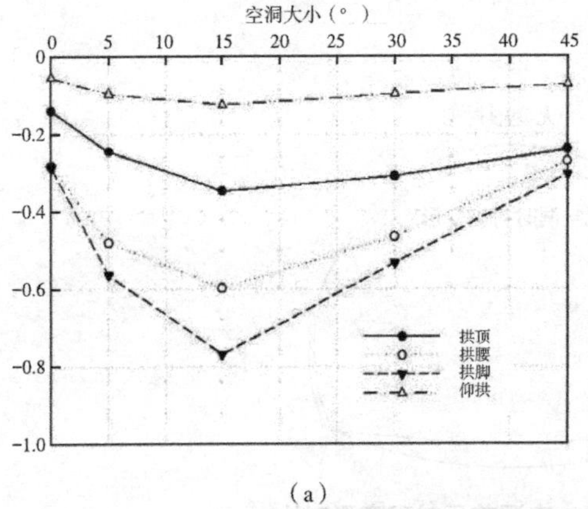

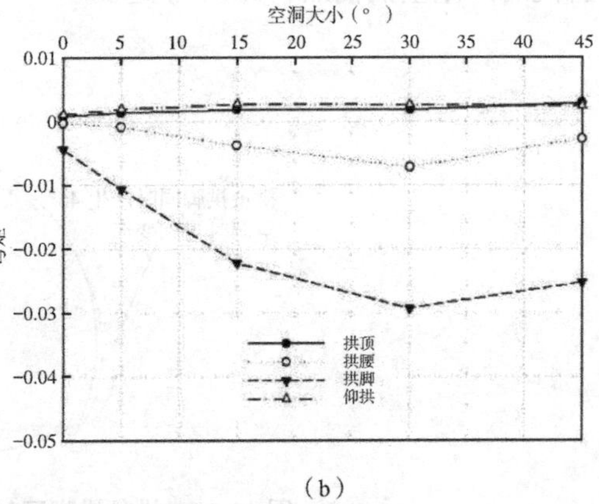

图 10-31 拱腰拱脚同时产生空洞时不同部位衬砌结构内力变化

（a）轴力变化曲线；（b）弯矩变化曲线

10.5.5 两侧拱腰同时存在空洞时影响分析

1. 两侧拱腰同时存在空洞时对土层应力的影响

图 10-32 所示为两侧拱腰同时存在空洞时主应力云图，未产生空洞时的应力云图仍与前节相同。

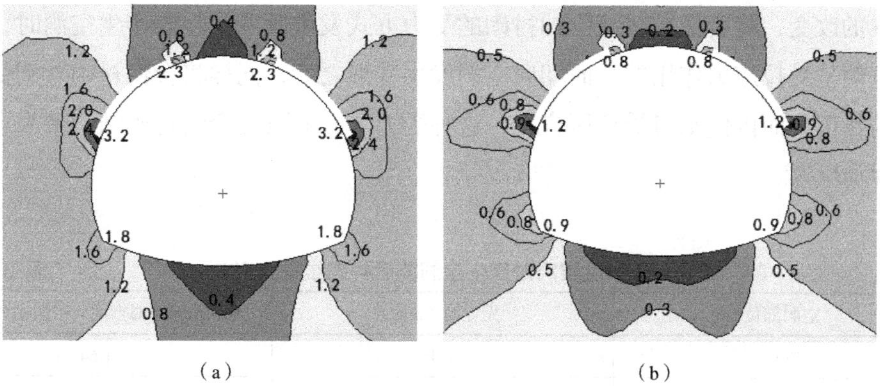

图 10-32　两侧拱腰同时存在空洞时主应力云图

（a）大主应力云图；（b）小主应力云图

从图 10-32 中可以发现，拱顶和仰拱仍为应力松弛区，但在空洞发展到较大程度，边缘达到拱顶区域后，空洞边缘处将会产生较大的应力集中现象，下方边缘处应力集中更为明显，小主应力增加也比较明显，说明该处所受的水平荷载更大。拱脚部位应力集中程度也比无空洞时更显著，与拱腰产生单个较大空洞相比，两侧拱脚均产生了应力集中，而单个空洞作用时，右侧的应力集中更明显；拱腰部位的应力集中则显著增加，说明拱腰部位的衬砌结构将受到更大的附加应力的作用。

2. 两侧拱腰同时存在空洞时对衬砌结构变形的影响

图 10-33 所示为两侧拱腰同时产生空洞前后衬砌变形对比。表 10-9 所示为两侧拱腰同时产生空洞前后衬砌结构变形。

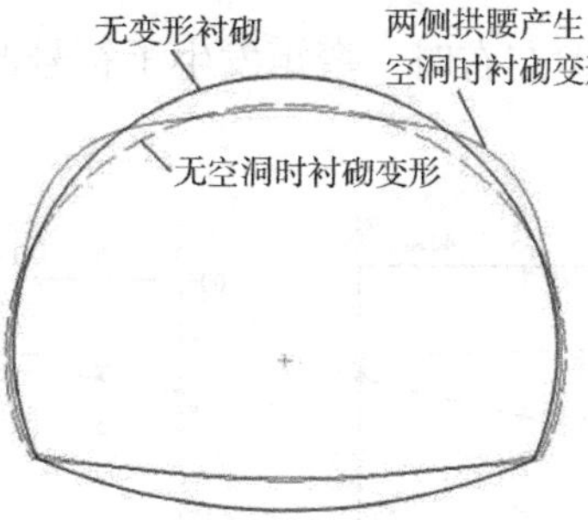

图 10-33　两侧拱腰同时产生空洞前后衬砌变形对比

从图 10-33 中可以看出，两侧拱腰部位的衬砌均向空洞处被挤出，而在没有产生空洞的区域，衬砌结构的变形由于受到岩土约束，与未产生空洞时的变形相比差异不大。拱顶部位由于受到上方岩土作用，再加上两侧拱腰部位向外变形，带动拱顶向下移动，所以拱顶的下沉与无空洞时相比更为明显，与拱腰产生单个空洞相比也稍大。这种变形模式的改变，将会使拱腰部位的衬砌的受力方式发生改变，在未产生空洞时，拱腰衬砌外侧是受拉应力作用的，而朝向空洞发生变形之后，同样将会使衬砌外侧受到拉应力的作用，而内侧则将受到压应力，这种受力方式的改变会给衬砌结构带来意想不到的附加应力。

两侧拱腰同时产生空洞前后衬砌结构变形　　**表 10-9**

空洞部位	无空洞（mm）	两侧拱腰同时产生 45°空洞（mm）
拱顶	−0.48	−1.64
拱腰	−0.27	0.78
起拱线	0.17	−0.17
拱脚	−0.23	−0.31
仰拱	0.41	1.53

3. 两侧拱腰同时存在空洞时对衬砌结构内力的影响

图 10-34 所示为两侧拱腰同时产生空洞时不同部位衬砌结构内力变化。由于两侧同时产生空洞，为对称结构，为简化分析，仍取左侧衬砌的拱顶、拱腰、拱脚和仰拱部位为研究对象。图 10-34 中可以看出，仰拱部位的衬砌轴力随着空洞的增大一直保持线性增长，而拱顶、拱腰和拱脚部位的衬砌在空洞增大到 15°之前增长较快，之后则开始减小，而拱腰拱脚部位的衬砌轴力增加速度要高于拱顶。与拱腰产生单个空洞相比，拱顶和仰拱部位的衬砌轴力相差不大，为 20% 左右，而拱腰和拱脚部位衬砌轴力约比单个空洞作用时增大了 35% 左右。从图 10-34（b）中可以看出，拱顶和仰拱部位的衬砌弯矩随着空洞的增大一直增大，不过增加速度较为缓慢，而拱腰部位的衬砌变化很大，在空洞增大到 10°左右时，弯矩发生了符号改变，之后一直增大，到达

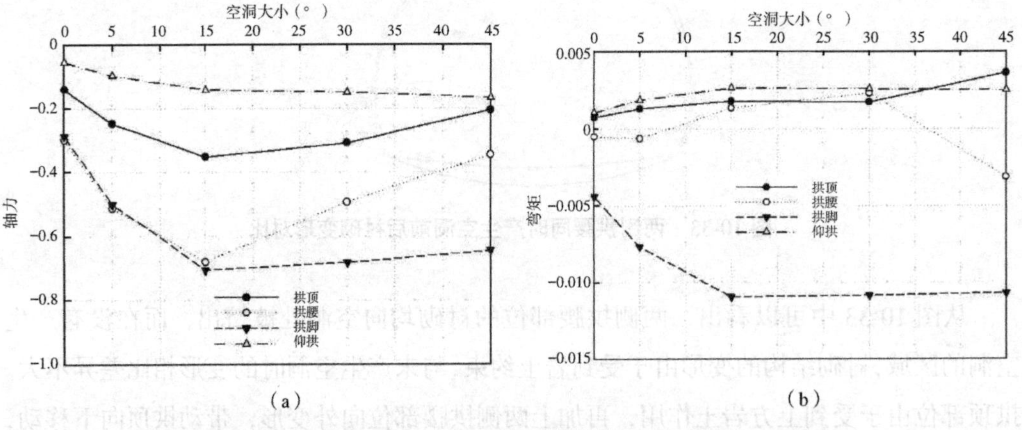

图 10-34　两侧拱腰同时产生空洞时不同部位衬砌结构内力变化

（a）轴力变化曲线；（b）弯矩变化曲线

30°左右时又开始减小，当空洞增大到 37°左右时弯矩又发生了符号变化，这是由于所取的研究单元位于空洞范围内，当空洞边缘部位到达所研究的单元附近后，该处衬砌上的岩土压力消失，从而导致了弯矩的变化。拱脚处的弯矩在空洞增大到 15°之前一直快速增长，当两侧空洞大于 15°之后，弯矩变化很小。与单个拱腰空洞作用时相比，拱顶部位弯矩更大，约为同等大小拱腰空洞时的 1.5 倍，拱脚和仰拱部位的弯矩变化较小，与单个空洞作用时基本相同。而拱腰部位的弯矩变化最大，弯矩的符号发生了改变，而同等大小的拱腰空洞单独作用时，弯矩符号未发生改变，说明两侧拱腰同时产生空洞后，较小的空洞就有可能导致衬砌的病害。

10.5.6　两侧拱脚同时存在空洞时影响分析

1. 两侧拱脚同时存在空洞时对土层应力的影响

图 10-35 所示为两侧拱脚同时存在空洞时主应力云图。与拱脚产生单个空洞相比较，拱顶和仰拱部位的岩土应力基本相同，而空洞边缘部位的应力集中则更为明显，两侧各产生 45°空洞时，空洞边缘处的岩土应力已经比产生单个 60°空洞时的岩土应力还要大，而小主应力增加更为明显，说明两侧拱脚同时产生空洞后，由于两侧拱脚部位的衬砌均与岩土失去了接触，拱脚岩土在水平压力作用下向衬砌方向移动，因而在岩土内产生了更大的水平应力，而边缘部位更是产生了应力集中，拱脚仰拱边界部位的岩土在两侧压力的作用下将隆起的更为显著，因而靠近此处的拱脚部位的衬砌内力将受到较大影响。

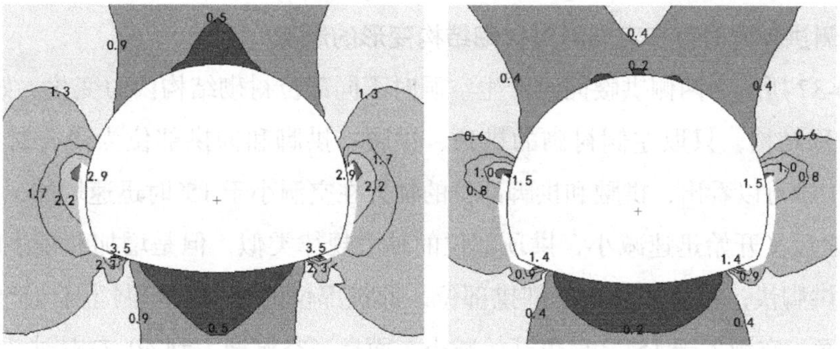

（a）　　　　　　　　（b）

图 10-35　两侧拱脚同时存在空洞时主应力云图

（a）大主应力云图；（b）小主应力云图

2. 两侧拱脚同时存在空洞时对衬砌结构变形的影响

表 10-10 所示为两侧拱脚同时产生空洞前后衬砌结构变形。图 10-36 为两侧拱脚同时产生空洞前后衬砌变形对比。可以看出，两侧拱脚部位的衬砌均向空洞处被挤出，

由于拱脚部位未产生空洞时内侧受压应力外侧受拉应力，产生空洞被向外挤出后，拉应力作用将更为明显，因而外侧混凝土破坏的可能性增大。拱顶下沉与无空洞时相比更为明显，而仰拱部位的隆起也比单个空洞作用时大，说明仰拱部位的岩土在两侧水平压力作用下抬升得更为明显。

两侧拱脚同时产生空洞前后衬砌结构变形 表 10-10

空洞部位	无空洞（mm）	两侧拱脚同时产生 45°空洞（mm）
拱顶	−0.48	−1.73
拱腰	−0.27	−1.4
起拱线	0.17	1.40
拱脚	0.23	0.82
仰拱	0.41	1.77

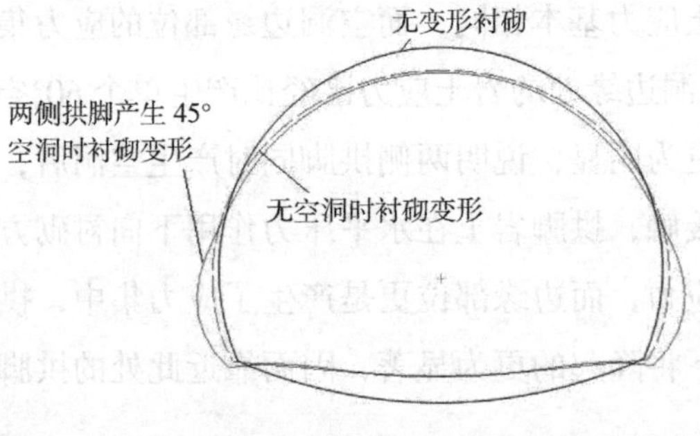

图 10-36 两侧拱脚同时产生空洞前后衬砌变形对比

3. 两侧拱脚同时存在空洞时对衬砌结构变形的影响

图 10-37 所示为两侧拱腰同时产生空洞时不同部位衬砌结构内力变化。如前所述，由于为对称结构，只取左侧衬砌的拱顶、拱腰、拱脚和仰拱部位为研究对象。从图 10-37（a）中可以看出，拱腰和拱脚部位的轴力在空洞小于 15°时迅速增加，而当空洞大于 15°之后又开始迅速减小，拱顶部位的轴力规律类似，但是增加和减小的速度没有拱腰和拱脚快，值得注意的是仰拱部位，仰拱部位的轴力在空洞小于 15°时只有小幅增加，而当空洞大于 15°之后也开始减小，而且当空洞增大到 40°左右时，仰拱轴力符号发生了改变，说明衬砌中出现了拉力，这对衬砌结构的安全极为不利，众所周知，混凝土是受压构件，受拉力作用时极易产生破坏。与拱脚产生同样大小的单个空洞相比较可以发现，拱顶和拱腰处衬砌轴力反而有所减小，小 20% 左右，而拱脚部位的轴力增大了 20% 左右，变化最大的是仰拱部位，该处甚至产生了拉力。如图 10-37（b）所示，弯矩也比单个空洞作用时有所增大，增大幅度为 10% 左右，值得注意的是拱腰部位的衬砌弯矩在空洞增大到 35°左右时就发生了符号变化，而单个空洞作用时，空

洞增大到 55°左右时弯矩才发生符号的改变，这说明多个空洞作用时，衬砌结构产生病害的时间比单个空洞作用时更早。

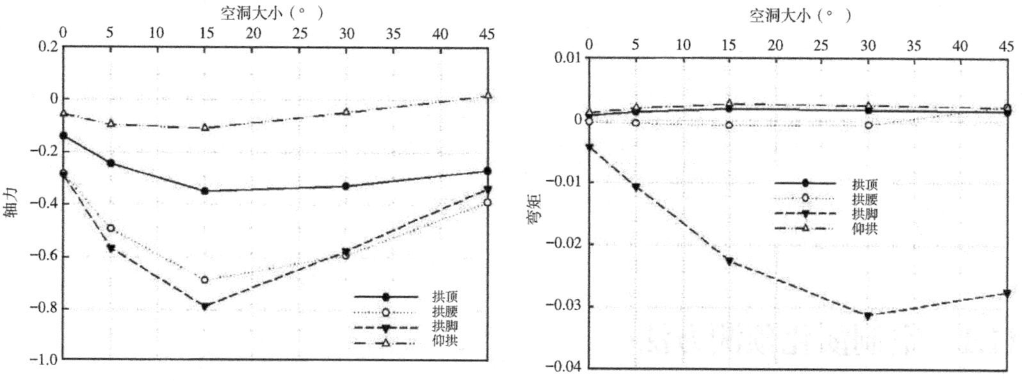

（a）　　　　　（b）

图 10-37　两侧拱腰同时产生空洞时不同部位衬砌结构内力变化

（a）轴力变化曲线；（b）弯矩变化曲线

10.6　本章小结

本章基于探地雷达检测的图像，通过盾构隧道衬砌结构数值模拟分析，模拟了空洞的演化发展规律，研究了空洞对盾构隧道衬砌承载力和破坏模式的影响；基于有限元建立了盾构隧道结构精细化数值模型，从空洞的大小、深度、位置和数量方面展开研究，基于空洞的空间分布规律及几何特征，分析了空洞对盾构隧道衬砌结构稳定性的影响。主要内容包括：

（1）使用探地雷达识别隧道衬砌背后空洞，分析空洞病害对衬砌结构的影响。空洞主要分布在拱脚以上部位，可能导致衬砌结构内力增长，降低承载能力。软土地区隧道空洞可能导致地表沉降，对地表建筑结构不利。

（2）通过数值模拟分析，考虑空洞的大小、深度和位置对衬砌结构的影响。在郑州地铁某区间隧道进行数值模拟分析，隧道位于黏质粉土地层中。研究了两侧拱脚同时存在空洞时，土层应力和衬砌结构变形的影响。

研究结果显示：（1）衬砌背后产生的空洞对隧道结构具有显著的影响，且随着空洞范围和深度的变大而增大。（2）拱顶处产生空洞相较于其他位置的空洞对于衬砌结构的影响更大。（3）衬砌背后产生多个空洞后对隧道结构安全产生的影响更为显著，其中隧道两侧拱腰处产生空洞时，引起衬砌应力变化最为剧烈。本书研究了隧道衬砌背后空洞对隧道衬砌结构的影响，通过数值模拟方法分析了空洞的分布、大小和深度对衬砌结构的影响，并探讨了两侧拱脚同时存在空洞时的应力和变形影响。

第 11 章

盾构隧道衬砌背后空洞多尺度演化预测

11.1 空洞演化预测方法

目前，隧道正处于“高维修”管理时期，各类病害对隧道安全的影响逐渐引起了学者们的重视，其中，衬砌结构背后空洞是较常见的病害之一。由于隧道衬砌与岩土层接触紧密，在岩土载荷作用下，将产生均匀的地层反力，使衬砌处于三向应力状态，很大程度上增加了隧道结构的稳定性。但在隧道的实际施工过程中，由于盾构姿态和注浆压力的差异性，易出现衬砌背后产生空洞的现象，这些空洞将影响地层反力支撑隧道结构的稳定性，容易引起隧道偏压、地表下沉、松弛压力及承载力不足等问题，降低了结构的耐久性和安全性。

因此，提供一种盾构隧道衬砌背后空洞的演化预测方法对隧道衬砌背后空洞的发展状态进行预测，并根据预测结果及时采取针对性处理措施，以提高盾构隧道的耐久性和安全性，显得尤为必要。

盾构隧道衬砌背后空洞的演化预测方法主要通过探地雷达获取空洞波形图像，并融合全卷积网络和条件随机场构建空洞识别模型，通过空洞识别模型进行空洞识别，基于识别出来的空洞，通过雷达波形图获取空洞的定量化缺陷信息；同时，基于有限元方法建立空洞演化预测模型，空洞演化预测模型为多尺度三维模型，将定量化缺陷信息输入空洞演化预测模型，能够从时间尺度和空间尺度两方面自动获取隧道衬砌结构在不同复杂环境下空洞的发展规律，实现对盾构隧道衬砌背后空洞演化的快速准确预测，进而能够根据空洞发展规律演化结果及时采取有效措施，为提高盾构隧道的耐久性和安全性提供了有力的数据支撑。

本书提出的盾构隧道衬砌背后空洞的演化预测方法，能够快速准确地对盾构隧道衬砌背后空洞的演化进行预测，进而有效提高盾构隧道的耐久性和安全性，图 11-1 所示为盾构隧道衬砌背后空洞演化预测方法流程图。

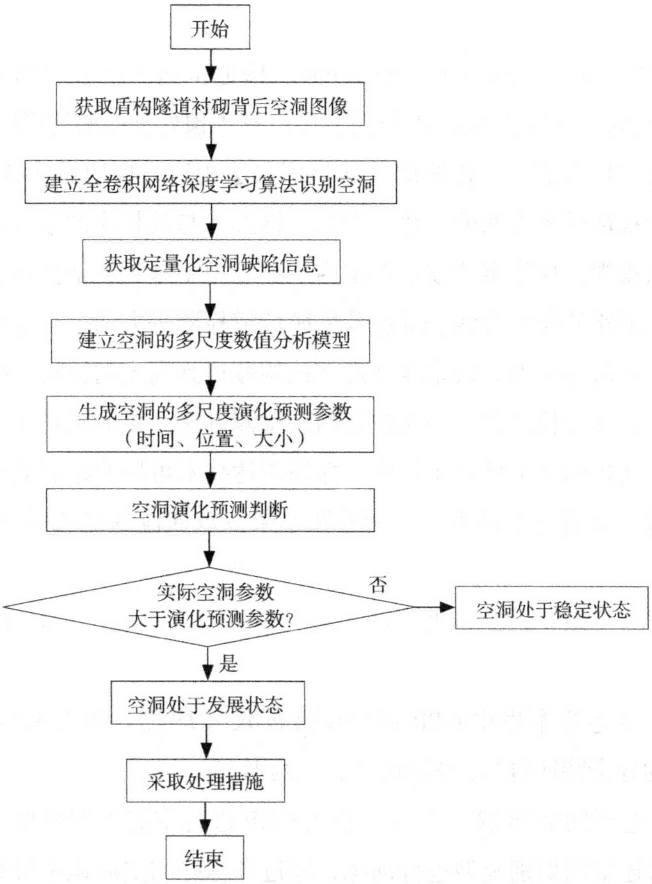

图 11-1　盾构隧道衬砌背后空洞演化预测方法流程图

主要实现步骤如下：

（1）基于探地雷达 GPR 获取盾构隧道衬砌空洞波形图像，并对所获取的空洞波形图像进行预处理，基于预处理后的波形图像构建样本集；

（2）融合全卷积网络 FCN 和条件随机场 CRF 进行空洞识别模型的构建，并通过所述样本集对空洞识别模型进行训练，通过训练好的空洞识别模型对待测波形图像进行空洞识别；

（3）基于空洞识别结果，通过待测波形图像获取定量化空洞缺陷信息；

（4）基于空洞演化特征，采用有限元建立空洞演化预测模型，并将所获取的定量化空洞缺陷信息输入空洞演化预测模型，完成空洞演化预测。

11.2　空洞演化预测实施过程

参照图 11-1 所示，本书提出的盾构隧道衬砌背后空洞的演化预测方法主要包括如下实施步骤：

（1）基于 GPR（Ground Penetrating Radar，探地雷达）获取盾构隧道衬砌空洞波形图像，并对所获取的空洞波形图像进行预处理，基于预处理后的波形图像构建样本集。

在进行探测工作方面，与传统的地球物理方法相比，探地雷达技术具有更快速、易于操作、抗干扰性强等方面的优势，因此，该技术与其相应的数据处理手段受到了多领域界的普遍重视。探地雷达技术在国内主要应用于施工场地探查、特定目标或地下埋藏物检测、道路的路面检测、隧道及采矿坑道检测等方面，甚至在军事单位也被普及。因此，大量雷达数据高效率地处理在该领域得到高度的重视。探地雷达是使用脉冲电磁波进行近地表检测的一种无损害物理检测方法。该方法常用于地下目标的定位。特别是在大面积的地下检测工作中，探地雷达技术可以非常有效和快速地检测出地下目标的情况，并且对于地下目标的检测结果以双曲波的形式呈现在 GPR 数据图像中。

所获取的盾构隧道衬砌空洞波形图像包括不同空洞类型、不同介质的 GPR 波形图像。

本实施中，所述样本集中 GPR 波形图像的尺寸均统一为 256×256 大小，所述 GPR 波形图像的分类特征包括：空洞尺寸、空洞形态。

（2）融合全卷积网络 FCN 和条件随机场 CRF 进行空洞识别模型的构建，并通过所述样本集对所述空洞识别模型进行训练，通过训练好的空洞识别模型对待测波形图像进行空洞识别。

所述 FCN 包括依次连接的输入层、若干个卷积层、若干个反卷积层、输出层；先通过若干个卷积层对所输入的图像进行降采样，实现图像编码，再通过若干个反卷积层对图像编码结果进行上采样，通过输出层输出，使得输入和输出具有相同的尺寸；其中，每个所述卷积层均连接有归一化层，所述归一化层采用 layer norm 函数对所述卷积层的特征参数进行归一化；上采样过程无须对特征图进行归一化，因此，反卷积层后面未连接归一化层；每个所述卷积层、反卷积层均采用 Leaky ReLU 激活函数。

本实施中，输入图像尺寸为 256×256，卷积层的个数为 8 个，每个卷积层的卷积核大小均为 3×3，步经为 2 个像素，各卷积层的个数依次为 128、64、64、64、64、64、64、128，通过 8 个卷积层降采样，特征图的尺寸为 1×1 大小；反卷积层的个数为 7 个，每个反卷积层的卷积核大小均为 5×5，步经为 2 个像素，各反卷积层的个数均为 128。

所述 FCN 的输出层与所述 CRF 连接，所述 CRF 后连接有 Softmax 层，用于进行空洞分类。FCN 的输入和输出具有相同的尺寸，CRF 的能量函数中包含单数据项和平滑项，单数据项与各个像素所属类别的概率相关，平滑项用于控制像素与像素间类别的一致。采用全连接 CRF 将波形图像中任意两个像素之间的类别关联性都考虑进来，以提高分割精度，从而可以准确识别出是否存在空洞。

其中，FCN 和 CRF 能够同时进行分割训练，大大提高了训练效率，高效进行空洞识别。

（3）基于空洞识别结果，通过待测波形图像获取定量化空洞缺陷信息。

所述空洞缺陷信息包括空洞尺寸、空洞形态，通过待测波形图能够直观得到空洞的缺陷信息。

（4）基于空洞演化特征，采用扩展有限元建立空洞演化预测模型，并将所获取的定量化空洞缺陷信息输入空洞演化预测模型，完成空洞演化预测。

所述空洞演化特征包括：盾构隧道位置、走向、埋深、通错缝拼装形式、结构纵向位置、水文地质条件、介质因素、空洞尺寸、空洞形态、空洞位置。

结合有限元分析模块，以空洞演化特征参数为指标建立盾构隧道衬砌结构整环精细化三维数值模型，基于空洞的空间分布规律及几何特征，构建带空洞的隧道空间多尺度三维模型，即空洞演化预测模型，通过所述空洞演化预测模型，能够从时间尺度和空间尺度两方面自动获取隧道衬砌结构在不同复杂环境下空洞的发展规律。

本实施中，基于盾构隧道衬砌背后空洞识别，利用误差分析等概率统计方法检测所述空洞演化预测模型的准确性及可靠性，得到所述空洞演化预测模型的误差概率分布特征以及相应的适用范围。

11.3　本章小结

本章提出了一种预测盾构隧道衬砌背后空洞发展状态的方法，通过高精度的空洞演化预测提高盾构隧道的耐久性和安全性。主要内容包括：

（1）研究提出的方法通过探地雷达（GPR）技术获取空洞波形图像，并利用全卷积网络和条件随机场构建空洞识别模型。通过空洞识别模型能够识别空洞的定量化缺陷信息，如尺寸和形态。

（2）基于有限元方法建立的空洞演化预测模型是一个多尺度三维模型，用于自动获取空洞发展规律。空洞演化预测实施过程包括获取 GPR 波形图像、构建空洞识别样本集、训练空洞识别模型、获取定量化空洞缺陷信息以及建立演化预测模型。并可通过误差分析等概率统计方法进行检测模型的准确性和可靠性。

第 12 章 研究成果的现场检验及工程应用

12.1 工程概况

12.1.1 工程基本情况

郑州地铁 5 号线五龙口停车场出入线区间的盾构区间左线从西站街站引出，经西站东路左转下穿月季公园进入嵩山北路，出入线盾构区间右线从沙口路站引出，沿在建的黄河路向西，下穿在建的郑北编组站下发场箱涵、霖月南路箱涵、东三角箱函和西三角箱函后，在郑州北站编组场南咽喉右转进入嵩山北路。出入线双线交会后沿嵩山北路向北并行至五龙口停车场出入线区间盾构井。出入场线区间采用“八”字形配线，本盾构区间为两条单洞单线圆形隧道。

区间正线左线设置 5 处平曲线，曲线半径分别为 250m、800m、800m、400m 和 540m；区间正线右线设置 8 处平曲线，曲线半径分别为 450m、250m、800m、800m、800m、800m、400m 和 450m。线路纵坡设计为 V 形节能坡，平面最小线间距为 9.89m，平面最小曲线半径为 250m。左线最大纵坡为 28.982‰，右线最大纵坡为 34.500‰，最小坡度为 2‰。出入线区间起点处覆土深度约为 13. 2m，区间终点处覆土深度约为 6.6m，区间覆土最深处为 28.5m。

本盾构区间隧道左线里程为左 DK0+581.182 ~ 左 DK2+844.203，左线全长 2263.021m，采用盾构法施工，其中在左 DK0+581.182 ~ 左 DK0+849.150（长度 267.968m）采用 1.2m 环宽的盾构管片，在左 DK0+849.150 ~左 DK2+844.203 段采用 1.5m 环宽的盾构管片。其中在中心里程左 DK0+625.130 处，设置一座水泵房。

盾构区间右线里程为右 DK0+049.744 ~ 右 DK2+894.422，右线全长 2844.678m，采用盾构法施工，其中在右 DK0+640.153 ~ 右 DK0+954.625（长度 314. 472m）采用 1.2m 环宽的盾构管片，在右 K0+049.744 ~右 DKO+640.153 段（长度 590.409m）和右 DK0+954.625、右 DK2+894.422（长度 1939.797m）采用 1.5m 环宽的盾构管片。其中在中心里程右 DK0+555. 692 处，设置一座水泵房。

隧道结构主要位于黏质粉土和细砂层中。盾构区间在施工的过程中，应根据不同的风险等级，采取相应的加固处理措施，以确保安全。全线平面位置示意图如图 12-1 所示。

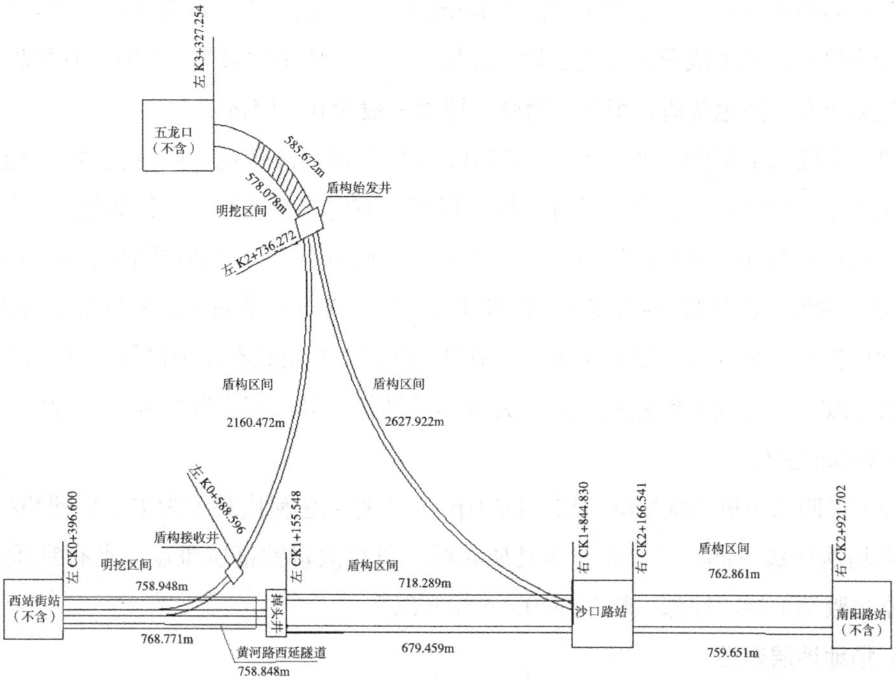

图 12-1　全线平面位置示意图

12.1.2　工程地质条件

1. 工程地质分区

依据郑州地铁 5 号线 01 标段沿线的地貌单元及岩土性质，将本段的工程地质分区分为 2 个区，分别为 A 区、B 区，具体如下：

（1）A 区地貌单元为黄河冲洪积平原，场地 30m 深度范围内地层主要为第四系全新统（Q4）地层，0 ~ 20m 主要地层为砂质粉土、黏质粉土、粉质黏土，夹有粉砂、细砂，20 ~ 30m 主要地层为中密—密实细砂。分区范围为自南阳路站东（南阳路与黄河路交叉口）经黄河路—郑东新区祭城村之间，里程为（K3+400 ~ K13+850），地面标高在 87.06 ~ 96.34m 之间。

（2）B 区地貌单元为山前冲洪积缓倾平原地貌，场地 30 ~ 40m 深度范围内地层主要为第四系上更新统（Q3）地层，主要地层为砂质粉土、黏质粉土、粉质黏土，夹有粉细砂。分区范围为自建设西路站南经桐柏路、西站路、黄河路至南阳路站东，里程（K0+000 ~ K3+400、K38+650 ~ K40+227），地面标高在 101.97 ~ 119.13m 之间。

本区间工程地质分区为 B 区。

2. 地层概况

根据本区间现场钻探所揭示的地层情况，结合地貌特征。本场地 55m 左右以上地基土均属第四系（Q）沉积地层。地层从上到下主要为：

（1）第四系全新统人工堆积层（Q4-3ml）：人工堆积层（Q4-3ml）上部一般为沥青混凝土路面，主要成分为混凝土块、砖块、灰土、建筑垃圾等；下部一般为灰褐色、褐黄色粉土及灰黑色灰渣，稍湿，稍密。埋深一般为 0 ~ 3.5m。

（2）第四系上更新统冲洪积层（Q3a1+p1）：上部以浅黄色、褐黄色砂质粉土、黏质粉土为主，稍密—中密状，稍湿—湿，局部夹有薄层粉质勤土、细砂层，呈层状在场地区域广泛分布。含较多钙质条纹、可见铁锰质斑点，夹有钙质结核、局部富集胶结成层。埋深一般在 12.0 ~ 21.0m；下部以黄褐色、褐黄粉质黏土、黏质粉土为主、局部夹砂质粉土，呈可塑—硬塑或密实、稍湿—湿状，呈层状在场地区域下部广泛分布。含钙质条纹、可见大量铁锰质斑点，夹有钙质结核、局部富集胶结成层。埋深一般在 39.0 ~ 49.0m 左右。

（3）第四系中更新统坡洪积层（Q2d1p1）：以棕红色粉质黏土为主，呈硬塑状，呈层状在场地区域下部广泛分布。含钙质条纹、可见大量铁锰质斑点，夹有钙质结核、局部富集胶结成层。埋深一般在 39.0 ~ 49.0m 以下。

3. 场地地层岩性

本场地 55m 以上地基土均属第四系（Q）沉积地层。在垂直方向上 55m 范围内分布有第四系全新统人工堆积层杂填土（Q4-3ml）和第四系上更新统冲洪积物（Q3a1+p1）、第四系中更新统坡洪积物（Q2d1p1），按地质时代将其划分为①、③、④三个大层，其中第③大层分为 8 层。地层现从新到老详细分述如下：

第四系全新统人工堆积层（Q4-3ml）

第① 1 层（Q4-3ml）杂填土：灰黑色、青灰色至灰黄色，上部 10 ~ 40cm 为沥青路面下部主要为三七灰土、水泥稳定层、碎石子等，含建筑垃圾，局部含素填土。层厚 0.80 ~ 3.60m，平均厚度 2.02m，层底埋深 0.80 ~ 3.60m，层底标高 100.11 ~ 104.40m。在本区间表层分布。

第四系上更新统冲洪积层（Q3a1+p1）

第③ 32：层（Q3a1+p1）砂质粉土：浅黄色，稍湿，稍密，摇振反应迅速、无光泽、干强度低、韧性低，局部夹黏质粉土薄层，含有少量钙质条纹。层厚 1.70 ~ 6.50m，平均厚度 4.13m，层底埋深 4.30 ~ 7.80m，层底标高 96.31 ~ 100.67m。静力触探试验 Ps 值 7.14MPa；标准贯入试验经杆长修正后平均值为 11.6 击。在本区间地层上部广泛分布。

第③ 33：层（Q3a1+p1）黏质粉土：褐黄色夹黄褐色、灰黄色，稍湿，中密，局部夹有砂质粉土薄层，摇振反应中等、无光泽反应、干强度中等、韧性低，含有钙质条纹、偶见钙质结核，含少量黄色铁斑、浅灰斑。层厚 2.70 ~ 19.50m，平均厚度 6.57m，层底埋深 9.60 ~ 16.00m，层底标高 88.25 ~ 95.46m。静力触探试验 Ps 值 8.18MPa；标准贯入试验经杆长修正后平均值为 13.4 击，在本区间地层中上部广泛分布。

第③ 34：层（Q3a1+p1）黏质粉土：褐黄色夹灰黄、黄褐、灰褐色，稍湿，中密，摇振反应中等、无光泽、干强度低、韧性低，含钙质结核、大小一般 1.0 ~ 3.0cm、含量约占 3% ~ 8%，含大量钙质条纹、铁锰质斑点，局部夹砂质粉土、粉质黏土、粉细砂薄层。层厚 2.00 ~ 9.10m，平均厚度 5.29m，层底埋深 13.40 ~ 19.50m，层底标高 85.26 ~ 91.90m。静力触探试验 Ps 值 8.27MPa；标准贯入试验经杆长修正后平均值为 16.7 击。在本区间地层中上部广泛分布。

第③ 34D：层（Q3a1+p1）细砂：灰黄色，中密，湿，成分以石英、长石为主，含云母碎片，见少量螺壳碎片，颗粒级配不良，砂质较纯，局部胶结成层。层厚 14.60 ~ 21.30m，平均厚度 3.97m，层底埋深 14.60 ~ 21.30m，层底标高 83.65 ~ 90.33m。标准贯入试验经杆长修正后平均值为 20.5 击。在本区间地层中部呈透镜体状分布。

第③ 35：层（Q3a1+p1）黏质粉土：褐黄色为主夹灰黄、褐黄色，湿，密实，摇振反应中等、无光泽、干强度低、韧性低，含钙质结核、大小一般 1.0 ~ 3.0cm、最大 5.0cm，含量约 5% ~ 10%，局部富集胶结成层，可见铁锰质斑点，局部含粉质黏土、粉细砂薄层。层厚 3.20 ~ 10.50m，平均厚度 7.79m，层底埋深 22.50 ~ 28.40m，层底标高 72.17 ~ 82.11m。标准贯入试验经杆长修正后平均值为 21.1 击。在本区间地层中部广泛分布。

第③ 23：层（Q3a1+p1）粉质黏土：黄褐色夹褐黄色、红褐色，可塑 - 硬塑，有光泽、干强度中等、韧性中等，含钙质结核、大小一般 1.0 ~ 3.0cm、含量约占 5% ~ 10%、局部富集胶结成层，可见铁锰质斑点，局部夹黏质粉土覆层。层厚 1.60 ~ 8.50m，平均厚度 5.92m，层底埋深 29.60 ~ 36.00m，层底标高 68.80 ~ 74.92m。标准贯入试验经杆长修正后平均值为 21.6 击。在本区地层中下部广泛分布。

第③ 24A：层（Q3a1+p1）黏质粉土：褐黄色为主夹灰黄、褐黄色，湿，密实，摇振反应中等、无光泽、干强度低、韧性低，含钙质结核、大小一般 1.0 ~ 2.0cm、最大 4.0cm，含量约 5% ~ 15%，局部富集胶结成层，可见铁锰质斑点，局部含粉质黏土薄层。层厚 0.80 ~ 10.80m，平均厚度 5.98m，层底埋深 35.00 ~ 44.80m，层底标高 59.64 ~ 70.29m。标准贯入试验经杆长修正后平均值为 20.7 击。在本区间地层中下部广泛分布。

第③ 24：层（Q3a1+p1）粉质黏土：黄褐色夹褐黄色、红褐色，可塑 - 硬塑，有光泽、干强度中等、韧性中等，含钙质结核、大小一般 0.5 ~ 2.0cm、含量约占 10% ~ 15%、局部富集胶结成层，可见铁锰质斑点。层厚 0.20 ~ 11.10m，平均厚度 5.39m，层底埋深 40.00 ~ 50.00m，层底标高 53.76 ~ 65.02m。标准贯入试验经杆长修正后平均值为 21.9 击。在本区间地层中下部广泛分布。

第四系中更新统坡洪积层（Q2d1p1）

第④ 31 层（Q2d1p1）黏质粉土:红褐色夹黄褐色,湿,密实,摇振反应中等、无光泽、干强度低、韧性低,含钙质结核、大小一般在 0.5 ~ 1.0cm、最大 2.0cm,含量约 5% ~ 10%,局部富集胶结成层，可见铁锰质斑点，局部含粉质黏土薄层。层厚 2.00 ~ 8.00m，平均厚度 4.36m，层底埋深 47.50 ~ 56.48m，层底标高 48.70 ~ 56.48m。标准贯入试验经杆长修正后平均值为 25 击。在本区间地层下部广泛分布。

第④ 21 层（Q2d1p1）粉质黏土:红褐色夹黄褐色，硬塑，干强度中等、韧性中等，含钙质结核、大小一般 1.0 ~ 3.0cm、含量约占 5% ~ 10%、局部富集胶结成层，可见铁锰质斑点，局部夹黏质粉土薄层。勘探深度内该层未揭穿，最大揭露深度 55.00m，最大揭露厚度 3.50m。标准贯入试验经杆长修正后平均值为 30.4 击。在本区间地层底部广泛分布。

五龙口停车场出入线区间盾构区间纵剖面图如图 12-2 所示，该剖面图选取的为西沙区间左线隧道左 DK0+397.300 ~左 DK0+625.000。

12.1.3 水文地质条件

1. 地表水

据调查，拟建场地无地表水分布。

2. 地下水

根据区域水文地质资料和现场钻探，本区间的地下水类型主要为第四系松散层孔隙潜水。

第四系松散层孔隙潜水含水层岩性以黏质粉土、粉质黏土及细砂为主，勘察期间地下水初见水位埋深为 20.30 ~ 25.70m，稳定水位埋深为 19.80 ~ 25.30m（标高 79.50 ~ 84.55m），变幅 1.0 ~ 2.0m。目前本区地下水受郑州市开采影响，地下水位变化受人为控制，据调查场地近 3 ~ 5 年地下水最高埋深为 17.30 ~ 20.85m（标高 85. 00m），历史最高水位埋深为 12.30 ~ 15.85m（标高 90. 00m）。

3. 地下水的补给、径流、排泄条件、水位及其动态特征

本区间含水层主要为黏质粉土、粉质黏土层，局部为细砂层，属弱~中等透水层。地下水位的变化受地形地貌、地层岩性、地下水补给来源等因素控制。其补给来源主要为大气降水和地下水径流补给，地表水由于地面硬化，大气降水基本排走，下渗量较小，以地下水径流补给为主，根据区域地质资料，地下水径流方向为西、西南向东及东北的径流。根据郑州市市气象资料，每年 7 月至 9 月为补给期（丰水期），12 月至次年 3 月处于低水位期（枯水期）。本次勘察时间为 2014 年 4 月 1 日至 6 月 22 日，属枯水—丰水过渡期。

图 12-2　所示为五龙口停车场出入线曲线盾构区间纵剖面图

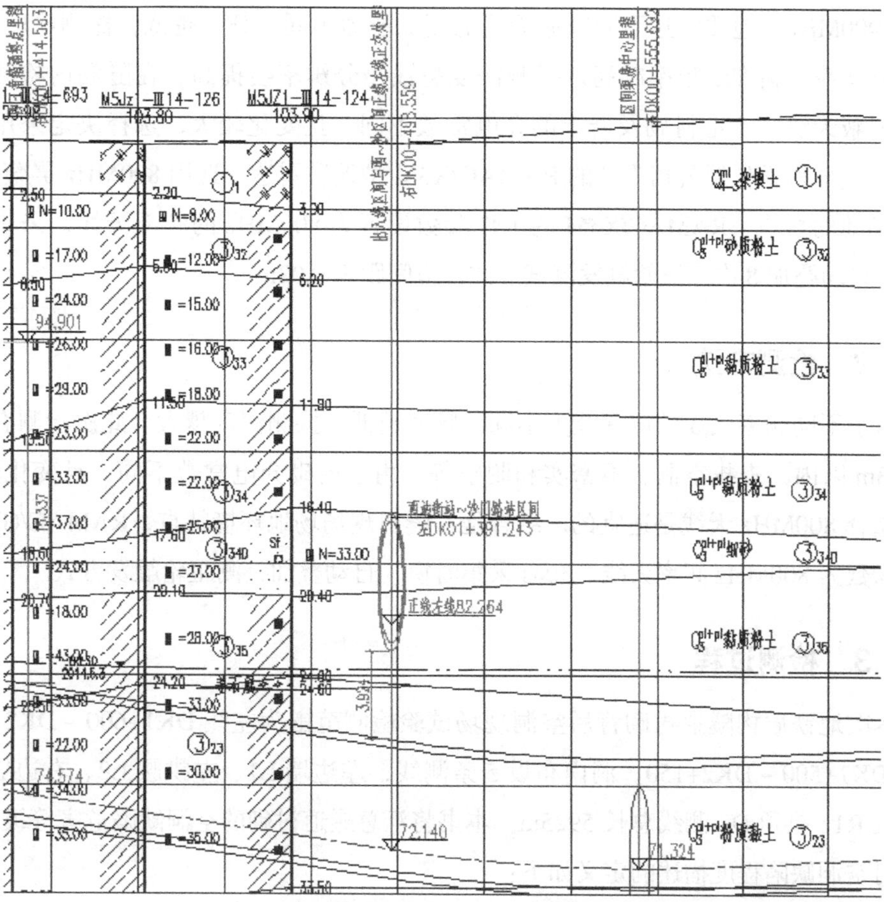

图 12-2　五龙口停车场出入线曲线盾构区间纵剖面图

12.1.4　施工方法

五龙口停车场出入线区间盾构区间采用盾构法施工，盾构隧道埋深 20 ~ 40m，单洞跨度 6.2m。盾构左线全长 2263. 021m，右线全长 2844.678m，总长约 5107.699m。

本区间采用两台盾构机由区间盾构井分别向西站街站和沙口路站推进，主要施工顺序如下：对区间盾构井南端 8m 范围内土体进行加固。盾构机从区间盾构井南端始发。两台盾构机推进时应保持 100m 距离。在盾构到达车站之前，在沙口路站的西端头和西站街站的东端进行土体加固，以保证盾构顺利进洞接收。盾构掘进区间隧道之前需对盾构机进行全面检修，使盾构机的零部件都处于良好的工作状态。

12.2 现场检验过程

12.2.1 检测设备

隧道衬砌质量检测时宜选用与探测精度要求相对应的高频天线，频率范围为400 ~ 900MHz。地质雷达不同频率天线的测深能力不同，频率越低，探测深度越大，但是分辨率会降低；频率越高，探测深度越浅，分辨率会提高。在隧洞内检测，需采用屏蔽天线。考虑衬砌及岩土的介电常数不同，且变化较大，选择决定采用瑞典MALA地球科学仪器公司生产的RAMAC/X3M型地质雷达，选用800MHz屏蔽天线。综合场地的特点，RAMAC/X3M的工作参数设置为800MHz的频率天线，采集时窗30ns，自动叠加8次，滚轮触发测试方式，道间距为0.02m。

12.2.2 检测方法

由于不同频率天线的测深能力不同，频率越低，探测深度越大。此次检测有效深度在3m以内，查找空洞、不密实和脱空等，由于衬砌介电常数不同，且变化较大，因此选择800MHz天线是适宜的。结合地铁隧道现场场地环境特点，RAMAC/GPR的工作参数为800MHz频率天线，30ns采集时窗，自动叠加，测距轮触发方式。

12.2.3 检测过程

本次地铁盾构隧道衬砌背后空洞现场试验检测范围为左线DK1+600 ~ DK2+135、右线DK1+500 ~ DK2+150。洞内布设5条测线，左边墙L1、左拱腰L2、右边墙R2、右拱腰R1、拱顶D，测线总长5925m。本书将汇总隧道衬砌的空洞缺陷危害等级情况，其中对空洞缺陷程度描述的定义如下：

（1）严重：连续4m以上的脱空，或岩土严重破碎，存在较大空洞。

（2）中等：连续1m到4m的脱空，或岩土较破碎、存在空洞。

（3）轻度：连续1m以内的脱空，或岩土破碎，存在空洞。

12.3 空洞识别结果

本次郑州地铁5号线01标段现场试验对地铁盾构隧道衬砌空洞识别雷达扫描图如图12-3所示，隧道衬砌空洞雷达识别结果如表12-1所示。

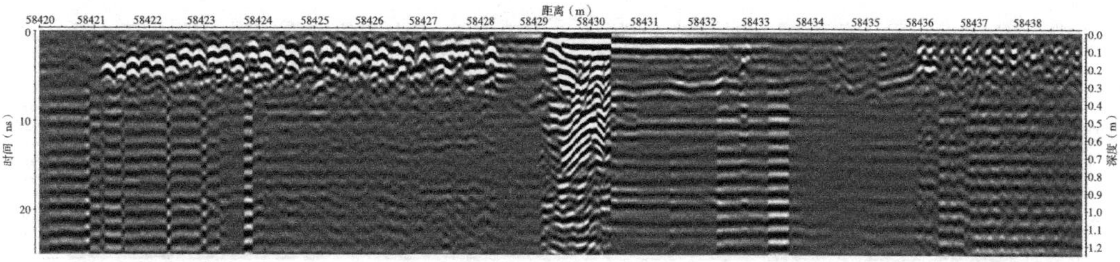

（a）

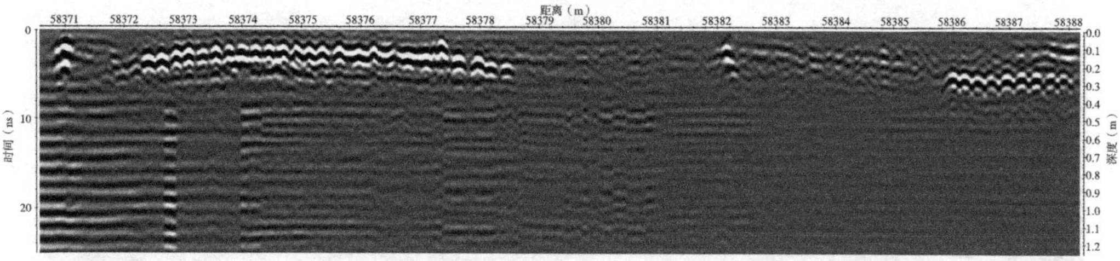

（b）

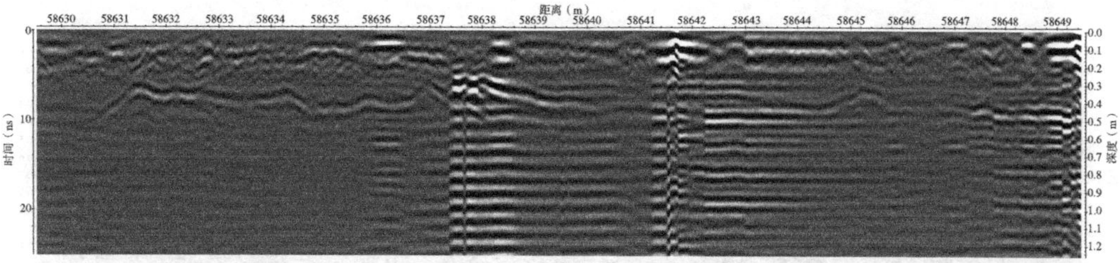

（c）

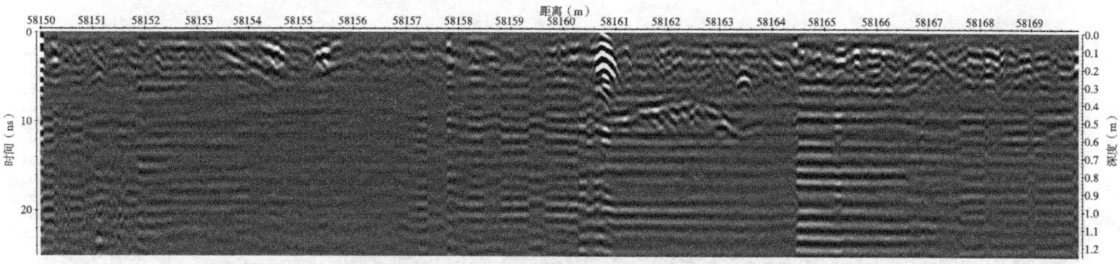

（d）

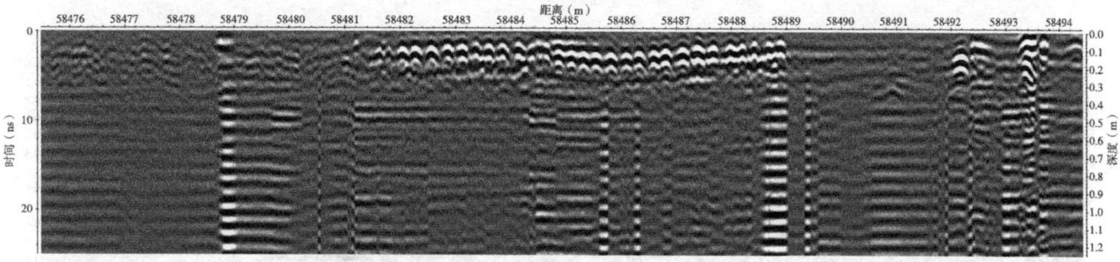

（e）

图 12-3　隧道衬砌空洞识别雷达扫描图（一）

（a）左线 L1 测线截图；（b）左线 L2 测线截图；（c）左线 D 测线截图；（d）左线 R1 测线截图；（e）左线 R2 测线截图；

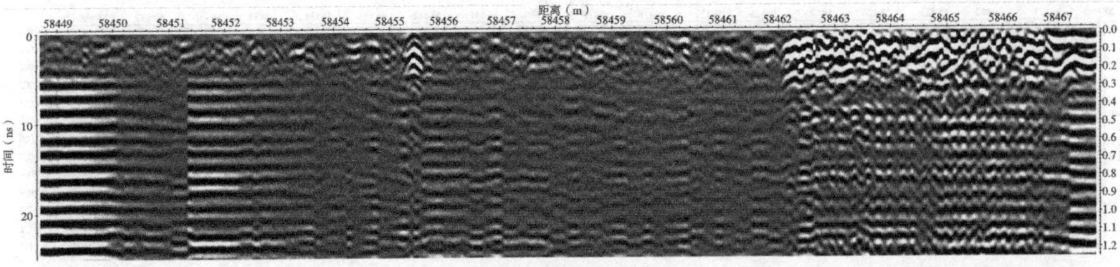

（f）

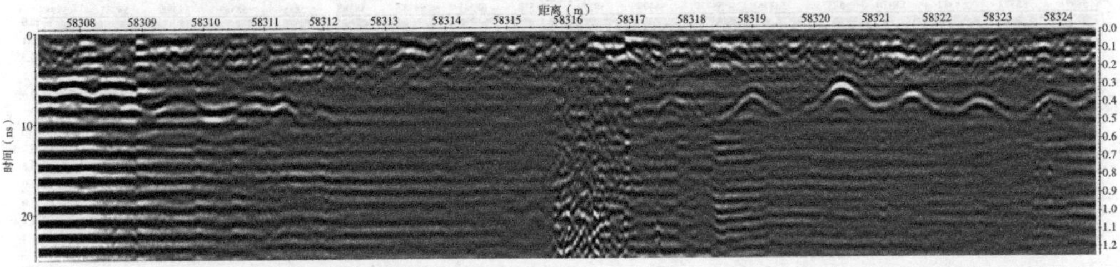

（g）

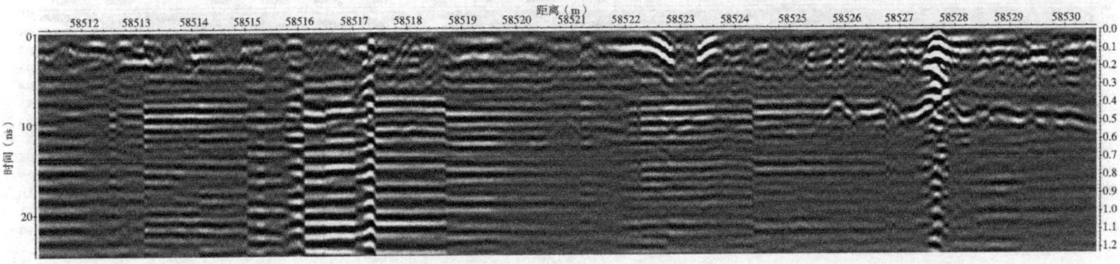

（h）

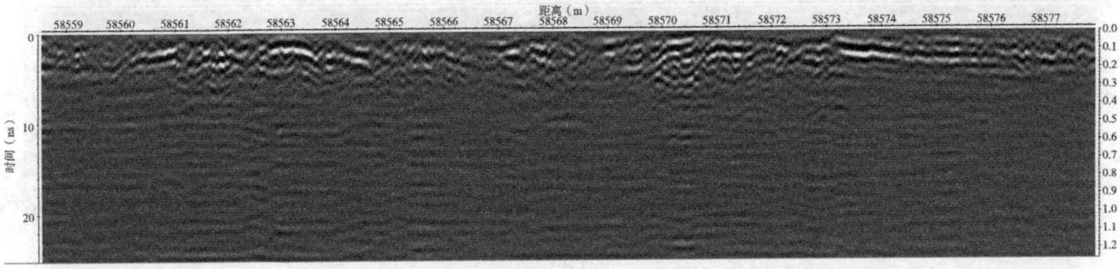

（i）

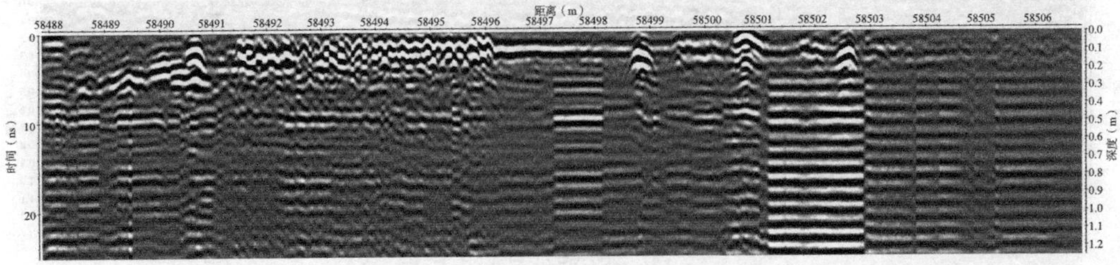

（j）

图 12-3　隧道衬砌空洞识别雷达扫描图（二）

（f）右线 L1 测线截图；（g）右线 L2 测线截图；（h）右线 D 测线截图；（i）右线 R1 测线截图；（j）右线 R2 测线截图

隧道衬砌空洞雷达识别结果　　**表 12-1**

测线	编号	位置	形式	规模（m）
左线拱顶 D 测线	D-1	左线 DK1+699 ~ DK1+702	脱空	3
左线拱顶 D 测线	D-2	左线 DK1+785 ~ DK1+787	脱空	2
左线拱顶 D 测线	D-3	左线 DK1+894 ~ DK1+897	脱空	3
左线拱顶 D 测线	D-4	左线 DK2+022 ~ DK2+025	不密实	3
左线拱顶 D 测线	D-5	左线 DK2+080 ~ DK2+084	不密实	4
左线拱顶 D 测线	D-6	左线 DK2+098 ~ DK2+101	脱空	3
左线拱顶 D 测线	D-7	左线 DK2+122 ~ DK2+125	脱空	3
右线拱顶 D 测线	D-1	右线 DK1+856 ~ DK1+858	脱空	2
右线拱顶 D 测线	D-2	右线 DK2+033 ~ DK2+035	脱空	2

12.4　本章小结

本章以保障地铁盾构隧道结构安全和科学养护为目标，针对盾构隧道衬砌背后空洞缺陷，基于郑州地铁 5 号线五龙口停车场出入线区间盾构的工程概况、地质条件和施工方法，以及现场检验过程中使用的设备和方法，最后通过数值模拟分析研究空洞对隧道结构安全的影响。研究基于深度学习中全卷积网络和条件随机场相结合的 GPR 波形图像识别方法，通过数值模拟分析，研究空洞对隧道结构安全的影响，预测空洞的演化发展规律，实现空洞的精准快速识别和演化预测，科学地服务于地铁隧道养护，为地铁运营安全提供技术保障。

主要内容包括：

（1）郑州地铁 5 号线五龙口停车场出入线区间盾构工程为两条单洞单线圆形隧道，采用盾构法施工，区间设计多处平曲线，线路纵坡设计为 V 形节能坡，覆盖深度在 20 ~ 28.5m 之间。地质条件和分区为 B 区，主要由第四系（Q）沉积地层组成，地下水位受大气降水和地下水径流补给控制。

（2）现场检验采用 800MHz 频率的 RAMAC/X3M 型地质雷达，检测隧道衬砌的空洞缺陷，包括脱空、不密实和空洞等。通过数值模拟分析预测空洞的演化发展规律，为地铁运营安全提供技术保障。

第13章

结论与展望

本书以保障地铁盾构隧道结构安全和科学养护为目标，针对盾构隧道衬砌背后空洞缺陷，得出如下结论：

（1）针对复杂地铁盾构隧道环境、衬砌管片拼装方式、周围水文地质条件及各种复杂介质，通过模型试验开展了空洞的空间分布规律及其GPR波形图像特征研究，获得了隧道衬砌内部空洞、衬砌与注浆层间脱空、注浆层与岩土层间脱空及衬砌背后空洞的GPR波形图像特征，为建立空洞的GPR图像深度学习识别方法提供了依据。

（2）研究基于深度学习中全卷积网络和条件随机场相结合的GPR波形图像识别方法，通过数值模拟分析，研究空洞对隧道结构安全的影响，预测空洞的演化发展规律，实现空洞的精准快速识别和演化预测，科学地服务于地铁隧道养护，为地铁运营安全提供技术保障。

主要内容包括：

1）郑州地铁5号线五龙口停车场出入线区间盾构工程为两条单洞单线圆形隧道，采用盾构法施工，区间设计多处平曲线，线路纵坡设计为V形节能坡，覆盖深度在20～28.5m之间。地质条件和分区为B区，主要由第四系（Q）沉积地层组成，地下水位受大气降水和地下水径流补给控制。

2）现场检验采用800MHz频率的RAMAC/X3M型地质雷达，检测隧道衬砌的空洞缺陷，包括脱空、不密实和空洞等。通过数值模拟分析预测空洞的演化发展规律，为地铁运营安全提供技术保障。

（3）通过盾构隧道衬砌结构数值模拟分析，模拟了空洞的演化发展规律，研究了空洞对盾构隧道衬砌承载力和破坏模式的影响；基于有限元建立了盾构隧道结构精细化数值模型，基于空洞的空间分布规律及几何特征，分析了空洞对盾构隧道衬砌结构稳定性的影响。

（4）通过数值模拟分析，开展了盾构隧道衬砌背后空洞缺陷的多尺度演化预测模型研究，采用有限元数值模拟方法，研究了空洞的演化发展规律；基于盾构隧道衬砌背后空洞识别，检验并修正空洞演化预测模型。

（5）基于提出的地铁盾构隧道衬砌背后空洞识别与演化预测模型，研发了相应的软件系统，针对运营的郑州地铁盾构隧道区间，开展了空洞缺陷的精准识别和演化预测，进行了地铁隧道的养护检验及应用研究，验证了本项目研究的可靠性和优势。

由于盾构隧道衬砌周围环境介质复杂，且隧道衬砌背后空洞具有明显的时间效应和空间效应，今后还有很多的工研究作要做，尚需在以下几个方面进行深入研究：

（1）现场隧道环境相比构件模型的情况更为复杂，所以在对空洞建立仿真模型时可以考虑多种因素干扰以及噪声情况，使得仿真模型的真实度更加接近真实隧道情况，同时也有利于对真实空洞病害的理解和辨识，可显著提升识别精准度和效率。

（2）多尺度方法作为科技发展中的前沿研究方向之一，是研究各种不同空间或时间尺度重要特征之间相互耦合现象建模和求解方法的一门科学，通过不同尺度模型之间的耦合，以更加高效和精确地获得所需求的信息。

隧道衬砌空洞的 GPR 识别和演化预测是一个热点问题，上述研究成果已做了一个良好的开端，相信今后通过进一步的深入研究，隧道衬砌空洞存在的诸多问题也将逐步解决。毫无疑问，随着隧道衬砌空洞研究更多地使用现代化信息技术，本书将对其发展具有重要的理论意义和工程实用价值。

参考文献

[1] 蓝兰 . 2020 年全国轨道交通运营里程将超 8000 公里 [J]. 交通建设与管理月刊，2016，（5）: 64-73.

[2] 王梦恕 . 中国盾构和掘进机隧道技术现状、存在的问题及发展思路 [J]. 隧道建设，2014，34（3）: 179-187.

[3] 何川，封坤，方勇 . 盾构法修建地铁隧道的技术现状与展望 [J]. 西南交通大学学报，2015，50（1）: 97-109.

[4] 樊佳慧，张琛，卢恺，等 . 2015 年中国城市轨道交通运营线路统计与分析 [J]. 都市快轨交通，2016，29（1）: 1-3.

[5] 何川，张志强，肖明清 . 水下隧道 [M]. 成都：西南交通大学出版社，2011.

[6] 张成平，张顶立，王梦恕，等 . 城市隧道施工诱发的地面塌陷灾变机制及其控制 [J]. 岩土力学，2010，31（增刊 1）: 303-309.

[7] 赖金星，曹小军，刘炽 . 西安地铁 1 号线某区间隧道地层 GPR 探测 [D]. 西安：长安大学，2012.

[8] 冯剑 . 富水砂卵石地层盾构施工引起空洞的机理及对策研究 [D]. 成都：西南交通大学，2013.

[9] 白冰，周健 . 探地雷达测试技术发展概况及其应用现状 [J]. 岩石力学与工程学报，2001，20（4）: 527-531.

[10] 叶良应 . 地铁隧道衬砌脱空和渗漏水病害雷达探测研究 [D]. 汕头：汕头大学，2005.

[11] 康富中，齐法琳，贺少辉，等 . 地质雷达在昆仑山隧道病害检测中的应用 [J]. 岩石力学与工程学报，2010，29（增 2）: 3641-3646.

[12] 舒志乐 . 隧道衬砌内空洞探地雷达探测正反演研究 [D]. 重庆：重庆大学，2010.

[13] ASCE. The Vision for Civil Engineering in 2025[J]. Civil Engineering-asce，2007（77）: 66-71.

[14] Barat C，Christophe D. String Representations and Distances in Deep Convolutional Neural Networks for Image Classification[J]. Pattern Recognition，2016（54）: 104-115.

[15] Shi B，Bai X，Yao C. Script Identification in the Wild Via Discriminative Convolutional Neural Network[J]. Pattern Recognition，2016（52）: 448-458.

[16] Leng B, Guo S, Zhang X, et al. 3D Object Retrieval with Stacked Local Convolutional Autoencoder[J]. Signal Processing, 2015（112）: 119-128.

[17] Xu J, Luo X, Wang G. A Deep Convolutional Neural Network for Segmenting and Classifying Epithelial and Stromal Regions in Histopathological Images[J]. Neurocomputing, 2016（191）: 214-223.

[18] Siggins A F, Robert J W. Laboratory simulation of high frequency GPR responses of damaged tunnel liners[J]. Proceedings of SPIE-The International Society for Optical Engineering, 2000, 40（11）: 805-811.

[19] Park S K, Uomoto T. Radar image processing for detection of shape of voids and location of reinforcing bars in or under reinforced concrete[J]. Non-Destructive Testing and Condition Monitoring, 1997, 39（7）: 488-492.

[20] Ruili D, Ce L. FM-CW radar performance in a lossy layered medium[J]. Journal of Applied Geophysics, 1999, 42（1）: 23-33.

[21] Bungey J H, Millard S G, Shaw M R. Influence of reinforcing steel on radar surveys of concrete structures [J]. Construction and Building Materials, 1994, 8（2）: 119-126.

[22] Tsili W. 3-D simulation of GPR surveys over pipes in dispersive soils[J]. Geophysics, 2000, 65（5）: 1560-1568.

[23] Tayor C D, Lam D H, Shumpert T H. EM pulse scattering in time varying inhomogeneous media[J]. IEEE Trans. Antennas Propagat., 1969, 17（5）: 585-589.

[24] Mur G. Absorbing boundary conditions for the finite difference approximation of the time domain electromagnetic field equations[J]. IEEE Trans. Electromagn. Propagat., 1981, 23（4）: 377-382.

[25] Berenger J P. A perfectly matched layer for the absorption of electromagnetic waves[J]. J. Comput. Phys., 1994, 114（2）: 185-200.

[26] Berenger J P. Three-dimensional perfectly matched layer for the absorption of electro- magnetic waves[J]. J. Comput. Phys., 1996, 127（2）: 363-379.

[27] Berenger J P. Perfectly matched layer for the FDTD solution of wave structure interaction problem[J]. IEEE Trans. Antennas Propagat., 1996, 44（1）: 110-117.

[28] Sacks Z S, Kingsland D M, Lee D M, Lee J F. A perfectly matched layer anisotropic absorber for use as an absorbing boundary condition[J].IEEE Trans. Antennas Propagat., 1995, 43（12）: 1460-1463.

[29] Gedney S D. An anisotropic perfectly matched layer absorbering media for the truncation of FDTD lattices[J]. IEEE Trans. Antennas Propagat., 1996, 44（12）: 1630-1639.

[30] 吴丰收，花晓鸣 . 基于探地雷达的隧道衬砌空洞高精度正演识别研究 [J]. 隧道建设，2017，37

（S1）: 13-19.

[31] 梁国卿，耿大新，胡方小，等．隧道衬砌背后空洞的地质雷达检测试验与模拟研究 [J]. 施工技术，2017，46（1）: 66-69.

[32] 李兴，朱彤，周晶．隧道衬砌空洞积水的探地雷达识别研究 [J]. 防灾减灾工程学报，2013，33（1）: 73-77.

[33] 舒志乐，刘新荣，朱成红，等．隧道衬砌空洞探地雷达三维探测模型试验研究 [J]. 岩土力学，2011，32（S1）: 551-558.

[34] 刘新荣，舒志乐，朱成红，等．隧道衬砌空洞探地雷达三维探测正演研究 [J]. 岩石力学与工程学报，2010，29（11）: 2221-2229.

[35] 张鸿飞，程效军，高攀，等．隧道衬砌空洞探地雷达图谱正演模拟研究 [J]. 岩土力学，2009，30（9）: 2810-2814.

[36] 杨成忠，罗坤，王威．隧道衬砌内部空洞探测的 FDTD 正演模拟与试验研究 [J]. 铁道标准设计，2018，62（11）: 114-117.

[37] 赵峰，周斌，武永胜．探地雷达在隧道衬砌空洞检测的正演模拟应用研究 [J]. 铁道建筑，2012，（8）: 99-103.

[38] 徐辉．基于深度学习的隧道衬砌病害 GPR 探测智能反演与识别方法 [D]. 济南：山东大学，2019.

[39] Hinton G E，Salakhutdinov R R. Reducing the Dimensionality of Data with Neural Networks[J]. Science，2006，313（5786）: 504-507.

[40] Long J，Shelhamer E，Darrell T. Fully convolutional networks for semantic segmentation[C]. Proceedings of the IEEE Conference on Computer Vision and Pattern Recognition，Boston，USA，2015.

[41] 沙爱民，童峥，高杰．基于卷积神经网络的路表病害识别与测量 [J]. 中国公路学报，2018，31（1）: 1-10.

[42] Cha Y J，Choi W，Buyukozturk O. Deep learning-based crack damage detection using convolutional neural networks[J]. Computer-Aided Civil and Infrastructure Engineering，2017，32（5）: 361-378.

[43] Chen F C，Rmr J N. NB-CNN：deep learning-based crack detection using convolutional neural network and Naive Bayes data fusion[J]. IEEE Transactions on Industrial Electronics，2018，65（5）: 4392-4400.

[44] 柴雪松，朱兴永，李健超，等．基于深度卷积神经网络的隧道衬砌裂缝识别算法 [J]. 铁道建筑，2018，58（6）: 60-65.

[45] 刘新根，陈莹莹，朱爱玺，等．基于深度学习的隧道裂缝识别方法 [J]. 广西大学学报（自然科学版），2018，43（6）: 2243-2251.

[46] 薛亚东，李宜城 . 基于深度学习的盾构隧道衬砌病害识别方法 [J]. 湖南大学学报（自然科学版），2018，45（3）：100-109.

[47] 黄宏伟，李庆桐 . 基于深度学习的盾构隧道渗漏水病害图像识别 [J]. 岩石力学与工程学报，2017，36（12）：2861-2871.

[48] Wang J F，Huang H W，Xie X Y，et al. Void-induced liner deformation and stress redistribution[J]. Tunnelling and Underground Space Technology，2014，40（2）：263-276.

[49] Hsiao F Y，Wang C L，Chern J C. Numerical simulation of rock deformation for support design in tunnel intersection area[J]. Tunnelling and Underground Space Technology，2009，24（1）：14-21.

[50] Meguid M A，Dang H K. The effect of erosion voids on existing tunnel linings[J]. Tunnelling and Underground Space Technology，2009，24（3）：278-286.

[51] Leung C，Meguid M A. An experimental study of the effect of local contact loss on the earth pressure distribution on existing tunnel linings[J]. Tunnelling and Underground Space Technology，2011，26（1）：139-145.

[52] Gao Y，Jiang Y J，Li B. Estimation of effect of voids on frequency response of mountain tunnel lining based on microtremor method[J]. Tunnelling and Underground Space Technology，2014，42（3）：184-194.

[53] 凌同华，张亮，谷淡平，等 . 背后存在空洞时盾构隧道管片的开裂机理及承载能力分析 [J]，铁道科学与工程学报，2018，15（9）：2293-2300.

[54] 王士民，于清洋，彭博，等 . 空洞对盾构隧道结构受力与破坏影响模型试验研究 [J]. 岩土工程学报，2017，39（1）：89-98.

[55] 张成平，冯岗，张旭，等 . 衬砌背后双空洞影响下隧道结构的安全状态分析 [J]. 岩土工程学报，2015，37（3）：487-493.

[56] 方勇，郭建宁，康海波，等 . 富水地层公路隧道衬砌背后空洞对结构受力的影响 [J]. 岩石力学与工程学报，2016，35（8）：1648-1658.

[57] 赖金星，刘炽，胡昭，等 . 盾构隧道衬砌背后空洞对结构影响规律数值分析 [J]. 现代隧道技术，2017，54（3）：126-134.

[58] 张旭，张成平，冯岗，等 . 衬砌背后空洞影响下隧道结构裂损规律试验研究 [J]. 岩土工程学报，2017，39（6）：1137-1144.

[59] 张顶立，张素磊，房倩，等 . 铁路运营隧道衬砌背后接触状态及其分析 [J]. 岩石力学与工程学报，2013，32（2）：217-224.

[60] 何川，张建刚，苏宗贤 . 大断面水下盾构隧道结构力学特性研究 [M]. 北京：科学出版社，2010.

[61] 刘炽 . 盾构隧道管片病害安全评估及背后空洞注浆影响规律研究 [D]. 西安：长安大学，2014.

[62] 张伟伟 . 大型正交异性结构动力学分析的空间 - 时域多尺度方法及应用研究 [D]. 上海：上海交

通大学，2014.
[63] Pavliotis G，Stuart A. Multiscale Methods：Averaging and Homogenization（Texts in Applied Mathematics）[M]. New York：Springer. 2008.
[64] 范颖，王磊，章青 . 多尺度有限元法及其应用研究进展 [J]. 水利水电科技进展，2012，32（3）：90-94.
[65] Arakawa A，Jung J H. Multiscale modeling of the moist-convective atmosphere：A review[J]. Atmospheric Research，2011，102（3）：263-285.
[66] 彭新东，李兴良 . 多尺度大气数值预报的技术进展 [J]. 应用气象学报，2010，21（2）：129-138.
[67] Myong R S. Impact of computational physics on multi-scale CFD and related numerical algorithms[J]. Computers & Fluids，2011（45）：64-69.
[68] Kanouté P，Boso D P，Chaboche J L，et al. Multiscale Methods for Composites：A Review[J]. Archives of Computational Methods in Engineering，2009（16）：31-75.
[69] 郑晓霞，郑锡涛，缑林虎 . 多尺度方法在复合材料力学分析中的研究进展 [J]. 力学进展，2010，40（1）：41-56.
[70] 李鉴辉，陈俊宏，岳云鹏，等 . 地铁盾构隧道壁后空洞高精度成像方法 [J]. 铁道标准设计（网络首发论文），2024，68（7）：1-8.
[71] 刘迎春，覃晖 . 隧道壁后空洞检测的探地雷达试验 [J]. 实验室研究与探索，2022，42（1）：53-56.
[72] 朱兆荣，赵守全，秦欣，等 . 探地雷达隧道衬砌空洞探测效果模型和现场实体试验研究 [J]. 岩土工程学报，2022，44（S1）：132-137.
[73] 黄亮 . 有限时域差分正演方法在探地雷达工程检测中的应用研究 [D]. 成都理工大学，2012.
[74] 郭付印 . 探地雷达在隧道超前地质预报中的应用研究 [D]. 华南理工大学，2011.
[75] 杨进 . 隧道衬砌质量评价与探地雷达无损检测模型试验研究 [D]. 长沙理工大学，2008.
[76] 冯德山，杨子龙 . 基于深度学习的隧道衬砌结构物探地雷达图像自动识别 [J]. 地球物理学进展，2020，35（4）：1552-1556.
[77] 叶煜辉 . 基于探地雷达和深度学习的隧道衬砌病害检测及安全评价方法研究 [D]. 陕西：长安大学，2020.
[78] 李可心 . 基于地质雷达和深度学习的隧道结构病害检测方法 [D]. 陕西：西安建筑科技大学，2022.
[79] 曹庆朋 . 隧道衬砌地质雷达法无损检测 [J]. 交通世界（建养 . 机械），2012（01）：188-190.
[80] 刘晨阳 . 路基浅层病害雷达正演及智能识别研究 [D]. 北京：北京交通大学，2021.
[81] Brown P F. Class-based n-gram models of natural language[J]. Computational Linguistics，1992，18（4）：467-479.

[82] 毕鹏程，罗健欣，陈卫卫．轻量化卷积神经网络技术研究 [J]. 计算机工程与应用，2019，55（16）：25-35.

[83] 陈超．基于卷积神经网络的目标检测算法及应用研究 [D]. 山东：山东师范大学，2019.

[84] 张索非，冯烨，吴晓富．基于深度卷积神经网络的目标检测算法进展 [J]. 南京邮电大学学报（自然科学版），2019，39（5）：72-80.

[85] 董道鹏．基于深度学习的目标检测研究 [D]. 河北：燕山大学，2020.

[86] 顾汉桑．基于轻量化 SSD 的目标检测 [D]. 江苏：中国矿业大学，2021.

[87] 王俊强，李建胜，周学文，等．改进的 SSD 算法及其对遥感影像小目标检测性能的分析 [J]. 光学学报，2019，39（6）：373-382.

[88] 张丹璐．结合注意力机制的孪生网络目标跟踪算法研究 [D]. 北京：北京建筑大学，2020.

[89] Ren S，He K，Girshick R. Faster R-CNN：towards real-time object detection with region proposal networks[J]. IEEE Transactions on Pattern Analysis and Machine Intelligence，2017，39（6）：1137-1149.

[90] 管锋，魏度强，雷金山，等．地层空洞影响下地铁盾构隧道衬砌结构响应试验研究 [J]. 铁道科学与工程学报，2022，19（2）：461-469.

[91] 魏度强．地层空洞影响下地铁盾构隧道衬砌结构响应研究 [D]. 江西：华东交通大学，2021.